电气工程及自动化技术研究

主编　李　涛　张海婷　曹际储　杨兴国　郑　强

吉林科学技术出版社

图书在版编目（CIP）数据

电气工程及自动化技术研究 / 李涛等主编. -- 长春：吉林科学技术出版社，2023.6

ISBN 978-7-5744-0555-4

Ⅰ. ①电… Ⅱ. ①李… Ⅲ. ①电气工程 - 自动化技术 Ⅳ. ①TM

中国国家版本馆 CIP 数据核字(2023)第 103470 号

电气工程及自动化技术研究

主　　编　李　涛等
出 版 人　宛　霞
责任编辑　安雅宁
封面设计　石家庄健康之路文化传播有限公司
制　　版　石家庄健康之路文化传播有限公司
幅面尺寸　185mm×260mm
开　　本　16
字　　数　400 千字
印　　张　16.25
印　　数　1-1500 册
版　　次　2023年6月第1版
印　　次　2024年2月第1次印刷

出　　版　吉林科学技术出版社
发　　行　吉林科学技术出版社
地　　址　长春市福祉大路5788号
邮　　编　130118
发行部电话/传真　0431-81629529 81629530 81629531
81629532 81629533 81629534
储运部电话　0431-86059116
编辑部电话　0431-81629518
印　　刷　三河市嵩川印刷有限公司

书　　号　ISBN 978-7-5744-0555-4
定　　价　98.00元

编 委 会

主编简介

李涛，男，37 岁，毕业于济南大学，自动化专业。现任内蒙古矿业（集团）有限责任公司安全环保部（调度室）副部长，先后获得“优秀青年岗位能手”“矿级标兵”“山东能源集团先进个人”等荣誉称号。2018 年被特聘为国家局安全风险分级管控专家，2020 年被山东省煤监局特聘为山东省煤矿双重预防机制建设专家库首批入选专家，2022 年聘为山东省公共资源交易综合评标评审专家库专家，先后获得国家专利 9 项、省级科技成果 5 项，发表论文 7 篇，参与编写著作 2 本。

张海婷，女，1977 年 12 月生，毕业于天津大学，工业与自动化专业专科；中央党校贸易经济管理专业本科。现就职于威海市科技创新发展中心。多年来，致力于自然科学研究及国际科技合作研究专业领域工作，先后参与组织 15 届中国—欧盟膜技术研究与应用研讨会议，参与组织三届中日科技创新合作大会及中韩科技创新大赛。著论文 2 篇，分别是《绿色经济与城市环境研究》及《探讨城市绿化、城市建筑与城市环境融合》，并获得实用新型专利 2 项。

曹际储，男，34 岁，本科毕业于河北工业大学，在职研究生毕业于华北电力大学。现就职于国家电网有限公司。工作期间参与编写省级电网运行方式 1 次，参与编写地区电网运行方式 3 次，编写地市级县域无功电压控制标准 2 项，在国家级刊物公开发表论文 15 篇，其中 1 篇被 EI 收录。所参与项目“地县一体化电网自动无功电压控制系统研究和开发”获得河北省科学技术成果奖和张家口市科技进步奖，“直驱风机对输电系统次同步谐振影响的分析方法及装置”获得国网冀北电力有限公司专利奖三等奖。

杨兴国，男，43岁，工程师，从事电力电子装置及电气工程自动化方面的产品开发工作达22年，电气工程及其自动化专业，毕业后就职于西安派瑞装置部，主要从事各种大功率整流电源系统的研发设计工作，包括DCS采集、上位机人机组态、PID稳流系统、通信组网工作（15年）；各种基于电控、光控晶闸管高压大电流电子开关、特种电源装置的研制及控制驱动系统的新产品开发工作（7年）。在电力电子装置及电气工程自动化方面积累了丰富的工作经验。

郑强，男，1978年生，2001年毕业于西安理工大学自动化与信息工程学院，电气工程及其自动化专业。现任西安派瑞装置部主任工程师、技术组负责人。长期从事大功率半导体整流装置、高压阀组、大功率半导体开关组件的设计、开发、调试和技术管理工作，多次承担装置部重大合同项目的设计、调试和新产品研发任务。最新研制的电压型和电流型多路输出高压隔离驱动电源触发系统已成功应用于大功率串联电控晶闸管开关组件合同产品中。

前　言

随着我国经济水平的提高和科学技术水平的不断进步，我们已经进入了科技时代。在这个时代，电气工程及其自动化技术以其显著的发展优势逐渐融入了人们的生活，并且在许多行业的发展中已经成为不可或缺的一部分。同时，电气工程及其自动化是一门综合性学科，主要基于信息技术发展而来，它在一定程度上促进了我国工业信息化的发展。

电气自动化控制技术是工业现代化的重要标志和现代先进科学的核心技术。它使产品的操作、控制和监视能够在无人（或少人）直接参与的情况下，按预定的计划或程序自动进行，具有提高工作可靠性、运行经济性、劳动生产率，改善劳动条件等多方面的作用。通过这种技术，人们可以摆脱繁重的体力劳动、部分脑力劳动，以及恶劣、危险的工作环境，增强人类认识世界和改造世界的能力。

电气工程是我国工程建设的重要内容，随着技术的发展和进步，电气工程的自动化正在逐步实现。电气工程自动化的实现有两个积极意义：首先，电气工程的运行效率将进一步提升，通过相应的设备和控制系统，能够让生产线自行运转，最大限度地减少人为因素；其次，电气工程可以实现统一的规划和控制，能够对电力系统进行本地或远程的自动管理、监视、调节和控制。总之，电气工程自动化的实现，使整个工程的运行效率和质量都得到了更加全面的掌控。

本书共十章，第一章为绪论，主要对电气工程、电气工程发展历程进行介绍，论述了新技术及材料对电气工程技术的影响；第二章为矿用电气设备，对矿用电气设备进行概述，阐述了矿用电气设备的防爆，电气设备故障分析及处理方法；第三章为矿用电缆，介绍了矿用电缆的分类及选用、敷设及连接，阐述了电缆的故障及查找方法；第四章为矿井供电系统及井下供电安全，主要介绍了矿井供电系统及井下供电安全；第五章为采掘机械设备的电气控制，分别阐述了控制电器、控制系统线路图的绘制及阅读、矿用隔爆型电磁起动器、采煤机组的电气控制、掘进机械的电气控制、重型输送机的电气控制、液压支架的电液控制系统、高产高效工作面的电气控制；第六章为自动化概述，对自动化内涵及其应用，自动化及控制技术发展历程，自动控制系统类型及其构成，自动化当前审视及未来展望进行阐述；第七章为电气自动化技术，阐述了电气自动化技术基础理论及电气自动化技术的衍生与应用；第八章为煤矿电气自动化，对煤矿电气自动化发展进行概述，同时对煤矿主运输系统自动化、煤矿供电系统自动化、煤矿灾害预警防治及安监系统自动化予以论述；第九章为电力电子装置中自动控制应用，对电力电子装置智能化予以阐述，分析了电力电子装置自动化控制的应用发展、电力电子智能化研究发展方向；第十章为电气自动化技术实践应用，主要针对工业领域实践应用、电力系统领域实践应用、建筑领域实践应用、其他领域实践应用进行分析。

书稿内容丰富，重点突出，强调科学性和实用性，限于编者水平，难免存在不足之处，敬请广大读者和同道批评指正。

目　录

第一章 绪论

第一节 电气工程概述

一、电气工程在国民经济中的地位

电能是最清洁的能源，它是由蕴藏于自然界中的煤、石油、天然气、水力、核燃料、风能和太阳能等一次能源转换而来的。同时，电能可以很方便地转换成其他形式的能量，如光能、热能、机械能和化学能等供人们使用。

由于电（或磁、电磁）本身具有极强的可控性，大多数的能量转换过程都以电（或磁、电磁）作为中间能量形态进行调控，信息表达的交换也越来越多地采用电（或磁）这种特殊介质来实施。电能的生产、输送、分配、使用过程易于控制，电能也易于实现远距离传输。电作为一种特殊的能量存在形态，在物质、能量、信息的相互转化过程，以及能量之间的相互转化中起着重要的作用。

因此，当代高新技术都与电能密切相关，并依赖于电能。电能为工农业生产过程和大范围的金融流通提供了保证；电能使当代先进的通信技术成为现实；电能使现代化运输手段得以实现；电能是计算机、机器人的能源。现如今，电能已成为工业、农业、交通运输、国防科技及人们生活等人类现代社会最主要的能源形式。

电气工程（EE）是与电能生产和应用相关的技术，包括发电工程、输配电工程和用电工程。发电工程根据一次能源的不同可以分为火力发电工程、水力发电工程、核电工程、可再生能源工程等。输配电工程可以分为输变电工程和配电工程两类。用电工程可分为船舶电气工程、交通电气工程、建筑电气工程等。电气工程还可分为电机工程、电力电子技术、电力系统工程、高电压工程等。

电气工程是为国民经济发展提供电力能源及其装备的战略性产业，是国家工业化和国防现代化的重要技术支撑，是国家在世界经济发展中保持自主地位的关键产业之一。

电气工程在现代科技体系中具有特殊的地位，它既是国民经济的一些基础工业（电力、电工制造等）所依靠的技术科学，又是另一些基础工业（能源、电信、交通、铁路、冶金、化工和机械等）必不可少的支持技术，更是一些高新技术的主要科技的组成部分。在与生物、环保、自动化、光学、半导体等民用和军工技术的交叉发展中，是能形成尖端技术和新技术分支的促进因素；在一些综合性高科技成果（如卫星、飞船、导弹、空间站、航天飞机等）中，也必须有电气工程的新技术和新产品。

可见，电气工程的产业关联度高，对原材料工业、机械制造业、装备工业，以及电子、信息等一系列产业的发展均具有推动和带动作用，对提高整个国民经济效益，促进经济社会可持续发展，提高人民生活质量有显著的影响。电气工程与土木工程、机械工程、化学工程、管理工程并称现代社会五大工程。

20 世纪后半叶以来，电气科学的进步使电气工程得到了突飞猛进的发展。在电能的产生、传输、分配和使用过程中，无论就其系统（网络），还是相关的设备，其规模和质量，检测、监视、保护和控制水平都获得了极大的提高。经过改革开放40多年的发展，我国电气工程已经形成了较完整的科研、设计、制造、建设和运行体系，成为世界电力工业大国之一。

至2013年底，我国发电装机容量首次超越美国位居世界第一，达12.5亿kW，目前拥有三峡水电及输变电工程、百万千瓦级超临界火电工程、百万千瓦级核电工程，以及全长645km的交流1000kV晋东南—南阳—荆门特高压输电线路工程、世界第一条直流±800kV云广特高压输变电工程等举世瞩目的电气工程项目。

现如今，我国大电网安全稳定控制技术、新型输电技术的推广，大容量电力电子技术的研究和应用，风力发电、太阳能光伏发电等可再生能源发电技术的产业化及规模化应用，超导电工技术、脉冲功率技术、各类电工新材料的探索与应用……上述种种，都取得了重要进展。我国电子技术、计算机技术、通信技术、自动化技术等方面也得到了空前的发展，相继建立了各自的独立学科和专业，电气应用领域超过以往任何时代。

例如，建筑电气与智能化在建筑行业中的比重越来越大，现代化建筑物、建筑小区，乃至乡镇和城市对电气照明、楼宇自动控制、计算机网络通信，以及防火、防盗和停车场管理等安全防范系统的要求越来越迫切，也越来越高；在交通运输行业，过去采用蒸汽机或内燃机直接牵引的列车几乎全部都被电力牵引或电传动机车取代，磁悬浮列车的驱动、电动汽车的驱动、舰船的推进，甚至飞机的推进都将大量使用电力；机械制造行业中机电一体化技术的实现和各种自动化生产线的建设，国防领域的全电化军舰、战车、电磁武器等也都离不开电。

特别是进入21世纪以来，电气工程领域全面贯彻科学发展观，新原理、新技术、新产品、新工艺获得广泛应用，拥有了一批具有自主知识产权的科技成果和产品，自主创新已成为行业的主旋律。我国的电气工程技术和产品，在满足国内市场需求的基础上已经开始走向世界。电气工程技术的飞速发展，迫切需要从事电气工程的大量各级专业技术人才。

二、电气工程新技术

在电力生产、电工制造与其他工业发展，以及国防建设与科学实验的实际需要的有力推动下，在新原理、新理论、新技术和新材料发展的基础上，多种电气工程新技术（简称电工新技术）发展起来，成为近代电气工程科学技术发展中最为活跃和最有生命力的重要分支。

（一）超导电工技术

超导电工技术涵盖了超导电力科学技术和超导强磁场科学技术，包括实用超导线与超导磁体技术与应用，以及初步产业化的实现。

1911年，荷兰科学家昂纳斯在测量低温下汞电阻率的时候发现，当温度降到4.2K附近，汞的电阻突然消失，后来他又发现许多金属和合金都具有与上述汞相类似的低温下失去电阻的特性，这就是超导态的零电阻效应，它是超导态的基本性质之一。

1933年，荷兰的迈斯纳和奥森菲尔德共同发现了超导体的另一个极为重要的性质，当金属处在超导状态时，这一超导体内的磁感应强度为零，也就是说，磁力线完全被排斥在超导体外面。人们将这种现象称为“迈斯纳效应”。

利用超导体的抗磁性可以实现磁悬浮。如图 1-1 所示，把一块磁铁放在超导体上，由于超导体把磁感应线排斥出去，超导体跟磁铁之间有排斥力，结果磁铁悬浮在超导盘的上方。这种超导磁悬浮在工程技术中是可以大大利用的，超导磁悬浮轴承就是一项例证。

图 1-1 超导磁悬浮实验

超导材料分为高温超导材料和低温超导材料两类，使用最广的是在液氦温区使用的低温超导材料 NbTi 导线和高温超导材料 Bi 系带材。20 世纪 60 年代初，实用超导体出现后，人们就期待利用它使现有的常规电工装备的性能得到改善和提高，并期望许多过去无法实现的电工装备能成为现实。20 世纪 90 年代以来，随着实用的高临界温度超导体与超导线的发展，掀起了世界范围内新的超导电力热潮，包括输电、限流器、变压器、飞轮储能等多方面的应用，超导电力被认为可能是 21 世纪最主要的电力新技术储备。

我国在超导技术研究方面，包括有关的工艺技术的研究和实验型样机的研制上，都建立了自己的研究开发体系，有自己的知识积累和技术储备，在电力领域也已开发出或正在研制开发超导装置的实用化样机，如高温超导输电电缆、高温超导变压器、高温超导限流器、超导储能装置和移动通信用的高温超导滤波器系统等，有的已投入试验运行。

高温超导材料的用途非常广阔，正在研究和开发的大致可分为大电流应用（强电应用）、电子学应用（弱电应用）和抗磁性应用三类。

（二）聚变电工技术

最早被人发现的核能是重元素的原子核裂变时产生的能量，人们利用这一原理制造了原子弹。科学家们又从太阳上的热核反应受到启发，制造了氢弹，这就是核聚变。

把核裂变反应控制起来，让核能按需要释放，就可以建成核裂变发电站，这一技术已经成熟。同理，把核聚变反应控制起来，也可以建成核聚变发电站。与核裂变相比，核聚变的燃料取之不尽、用之不竭，核聚变需要的燃料是重氢，在天然水分子中，约 7000 个分子内就含 1 个重水分子，2kg 重水中含有 4g 氘，1L 水内约含 0.02g 氘，相当于燃烧 400t 煤所放出的能量。地球表面有 13.7 亿 km^3 海水，其中含有 25 万亿 t 氘，它至少可以供人类使用10亿年。另外，核聚变反应运行相对安全，因为核聚变反应堆不会产生大量强放射性物质，而且核聚变燃料用量极少，能从根本上解决人类能源、环境与生态的持续协调发展的问题。但是，核聚变的控制技术远比核裂变的控制技术复杂。目前，世界上还没有一座实用的核聚变电站，但世界各国都投入了巨大的人力物力进行研究。

实现受控核聚变反应的必要条件为，把氘和氚加热到上亿摄氏度的超高温等离子体状态，这种等离子体粒子密度要达到每立方厘米100万亿个，并要使能量约束时间达到1s以上。这也就是核聚变反应点火条件，此后只需补充燃料（每秒补充约1g），核聚变反应就能继续下去。在高温下，通过热交换产生蒸汽，就可以推动汽轮发电机发电。

由于无论什么样的固体容器都经受不起这样的超高温，因此人们采用高强磁场把高温等离子体“箍缩”在真空容器中平缓地进行核聚变反应。但是高温等离子体很难约束，也很难保持稳定，有时会变得弯曲，最终触及器壁。

人们研究得较多的是一种叫作托克马克的环形核聚变反应堆装置（图1-2）；另一种方法是惯性约束，即用强功率驱动器（激光、电子或离子束）把燃料微粒高度压缩加热，实现一系列微型核爆炸，然后把产生的能量取出来。惯性约束不需要外磁场，系统相对简单，但这种方法还有一系列技术难题有待解决。

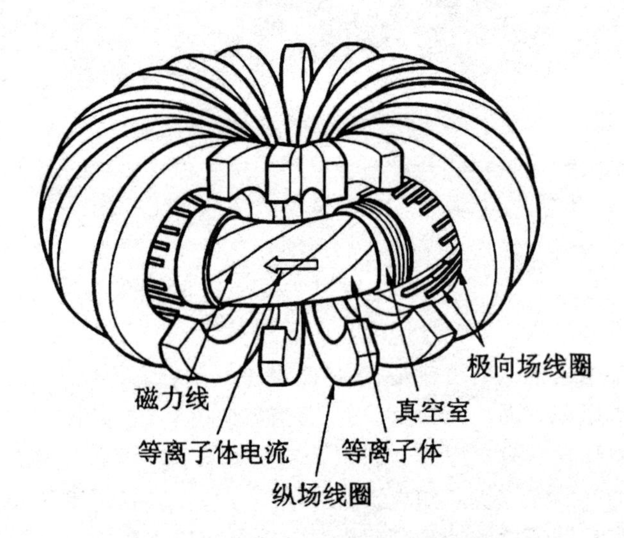

图1-2 托克马克装置

1982年底，美国建成一座为了使输出能量等于输入能量，以证明受控核聚变具有现实可能的大型“托克马克”型核聚变实验室反应堆。近年来，美国、英国、俄罗斯三国正在联合建设一座输出功率为62万kW的国际核聚变反应堆，希望其输出能量能够超过输入能量而使核聚变发电的可能性得到证实。

1984年9月，我国自行建成了第一座大型托克马克装置——中国环流器一号，经过20多年的努力，最近又建成中国环流器新一号，其纵向磁场2.8T，等离子体电流320kA，等离子体存在时间4s，辅助加热功率5MW，达到世界先进水平。

此外，人们还在试图开发聚变-裂变混合堆，以期降低聚变反应的启动难度。1991年11月8日，在英国南部世界最大的核聚变实验设施内首次成功运用氘和氚实现核聚变，在1s内产生了超过100万W的电能。

经过20世纪下半叶的巨大努力，已在大型的托克马克磁约束聚变装置上达到“点火”条件，证实了聚变反应堆的科学现实性，目前正在进行聚变试验堆的国际联合设计研制工作。

（三）磁流体推进技术

1. 磁流体推进船

磁流体推进船是在船底装有线圈和电极，当线圈通上电流，就会在海水中产生磁场，利用海水的导电特性，与电极形成通电回路，使海水带电。这样，带电的海水在强大磁场的作用下，产生使海水发生运动的电磁力，而船体就在反作用力的推动下向相反方向运动。由于超导电磁船是依靠电磁力作用而前进的，所以它不需要螺旋桨。

磁流体推进船的优点在于利用海水作为导电流体，而处在超导线圈形成的强磁场中的这些海水“导线”，必然会受到电磁力的作用，其方向可以用物理学上的左手定则来判定。所以，在预先设计好的磁场和电流方向的配置下，海水这根“导线”被推向后方同时，超导电磁船所获得的推力与通过海水的电流大小、超导线圈产生的磁场强度成正比。由此可知，只要控制进入超导线圈和电极的电流大小和方向，就可以控制船的速度和方向，并且可以做到瞬间启动、瞬时停止、瞬时改变航向，具有其他船舶无法与之相比的机动性。

但是由于海水的电导率不高，要产生强大的推力，线圈内必须通过强大的电流产生强磁场。如果用普通线圈，不仅体积庞大，而且极为耗能，所以必须采用超导线圈。

超导磁流体船舶推进是一种正在发展的新技术。随着超导强磁场的顺利实现，从20世纪60年代就开始了认真的研究发展工作。20世纪90年代初，国外载人试验船就已经顺利地进行了海上试验。中国科学院电工研究所也进行了超导磁流体模型船试验。

2. 等离子磁流体航天推进器

目前，航天器主要依靠燃烧火箭上装载的燃料推进，这使得火箭的发射质量很大，效率也比较低。为了节省燃料，提高效率，减小火箭发射质量，国外已经开始研发不需要燃料的新型电磁推进器。等离子磁流体推进器就是其中一种，它又称离子发动机。与船舶的磁流体推进器不同，等离子磁流体推进器是利用等离子体作为导电流体。等离子磁流体推进器由同心的芯柱（阴极）与外环（阳极）构成，在两极之间施加高电压可同时产生等离子体和强磁场，在强磁场的作用下，等离子体将高速运动并喷射出去，推动航天器前进。1998年10月24日，美国发射了深空1号探测器，任务是探测小行星Braille和遥远的彗星Borrelly，其主发动机就采用了离子发动机。

（四）磁悬浮列车技术

磁悬浮列车是一种采用磁悬浮、直线电动机驱动的新型无轮高速地面交通工具，它主要依靠电磁力实现传统铁路中的支撑、导向和牵引功能。相应的磁悬浮铁路系统是一种新型的有导向轨的交通系统。由于运行的磁悬浮列车和线路之间无机械接触或可大大避免机械接触，从根本上突破了轮轨铁路中轮轨关系和弓网关系的约束，具有速度高、客运量大、对环境影响（噪声、振动等）小、能耗低、维护便宜、运行安全平稳、无脱轨危险、有很强的爬坡能力等一系列优点。

磁悬浮列车的实现要解决磁悬浮、直线电动机驱动、车辆设计与研制、轨道设施、供电系统、列车检测与控制等一系列高新技术的关键问题。任何磁悬浮列车都需要解决三个基本问题，即悬浮、驱动与导向。磁悬浮目前主要有电磁式、电动式和永磁式三种方式。

驱动用的直线电动机有同步直线电动机和异步直线电动机两种。导向分为主动导向和被动导向两类。

高速磁悬浮列车有常导与超导两种技术方案，采用超导的优点是悬浮气隙大、轨道结构简单、造价低、车身轻，随着高温超导的发展与应用，超导技术方案将具有更大的优越性。目前，铁路电气化常规轮轨铁路的运营时速为 200 ～ 350km/h，磁悬浮列车可以比轮轨铁路更经济地达到较高的速度（400 ～ 550km/h）。低速运行的磁悬浮列车，在环境保护方面也比其他公共交通工具有优势。

我国上海引进德国的捷运高速磁悬浮系统于 2004 年 5 月投入上海浦东机场线运营，时速高达 400km/h 以上。这类常导磁悬浮列车是利用车体底部的可控悬浮和推进磁体，与安装在路轨底面的铁芯电枢绕组之间的吸引力工作的，悬浮和推进磁体从路轨下面利用吸引力使列车浮起，导向和制动磁体从侧面使车辆保持运行轨迹。悬浮磁体和导向磁体安装在列车的两侧，驱动和制动通过同步长定子直线电动机实现。与之不同的是，日本的常导磁悬浮列车采用的是短定子异步电动机。

日本超导磁悬浮系统的悬浮力和驱动力均来自车辆两侧。列车的驱动绕组和一组组的 8 字形零磁通线圈均安装在导轨两侧的侧壁上，车辆上的感应动力集成设备由动力集成绕组、感应动力集成超导磁铁和悬浮导向超导磁铁三部分组成。地面轨道两侧的驱动绕组通上三相交流电时，产生行波电磁场，列车上的车载超导磁体就会受到一个与移动磁场相同步的推力，推动列车前进。当车辆高速通过时，车辆的超导磁场会在导轨侧壁的悬浮线圈中产生感应电流和感应磁场。控制每组悬浮线圈上侧的磁场极性与车辆超导磁场的极性相反，从而产生引力，下侧极性与超导磁场极性相同，产生斥力，使得车辆悬浮起来，同时起到导向作用，由于无静止悬浮力，故该列车有轮子，2003 年，日本高速磁悬浮列车达到 581km/h 的时速。

（五）燃料电池技术

水电解以后可以生成氢和氧，其逆反应则是氢和氧化合生成水。燃料电池正是利用水电解及其逆反应获取电能的装置。以天然气、石油、甲醇、煤等原料为燃料制造氢气，然后与空气中的氧反应，便可以得到需要的电能。

燃料电池主要由燃料电极和氧化剂电极及电解质组成，加速燃料电池电化学反应的催化剂是电催化剂。常用的燃料有氢气、甲醇、肼液氨、烃类和天然气，如航天用的燃料电池大部分用氢或肼作燃料。氧化剂一般用空气或纯氧气，也有用过氧化氢水溶液的。作为燃料电极的电催化剂有过渡金属和贵金属铂、钯、钌、镍等，作氧电极用的电催化剂有银、金、汞等。其工作原理为，由氧电极和电催化剂、防水剂组成的燃料电极形成阳极和阴极，阳极和阴极之间用电解质（碱溶液或酸溶液）隔开，燃料和氧化剂（空气）分别通入两个电极，在电催化剂的催化作用下，同电解质一起发生氧化还原反应。反应中产生的电子由导线引出，这样便产生了电流。因此，只要向电池的工作室不断加入燃料和氧化剂，并及时把电极上的反应产物和废电解质排走，燃料电池就能持续不断地供电。

燃料电池与一般火力发电相比，具有许多优点，一是发电效率比目前应用的火力发电还高，既能发电，同时还可获得质量优良的水蒸气来供热，其总的热效率可达到 80%；二是工作可靠，不产生污染和噪声，燃料电池可以就近安装，简化了输电设备，降低了输电线路的电损耗；三是可以预先在工厂里做好数百至数千瓦的发电部件，然后再把它运到燃料电池发电站去进行组装，建造发电站所用的时间短；四是体积小、重量轻、使用寿命长，单位体积输出的功率大，可以实现大功率供电。

美国曾在20世纪70年代初期，建成了一座1000kW的燃料电池发电装置。现在，输出直流电4.8MW的燃料电池发电厂的试验已获成功，人们正在进一步研究设计11MW的燃料电池发电厂。迄今为止，燃料电池已发展有碱性燃料电池、磷酸型燃料电池、熔融碳酸盐型燃料电池（MCFC）、固体电解质型燃料电池（SOFC）、聚合物电解质型薄膜燃料电池（PEMFC）等多种。

燃料电池的用途也不仅仅限于发电，它同时可以作为一般家庭用电源、电动汽车的动力源、携带用电源等。在宇航工业、海洋开发，以及电气货车、通信电源、计算机电源等方面得到实际应用，燃料电池推进船也正在开发研制之中。国外还准备将它用作战地发电机，并作为无声电动坦克和卫星上的电源。

（六）飞轮储能技术

飞轮储能装置由高速飞轮和同轴的电动 / 发电机构成，飞轮常采用轻质高强度纤维复合材料制造，并用磁力轴承悬浮在真空罐内。飞轮储能时是通过高速电动机带动飞轮旋转，将电能转换成动能；释放能量时，再通过飞轮带动发电机发电，转换为电能输出。这样一来，飞轮的转速与接受能量的设备转速无关。根据牛顿定律，飞轮的储能如下式所示。

$$W=\frac{1}{2}J\omega^2 \tag{1-1}$$

显然，为了尽可能多地储能，主要应该增加飞轮的转速ω，而不是增加转动惯量J。所以，现代飞轮转速每分钟至少几万转，以增加功率密度与能量密度。

近年来，飞轮储能系统得到快速发展，一是采用高强度碳素纤维和玻璃纤维飞轮转子，使得飞轮允许线速度可达500～1000m/s，大大增加了单位质量的动能储量；二是电力电子技术的新进展，给飞轮电机与系统的能量交换提供了强大的支持；三是电磁悬浮、超导磁悬浮技术的发展，配合真空技术，极大地降低了机械摩擦与风力损耗，提高了效率。

飞轮储能的应用之一是电力调峰。电力调峰是电力系统必须充分考虑的重要问题。飞轮储能能量输入、输出快捷，可就近分散放置，不污染、不影响环境，因此国际上很多研究机构都在研究采用飞轮实现电力调峰。德国1996年着手研究储能5MW • h/100MW • h的超导磁悬浮储能飞轮电站，电站由10个飞轮模块组成，每只模块重30t、直径3.5m、高6.5m，转子运行转速为2250～4500r/min，系统效率为96%。

20世纪90年代以来，美国马里兰大学一直致力于储能飞轮的应用开发，1991年开发出用于电力调峰的24kW • h电磁悬浮飞轮系统，飞轮重172.8kg，工作转速范围11 610～46 345r/min，破坏转速为48 784r/min，系统输出恒压为110/240V，全程效率为81%。

飞轮储能还可用于大型航天器、轨道机车、城市公交车、卡车、民用飞机、电动轿车等。作为不间断供电系统，储能飞轮在太阳能发电、风力发电、潮汐发电、地热发电，以及电信系统不间断电源中等有良好的应用前景。目前，世界上转速最高的飞轮最高转速可达200 000r/min以上，飞轮电池寿命为15年以上，效率约90%，且充电迅速、无污染，是21世纪最有前途的绿色储能电源之一。

（七）脉冲功率技术

脉冲功率技术是研究高电压、大电流、高功率短脉冲的产生和应用的技术，已发展成为电气工程一个非常有前途的分支。脉冲功率技术的原理是先以较慢的速度将从低功率能源中获得的能量储藏在电容器或电感线圈中，然后将这些能量经高功率脉冲发生器转变成幅值极高但持续时间极短的脉冲电压及脉冲电流，形成极高功率脉冲。并传给负荷。

脉冲功率技术的基础是冲击电压发生器，又称马克斯发生器或冲击机，是德国人马克斯（E. Marx）在 1924 年发明的。1962 年，英国的 J. C. 马丁成功地将已有的马克斯发生器与传输线技术结合起来，产生了持续时间短达纳秒级的高功率脉冲。随后，高技术领域如核聚变电工技术研究、高功率粒子束、大功率激光、定向束能武器、电磁轨道炮等的研制都要求更高的脉冲功率，使高功率脉冲技术成为 20 世纪 80 年代极为活跃的研究领域之一。

20 世纪 80 年代建在英国的欧洲联合环（托克马克装置），由脉冲发电机提供脉冲大电流。脉冲发电机由两台各带有 9m 直径、重量为 775t 的大飞轮的发电机组成。发电机由 8. 8MW 的电动机驱动，大飞轮用来存储准备提供产生大功率脉冲的能量。每隔 10min，脉冲发电机可以产生一个持续 25s 左右的 5MA 大电流脉冲。高功率脉冲系统的主要参量包括脉冲能量（kJ ～ GJ）、脉冲功率（GW ～ TW）、脉冲电流（kA ～ MA）、脉冲宽度（μs ～ ns）和脉冲电压。目前，脉冲功率技术总的发展方向仍是提高功率水平。

脉冲功率技术已应用到许多科技领域，如闪光 X 射线照相、核爆炸模拟器、等离子体的加热和约束、惯性约束聚变驱动器、高功率激光器、强脉冲 X 射线、核电磁脉冲、高功率微波、强脉冲中子源和电磁发射器等。脉冲功率技术与国防建设及各种尖端技术紧密相连，已成为当前国际上非常活跃的一门前沿科学技术。

（八）微机电系统

微机电系统（MEMS）是融合了硅微加工、光刻铸造成型和精密机械加工等多种微加工技术制作的，集微型机构、微型传感器、微型执行器，以及信号处理和控制电路、接口电路、通信和电源于一体的微型机电系统或器件。微机电系统技术是随着半导体集成电路微细加工技术和超精密机械加工技术的发展而发展起来的。

微机电系统技术的目标是通过系统的微型化、集成化来探索具有新原理、新功能的器件和系统。它将电子系统和外部世界有机地联系起来，不仅可以感受运动、光、声、热、磁等自然界信号，并将这些信号转换成电子系统可以识别的电信号，而且还可以通过电子系统控制这些信号，进而发出指令，控制执行部件完成所需要的操作，以降低机电系统的成本，完成大尺寸机电系统所不能完成的任务，也可嵌入大尺寸系统中，把自动化、智能化和可靠性水平提高到一个新的水平。

微机电系统的加工技术主要有三种。第一种是以美国为代表的利用化学腐蚀或集成电路工艺技术对硅材料进行加工，形成硅基 MEMS 器件；第二种是以日本为代表的利用传统机械加工手段，即利用大机器制造出小机器，再利用小机器制造出微机器的方法；第三种是以德国为代表的利用 X 射线光刻技术，通过电铸成型和铸塑形成深层微结构的方法。其中硅加工技术与传统的集成电路工艺兼容，可以实现微机械和微电子的系统集成，而且该方法适合于批量生产，已经成为目前微机电系统的主流技术。MEMS 的特点是微型化、集成化、批量化，机械电器性能优良。

1987年，美国加州大学伯克利分校率先用微机电系统技术制造出微电机。20世纪90年代，众多发达国家先后投入巨资设立国家重大项目以促进微机电系统技术发展。1993年，美国ADI公司采用该技术成功地将微型加速度计商品化，并大批量应用于汽车防撞气囊，标志着微机电系统技术商品化的开端。此后，微机电系统技术迅速发展，并研发了多种新型产品。一次性血压计是最早的MEMS产品之一，目前国际上每年都有几千万只的用量。微机电系统还有3mm长的能够开动的汽车、可以飞行的蝴蝶大小的飞机、细如发丝的微机电电机、微米级的微机电系统继电器等。

微机电系统技术在航空、航天、汽车、生物医学、电子、环境监控、军事，以及几乎人们接触到的所有领域都有着十分广阔的应用前景。

第二节 电气工程发展历程

人类最初是从自然界的雷电现象和天然磁石中开始注意电磁现象的。古希腊和中国文献都记载了琥珀摩擦后吸引细微物体和天然磁石吸铁的现象。1600年，英国的威廉·吉尔伯特用拉丁文出版了《磁石论》一书，系统地讨论了地球的磁性，开创了近代电磁学的研究。

1660年，奥托·冯·库克丁发明了摩擦起电机；1729年，斯蒂芬·格雷发现了导体；1733年，杜斐描述了电的两种力吸引力和排斥力。

1745年，荷兰莱顿大学的克里斯特和马森·布洛克发现电可以存储在装有铜丝或水银的玻璃瓶里，格鲁斯拉根据这一发现，制成莱顿瓶，也就是电容器的前身。

1752年，美国人本杰明·富兰克林通过著名的风筝实验得出闪电等同于电的结论，并首次将正、负号用于电学中。随后，普里斯特里发现了电荷间的平方反比律；泊松把数学理论应用于电场计算。1777年，库伦发明了能够测量电荷量的扭力天平，利用扭力天平，库仑发现电荷引力或斥力的大小与两个小球所带电荷电量的乘积成正比，而与两小球球心之间的距离平方成反比的规律，这就是著名的库仑定律。

1800年，意大利科学家伏特发明了伏打电池，从而使化学能可以转化为源源不断输出的电能。伏打电池是电学发展过程中的一个重要里程碑。

1820年，丹麦科学家奥斯特在实验中发现了电可以转化为磁的现象；同年，法国科学家安培发现了两根通电导线之间会发生吸引或排斥。安培在此基础上提出的载流导线之间的相互作用力定律，后来称为安培定律，成为电动力学的基础。

1827年，德国科学家欧姆用公式描述了电流、电压、电阻之间的关系，创立了电学中最基本的定律欧姆定律。

1831年8月29日，英国科学家法拉第成功地进行了“电磁感应”实验，发现了磁可以转化为电的现象。在此基础上，法拉第创立了研究暂态电路的基本定律电磁感应定律。至此，电与磁之间的统一关系被人类所认识，并从此诞生了电磁学。法拉第还发现了载流体的自感与互感现象，并提出电力线与磁力线概念。

1831年10月，法拉第创制了世界上第一部感应发电机模型法拉第盘。

1832年，法国科学家皮克斯在法拉第的影响下发明了世界上第一台实用的直流发电机。

1834年，德籍俄国物理学家雅可比发明了第一台实用的电动机，该电动机是功率为

15W 的棒状铁芯电动机。

1839 年，雅可比在涅瓦河上做了用电动机驱动船舶的实验。

1836 年，美国的机械工程师达文波特用电动机驱动木工车床，1840 年又用电动机驱动印报机。

1845 年，英国物理学家惠斯通通过外加伏打电池电源给线圈励磁，用电磁铁取代永久磁铁，取得了成功，随后又改进了电枢绕组，从而制成了第一台电磁铁发电机。

1864 年，英国物理学家麦克斯韦在《电磁场的动力学理论》中，利用数学进行分析与综合，进一步把光与电磁的关系统一起来，建立了麦克斯韦方程，最终用数理科学方法使电磁学理论体系建立起来。

1866 年，德国科学家西门子制成第一台自激式发电机，西门子发电机的成功标志着制造大容量发电机技术的突破。

1873 年，麦克斯韦完成了划时代的科学理论著作——《电磁通论》。麦克斯韦方程是现代电磁学最重要的理论基础。

1881 年，在巴黎博览会上，电气科学家与工程师统一了电学单位，一致同意采用早期为电气科学与工程作出贡献的科学家的姓作为电学单位名称，电气工程成为在全世界范围内传播的一门新兴学科。

1885 年，意大利物理学家加利莱奥·费拉里斯提出了旋转磁场原理，并研制出二相异步电动机模型；1886 年，美国的尼古拉·特斯拉也独立地研制出二相异步电动机；1888 年，俄国工程师多利沃·多勃罗沃利斯基研制成功第一台实用的三相交流单鼠笼异步电动机。

19 世纪末期，电动机的使用已经相当普遍。电锯、车床、起重机、压缩机、磨面机和凿岩钻等都已由电动机驱动，牙钻、吸尘器等也都用上了电动机。电动机驱动的电力机车、有轨电车、电动汽车也在这一时期得到了快速发展。1873 年，英国人罗伯特·戴维森研制成第一辆用蓄电池驱动的电动汽车。1879 年 5 月，德国科学家西门子设计制造了一台能乘坐 18 人的三节敞开式车厢小型电力机车，这是世界上电力机车首次成功的试验。1883 年，世界上最早的电气化铁路在英国开始营业。

1809 年，英国化学家戴维用 2000 个伏打电池供电，通过调整木炭电极间的距离使之产生放电而发出强光，这是电能首次应用于照明。1862 年，用两根有间隙的炭精棒通电产生电弧发光的电弧灯首次应用于英国肯特郡海岸的灯塔，后来很快用于街道照明。1840 年，英国科学家格罗夫对密封玻璃罩内的铂丝通以电流，达到炽热而发光，但由于寿命短、代价太大而不实用。1879 年 2 月，英国的斯万发明了真空玻璃泡碳丝的电灯，但是由于碳的电阻率很低，要求电流非常大或碳丝极细才能发光，制造困难，所以仅仅停留在实验室阶段。1879 年 10 月，美国发明家爱迪生试验成功了真空玻璃泡中碳化竹丝通电发光的灯泡，由于这种灯泡不仅能长时间通电稳定发光，而且工艺简单、制造成本低廉，其很快成为商品。1910 年，灯泡的灯丝由 W. D. 库利厅改用钨丝。

1875 年，法国巴黎建成了世界上第一座火力发电厂，标志着世界电力时代的到来。1882 年，“爱迪生电气照明公司”在纽约建成了商业化的电厂和直流电力网系统，发电功率为 660kW，供应 7200 个灯泡的用电。同年，美国兴建了第一座水力发电站，之后水力发电逐步发展起来。1883 年，美国纽约和英国伦敦等大城市先后建成中心发电厂。到

1898 年，纽约又建立了容量为 3 万 kW 的火力发电站，用 87 台锅炉推动 12 台大型蒸汽机为发电机提供动力。

早期的发电厂采用直流发电机，在输电方面，很自然地采用直流输电。第一条直流输电线路出现于 1873 年，长度仅有 2km。1882 年，法国物理学家和电气工程师德普勒在慕尼黑博览会上展示了世界上第一条远距离直流输电试验线路，把一台容量为 3 马力（1 马力 =735. 49875W）的水轮发电机发出的电能，从米斯巴赫输送到相距 57km 的慕尼黑，驱动博览会上的一台喷泉水泵。

1882 年，法国人高兰德和英国人约翰·吉布斯研制成功了第一台具有实用价值的变压器，1888 年，由英国工程师费朗蒂设计，建设在泰晤士河畔的伦敦大型交流发电站开始输电，其输电电压高达 10kV。1894 年，俄罗斯建成功率为 800kW 的单相交流发电站。

1887—1891 年，德国电机制造公司成功开发了三相交流电技术。1891 年，德国劳芬电厂安装并投产了世界上第一台三相交流发电机，并通过第一条 13. 8kV 输电线路将电力输送到远方用电地区，既用于照明，又用于电力拖动。从此，高压交流输电得到迅速的发展。

电力的应用和输电技术的发展，促使一大批新的工业部门相继产生。首先是与电力生产有关的行业，如电机、变压器、绝缘材料、电线电缆、电气仪表等电力设备的制造厂和电力安装、维修和运行等部门；其次是以电作为动力和能源的行业，如照明、电镀、电解、电车、电报等企业和部门，而新的日用电器生产部门也应运而生。这种发展的结果，又反过来促进了发电和高压输电技术的提高。

1903 年，输电电压达到 60kV；1908 年，美国建成第一条 110kV 输电线路；1923 年建成投运第一条 230kV 线路。从 20 世纪 50 年代开始，世界上经济发达的国家进入经济快速发展时期，用电负荷保持快速增长，年均增长率在 6% 左右，并一直持续到 20 世纪 70 年代中期。这带动了发电机制造技术向大型、特大型机组发展，美国第一台 300MW、500MW、1000MW、1150MW 和 1300MW 汽轮发电机组分别于 1955 年、1960 年、1965 年、1970 年和 1973 年投入运行。同时，大容量远距离输电的需求，使电网电压等级迅速向超高压发展，第一条 330kV、345kV、400kV、500kV、735kV、750kV 和 765kV 线路分别于 1952 年（苏联）、1954 年（美国）、1956 年（苏联）、1964 年（美国）、1965 年（加拿大）、1967 年（苏联）和 1969 年（美国）建成，1985 年，苏联建成第一条 1150kV 特高压输电线路。

1870—1913 年，以电气化为主要特征的第二次工业革命，彻底改变了世界的经济格局。这一时期，发电以汽轮机、水轮机等为原动机，以交流发电机为核心，输电网以变压器与输配电线路等组成，使电力的生产、应用达到较高的水平，并具有相当大的规模。

在工业生产、交通运输中，电力拖动、电力牵引、电动工具、电加工、电加热等得到普遍应用，到 1930 年前后，吸尘器、电动洗衣机、家用电冰箱、电灶、空调器、全自动洗衣机等各种家用电器也相继问世。

英国于 1926 年成立中央电气委员会，1933 年建成全国电网。美国工业企业中以电动机为动力的比重，从 1914 年的 30% 上升到 1929 年的 70%。苏联在十月革命后不久也提出了全俄电气化计划。20 世纪 30 年代，欧美发达国家都先后完成了电气化。从此，电力取代了蒸汽，使人类迈进了电气化时代，20 世纪成为“电气化世纪”。

现如今，电能的应用已经渗透到人类社会生产、生活的各个领域，它不仅创造了极大的生产力，而且促进了人类文明的巨大进步，彻底改变了人类的社会生活方式，电气工程也因此被人们誉为“现代文明之轮”。

21 世纪的电气工程学科将在与信息科学、材料科学、生命科学、环境科学等学科的交叉和融合中获得进一步发展。创新和飞跃往往发生在学科的交叉点上，因此在 21 世纪，电气工程领域的基础研究和应用基础研究仍会是一个百花齐放、蓬勃发展的局面，而与其他学科的融合交叉是它的显著特点。

超导材料、半导体材料与永磁材料的最新发展对于电气工程领域有着特别重大的意义。从 20 世纪 60 年代开始，实用超导体的研制成功地开创了超导电工的新时代，目前，恒定与脉冲超导磁体技术已经进入成熟阶段，得到了多方面的应用，显示了其优越性与现实性。超导加速器与超导核聚变装置的建成与运行成为 20 世纪下半叶人类科技史中辉煌的成就；超导核磁共振谱仪与磁成像装置已实现了商品化。20 世纪 80 年代制成了高临界温度超导体，为 21 世纪电气工程的发展展示了更加美好的前景。

半导体的发展为电气工程领域提供了多种电力电子器件与光电器件。电力电子器件为电机调速、直流输电、电气化铁路、各种节能电源和自动控制的发展作出了重大贡献。光电池效率的提高及成本的降低为光电技术的应用与发展提供了良好的基础，使太阳能光伏发电在边远缺电地区得到了应用，并有可能在未来电力供应中占据一定份额。半导体照明是节能的照明，它能大大降低能耗，减少环境污染，是更可靠、更安全的照明。

新型永磁材料，特别是钕铁硼材料的发现与迅速发展使永磁电机、永磁磁体技术在深入研究的基础上登上了新台阶，应用领域不断扩大。

微型计算机、电力电子和电磁执行器件的发展，使得电气控制系统响应快、灵活性高、可靠性强的优点越来越突出，因此电气工程正在使一些传统产业发生变革。例如，传统的机械系统与设备，在更多或全面地使用电气驱动与控制后，大大改善了性能，“线控”汽车、全电舰船、多电 / 全电飞机等研究就是其中最典型的例子。

第三节　新技术及材料对电气工程技术的影响

到 19 世纪末，电工技术已在电力和电信两方面都取得了巨大的成功。在 20 世纪的前 30 年，物理学的研究获得重大突破，建立了量子论和相对论，使人们对物质世界从原子到天体都有了更为深入的认识。20 世纪初，电子管的发明带来了通信技术、无线电广播的兴起和繁荣。

20 世纪 40 年代末，半导体三极管的发明标志着电子技术进入了一个新的阶段，很快就出现了多种半导体器件，它们在体积小、质量轻、功耗低等方面显示出优越的性能，使电气工程中的控制设备得到进一步的升级。

同样，20 世纪 40 年代末发明的电子计算机是科技进步新的里程碑，计算机软件技术不断完备。20 世纪 50 年代末研究出多种计算机语言，使得计算机的使用日趋方便。

高速、大容量的电子计算机已远不限于用作快速的计算工具，其在生产、科学研究、管理等乃至社会生活的许多方面都成为技术进步的非常有力的手段。20 世纪 50 年代发明的集成电路，使电子技术跨进了集成电路、大规模集成电路和超大规模集成电路的时代。这些技术的出现，对电工技术产生了极大的影响。

20 世纪 50 年代以后，在受控热核聚变研究和空间技术的推动下，等离子物理学与放电物理学蓬勃发展，在理论和应用两方面都取得了丰硕成果。

放电物理主要研究气体放电的物理图像和气体放电中的各种基本过程，研究气体放电主要的特性和相关的机制，以常见的放电形式。

等离子体是宇宙中绝大部分可见物质的存在形式，其密度跨越 30 个量级、温度跨越 8 个量级。作为迅速发展的新兴学科，等离子体科学已涵盖了受控热核聚变、低温等离子体物理及应用、基础等离子体物理、国防和高技术应用、天体和空间等离子体物理等分支领域。这些研究领域对人类面临的能源、材料、信息、环保等许多全局性问题的解决具有重大意义。

由电磁流体力学的理论而获得的磁流体发电是一种新型的发电方法。它把燃料的热能直接转化为电能，省略了由热能转化为机械能的过程。这种发电方法效率较高，可达到 60% 以上。同样烧 1t 煤，它能发电 4500kW • h，对环境的污染也小，而汽轮发电机只能发电 3000kW • h。

燃煤磁流体发电技术又称等离子体发电，它是磁流体发电的典型应用，燃烧煤而得到 2.6×10^{6}℃以上的高温等离子气体并以高速流过强磁场时，气体中的电子受磁力作用，沿着与磁力线垂直的方向流向电极，发出直流电，经直流逆变为交流送入交流电网。

直线电机可以被认为是旋转电机在结构方面的一种变形，它可以被看成一台旋转电机沿其径向剖开，然后拉平演变而成。近年来，随着自动控制技术和微型计算机的高速发展，对各类自动控制系统的定位精度提出了更高的要求，在这种情况下，传统的旋转电机再加上一套变换机构组成的直线运动驱动装置，已经远不能满足现代控制系统的要求。为此，近年来世界许多国家都在研究、发展和应用直线电机，使得直线电机的应用领域越来越广。

磁悬浮列车是一种利用磁极吸引力和排斥力的高科技交通工具。简单地说，排斥力使列车悬起来，吸引力让列车开动。磁悬浮列车上装有电磁体，铁路底部则安装线圈。通电后，地面线圈产生的磁场极性与列车上的电磁体极性总保持相同，两者“同性相斥”，排斥力使列车悬浮起来。铁轨两侧也装有线圈，交流电使线圈变为电磁体。它与列车上的电磁体相互作用，使列车前进。列车头的电磁体（N 极）被轨道上靠前一点的电磁体（S 极）所吸引，同时被轨道上稍后一点的电磁体（N 极）所排斥——结果是一“推”一“拉”。磁悬浮列车运行时与轨道保持一定的间隙（一般为 1 ～ 10cm），其运行安全、平稳舒适、无噪声，可以实现全自动化运行。

20世纪60年代发明了激光技术。由激光器发出的光有相干性良好、能量密度高等特点，它首先在计量技术中得到应用，20 世纪 60 年代末又利用它实现了光纤通信。这一技术是当代电子技术的又一大进展，其在电力系统通信中得到广泛应用。20 世纪的许多重大技术进步都是在多方面的理论和技术综合应用的基础上实现的。电工技术在新技术进展中起着不可缺少的支持作用，新的技术进展又不断促进电工技术的进步。新的发电方式如磁流体发电已经实现，超导技术的进展将可能在电工技术中引起广泛的革新，等离子体研究的成果带来了实现受控核聚变的希望，在科技理论中信息论、控制论、系统工程等众多学科先后出现，各学科技术相互影响和发展，形成了当代科技进步的洪流，电工科技也将在其中继续发展。

当前世界上消耗的能量 99% 来自煤、石油、天然气等化石燃料，这些燃料是十分宝贵的化工原料，付之一炬，实在可惜，并且其地下蕴藏量极其有限。更为严重的是，它们燃烧时释放出大量的有害气体，污染环境、破坏生态、有损健康。现在所谓的清洁能源核能发电是核裂变反应能，它存在两大问题，一是燃料铀的储存量有限，不足以人类用几百年；二是放射反应产生的废物难以安全保存。

一、能源、电力

受控热核聚变是等离子体最诱人的应用领域，也是彻底解决人类能源危机的根本办法。它是在人工控制条件下，将轻元素在高温等离子体状态下约束起来，聚合成的原子核反应释放出能量。其优点是原料蕴藏量丰富，轻元素氘可以从海水中提取，世界上海水所含有的氘，若全部用来发电，可供人类使用数亿年。另外，受控热核聚变产生的放射性废物少，运行安全可靠，不会对环境造成威胁。

美国、法国等国在20世纪80年代中期发起了耗资46亿欧元的“国际热核实验反应堆”计划，旨在建立世界上第一个受控热核聚变实验反应堆，为人类输送巨大的清洁能量。这一过程与太阳产生能量的过程类似，因此受控热核聚变实验装置又称“人造太阳”。中国于2003年加入国际热核实验反应堆计划。位于安徽合肥的中国科学院等离子体研究所是这个国际科技合作计划的国内主要承担单位，其研究建设的“全超导非圆截面托卡马克核聚变实验装置”，于2006年9月28日首次成功完成了放电实验，获得电流200kA、时间接近3s的高温等离子体放电，稳定放电能力超过世界上所有正在建设的同类装置。

虽然“人造太阳”的奇观在实验室中初现，但离真正的商业运行还有相当长的时间，它所发出的电能在短时间内还不可能进入人们的家中。根据目前世界各国的研究状况，这一梦想最快有可能在30～50年后实现。

二、交通运输

在交通运输领域，人们对磁悬浮列车、磁流体推进船和电动汽车的研究获得重大进展，特别在电动汽车研究方面，已达到实用阶段。目前人们所说的电动汽车多是指纯电动汽车，即是一种采用单一蓄电池作为储能动力源的汽车。它利用蓄电池作为储能动力源，通过电池向电动机提供电能，驱动电动机运转，从而推动汽车前进。从外形上看，电动汽车与日常见到的汽车并没有什么区别，区别主要在于动力源及其驱动系统。

电动汽车是综合技术的产物，它涉及机械、材料、化工、电机、电力、控制及能量支配管理系统。电驱动技术是电动汽车的关键技术，它包含电机、功率电子器件、控制技术3个主要方面，与电工领域密切相关。电动汽车是21世纪研究的热点。

电动汽车的优点是无污染、噪声低、能源效率高、结构简单、使用维修方便。现阶段存在的缺点是动力电源使用成本高、续驶里程短。

三、超导电工

超导体在电气工程中的应用是一个发展趋势。

超导储能是利用超导线圈将电磁能直接储存起来，需要时再将电磁能返回电网或其他负载。超导储能装置一般由超导线圈、低温容器、制冷装置、变流装置和测控系统几个部件组成。其中，超导线圈是超导储能装置的核心部件，它可以是一个螺旋管线圈或是环形线圈。螺旋管线圈结构简单，但是周围杂散磁场较大；而环形线圈周围散磁场较小，但是结构较为复杂。

超导故障限流器是利用超导体的超导与正常态转变特性，快速而有效地限制电力系统故障短路电流的一种电力设备。超导故障限流器集检测、触发和限流于一体，反应速度快，正常运行损耗低，能自动复位，克服了常规熔断器只能使用一次的缺点。

超导电机一般分为绕组型超导电机和块材型超导电机。绕组型超导电机是指电机的定子绕组或转子绕组由超导线绕制的线圈组成，而块材型超导电机是指电机转子由高温超导块材组成。超导电机采用了超导体，超导电机的运行电流密度和磁通密度都大大地提高了。超导电机的基本结构和常规电机相似，主要由转子、定子组成，只是还需要有相应的低温容器以使超导体处于超导态。

目前，超导电缆制造处于实用化研究阶段。

超导变压器一般都采用与常规变压器一样的铁芯结构，仅高、低压绕组采用超导绕组。超导绕组置于非金属低温容器中，以减少涡流损耗。变压器铁芯一般仍处在室温条件下。超导变压器的优点是体积小、质量轻、效率高，同时由于采用高阻值的基底材料，因此具有一定的限制故障电流作用。

第二章　矿用电气设备

电气设备正常运行或故障状态下可能出现的火花、电弧、热表面等，它们都具有一定的能量，可以成为点燃矿井瓦斯和煤尘的点火源。煤矿井下使用防爆电气设备，对防止瓦斯、煤尘爆炸事故具有重要的意义，本章重点针对矿用防爆电气设备进行阐述。

第一节　矿用电气设备概述

一、矿用电气设备的类型及防爆原理

采取一定措施或改进后能在井下正常使用的电气设备称为矿用电气设备。它有两种类型，即矿用一般型电气设备和矿用防爆型电气设备。

（一）矿用一般型电气设备的技术要求、特点及适用条件

对矿用一般型电气设备的基本要求是外壳坚固、封闭，能防止从外部直接触及带电部分；防滴、防溅、防潮性能好；有电缆引入装置，并能防止电缆扭转、拔脱和损伤；开关手柄和门盖之间有连锁装置等。防护等级一般不低于 IP54，外风冷式电机风扇进风口和出风口的防护等级不低于 IP20 和 IP10；用于无滴水和粉尘侵入的硐室中的设备，最高表面温度低于 200℃的启动电阻和整流机组的防护等级不低于 IP21；用外风扇冷却的设备和焊接用整流器的防护等级不得低于 IP43。矿用一般型电气设备表面温度不超过 85℃；操作手柄、手轮表面温度不高于 60℃；在结构上能防止人接触的部位的表面温度不高于 150℃。

矿用一般型电气设备是一种煤矿井下用的非防爆型电气设备，它只能用于井下无瓦斯煤尘爆炸危险的场所。外壳的明显处有“KY”标志。

（二）矿用防爆型电气设备

考虑防爆性能而采取特别措施后，能在具有爆炸危险环境场所正常、安全使用的矿用电气设备称为矿用防爆型电气设备。

防爆型电气设备按防爆结构的不同可以分为 10 种基本类型。矿用防爆型电气设备有 6 种，其余 4 种基本不用，如充沙型、气密型、浇封型、无火花型（表 2-1）。

表 2-1　爆炸性环境用电气设备类型及标志

防爆电气设备类型	标志
隔爆型电气设备	*d*
本质安全型电气设备	i
增安型电气设备	*e*
正压型电气设备	m
充油型电气设备	h
特殊型电气设备	*q*

1. 隔爆型

隔爆型电气设备的原理为将正常工作或事故状态下可能产生火花的部分放在一个或分放在几个外壳中。这种外壳能够将其内部的火花、电弧与周围环境中的爆炸性气体隔开，还能确保当进入壳内的爆炸气体混合物被壳内的火花、电弧引爆时，外壳不致被炸坏，也不致使爆炸物通过连接缝隙引爆周围环境中的爆炸性气体混合物。这种特殊的外壳称为“隔爆外壳”。具有隔爆外壳的电气设备称为“隔爆型电气设备”。

隔爆型电气设备具有良好的耐爆性和隔爆性，隔爆接合面的长（宽）度、间隙和粗糙度是决定隔爆性能的重要参数，直接关系着隔爆外壳的隔爆性能。目前其用来制造变压器、开关、移动变电站等，标志为“ExdI”。

2. 增安型

增安型电气设备采取一系列措施（包括加强绝缘、增大电气间隙和爬电距离）以提高其安全程度，防止在正常运行或规定的异常条件下产生危险温度、电弧焊电火花的可能性，这种类型的设备称为增安型电气设备。它有较好的防水、防外物能力，电气间隙和爬电距离符合有关要求（表 2-2）。目前其主要用于制造异步电动机、照明灯具、接线盒等，标志为“ExeI”。

表 2-2　隔爆型和增安型电气设备电气间隙与爬电距离

额定电压 /V	最小电气间隙 /mm	最小爬电距离 /mm			
36	4	4	4	4	4
660	10	12	16	20	25
60	6	6	6	6	6
1140	18	24	28	35	45
127	6	6	7	8	10
3000	36	45	60	75	90
220	6	6	8	10	12
6000	60	85	110	135	160
380	8	8	10	12	15
10000	100	125	150	180	240

注：表中 a、b、c、d 是绝缘材料按相对泄痕指数的分级

3. 本质安全型

本质安全电路就是在规定的试验条件下，正常工作或规定的故障状态下产生的电火花和热效应内不能点燃规定的爆炸性混合物的电路。全部采用本质安全电路的电气设备称为本质安全型电气设备。

本质安全型电气设备是通过限制电路的电气参数（如降低电压、减小电流等），进而限制放电能量来实现电气防爆的。

本安型电气设备的外壳可用金属、塑料及合金制成，外壳的强度、防尘、防水、防外物能力符合国家规定，电气间隙爬电距离符合有关规定（表 2-3）。对一般环境使用的设备，

其防护等级不低于 IP20，对用于采掘工作面使用的设备，其防护等级不低于 IP54。

本安型电气设备具有结构简单、体积小、重量轻，制造维修方便，安全、可靠等特点。目前本安型电气设备最大输出功率为25W左右，仅用于控制、信号、通信装置和监控设备，标志为“Exial Exibl”。

表 2-3　本质安全型电气设备的电气间隙与爬电距离

额定电压峰值①/V		60	90	190	375	550	750	1000	1300	1550
爬电距离 /mm		3	4	8	10	15	18	25	36	40
绝缘涂层下的爬电距离 /mm		1	1.3	2.6	3.3	5	6	8.3	12	13.3
相对泄痕指数②/V	*ia*	90	300							
	ib		175							
电气间隙 /mm		3	4	6	6	6	8	10	14	16
胶封中的间距 /mm		1	1.3	2	2	2	2.6	3.3	4.6	5.3

注：①额定电压峰值 = 电路最高峰电压之和

②按 IEC 112（1979）《固体绝缘材料在潮湿条件下，相对泄痕指数测定的推荐方法》测定

4. 正压型

正压型电气设备的防爆原理是将电气设备置入外壳内（壳内无可燃性气体释放源），将壳内充入保护性气体，并使壳内保护性气体的压力高于周围爆炸性环境的压力，以阻止外部爆炸性混合物进入壳内，实现电气设备的防爆。正压型电气设备的标志为“ExpI”。

5. 矿用充油型

全部或部分部件浸在油内，使设备不能点燃油面以上的或外壳外的爆炸性混合物的防爆电气设备称为矿用充油型电气设备，其标志为“ExoI”。

6. 矿用特殊型

矿用特殊型电气设备是指异于现有防爆型式，由主管部门制订暂行规定，经国家认可的检验机构检验证明，具有防爆性能的电气设备。该型防爆电气设备须报国家技术监督局备案，标志为“ExsI”。

二、防爆设备的级别及防护等级

（一）防爆设备的标志、类别

1. 标志

防爆电气设备的防爆总标志为 Ex，安全标志为 MA。例如，矿用隔爆型 ExdI；矿用本质安全型 ia 等级：Exial；矿用隔爆兼本质安全型 ib 等级：Exdibl；矿用增安型：ExeI。

2. 类别

Ⅰ类：用于煤矿井下的电气设备，主要用于含有甲烷混合物的爆炸性环境。

Ⅱ类：用于工厂的防爆电气设备，主要用于含有除甲烷外的其他各种爆炸性混合物环境。

（二）防护等级

电气设备应具有坚固的外壳，外壳应具有一定的防护能力，并达到一定的防护等级标准。防护等级就是电气设备的防外物和防水能力。

防外物是指防止外部固体进入设备内部和防止人体触及设备内的带电或运动部分的性能，简称防外物。防水是防止外部水分进入设备内部对设备产生有害影响的防护性能，简称防水。

防护等级用字母 IP 连同两位数来标志。例如，IP43 中的 IP 是外壳防护等级标志，第一位数字 4 表示防外物 4 级，第二位数字 3 表示防水 3 级。数字越大表示等级越高，要求越严格。防外物共分 7 级，防水共分 9 级。

三、矿用防爆型电气设备的通用要求

通用要求就是防爆电气设备共有的特性，主要有以下 9 个方面。

（1）电气设备的允许最高表面温度。表面可能堆积粉尘时为 150℃；采取防尘堆积措施时为 450℃；防爆电气设备使用的环境温度为 −20 ～ 40℃。

（2）电气设备与电缆的连接应采用防爆电缆接线盒，电缆的引入、引出必须用密封式电缆引入装置，并应具有防松动、防拔脱措施。

（3）对不同的额定电压和绝缘材料，电气间隙和爬电距离都有相应的较高的要求。

（4）具有电气或机械闭锁装置，有可靠的接地及防止螺钉松动装置。

（5）防爆电气设备如果采用塑料外壳，须采用不燃性或难燃性材料制成，并保证塑料表面的绝缘电阻不大于 $1\times10^{9}\Omega$，以防积聚静电，还必须承受冲击试验和热稳定试验。

（6）防爆电气设备限制使用铝合金外壳，防止其与锈铁摩擦产生大量热能，避免形成危险温度。

（7）防爆型电气设备，必须经国家指定的防爆试验鉴定。

（8）外壳的强度。隔爆外壳必须能承受其内部爆炸气体爆炸所产生的压力的 1.5 倍。

（9）法兰面的强度。法兰面的强度一般是由机械结构和材料强度来保证的，尤其是法兰面的厚度应选大些，以免爆炸后变形。但法兰面的厚度不是一个孤立的常数，而是与外壳空腔的净容积、外壳的形状，尤其是法兰的形状及接合方式有关。如电力装岩机操纵箱是长方形的隔爆法兰接合面，就应厚些，它是用螺钉连接接合面的，因此要考虑螺钉尺寸及螺钉拧入深度，同时法兰面的材质也是一个影响因素。要通过力学的分析，选择一个适当的安全系数（通常为 2.5 倍左右）。在设计法兰面厚度时要考虑修理余量，修理余量为设计厚度的 15%，如果所增加的 15% 不足 1mm 时，也要增至 1mm。

四、对矿用防爆电气设备的零部件要求

防爆电气设备主要是指外壳的防爆。对矿用防爆电气设备的零部件有以下要求。

（1）防爆外壳

对防爆外壳的要求为，钢板的强度、焊缝的强度符合耐压试验要求，无变形、无开焊、无裂纹，防爆外壳内外无锈皮脱落。

（2）进线装置

对进线装置的要求为无变形、无断裂、无破损。

（3）密封圈

对密封圈的要求为硬度、宽度、弹性符合要求。

（4）弹簧垫圈

对弹簧垫圈的要求为无断裂、弹性良好。

（5）平垫片

对平垫片的要求为无断裂、无变形。

（6 钢圈）

对钢圈的要求为无断裂、无变形。

（7）挡板

对挡板的要求为直径、厚度符合要求。

（8）螺丝螺栓

对螺丝螺栓的要求为无断裂、无变形、无滑丝。

（9）防爆面

对防爆面的要求为粗糙度、宽度、间隙、凹坑符合要求，无锈蚀、无破损。

（10）显示窗

对显示窗的要求为玻璃明亮、无破损。

（11）操作机构

对操作机构的要求为灵活可靠、无断裂、变形、间隙符合要求。

五、隔爆接合面的结构种类

隔爆接合面是指为阻止内部爆炸向外壳周围的爆炸性气体混合物传播，隔爆外壳各个部件相对表面配合在一起的接合面。隔爆接合面包括静止接合面与活动接合面。

（1）静止接合面

静止接合面是用螺钉或其他方法将外壳的接合面固定住或在隔爆电气设备运行状态下不动的接合面，有以下 4 种。

①平面对口接合面，如开关接线箱与箱盖等。

②转盖式接合面，如大肚子开关的主箱体。

③圆柱式接合面，如电机端盖与机座外壳止口结合部分的配合。

④门式接合面，如方体型开关的主箱体。

（2）活动接合面

活动接合面是设备在运行时可转动或移动的接合面，有以下 5 种。

①电机轴与轴孔。

②操纵杆与杆孔。

③插销与插套。

④螺纹式接合面，多为国外设备所采用。

⑤迷宫式接合面，为部分电动机端盖所采用。

六、接线装置

（一）进线装置

进线装置是接线盒的主要组成部分，它应有以下 2 个作用。

（1）为防止井下移动电气设备时不慎将接线电缆拔脱，使电缆与接线柱连接处造成火花或弧光短路的危险，因此应将电缆固定或压紧。

（2）通过压紧装置将橡胶垫圈压紧，并使此垫圈内径与电缆公称外径紧密配合，起到隔爆的作用。

在引入电缆时，大体上分为压紧螺母式、压盘式和浇铸固化密封填料式 3 种。

（二）接线盒装置

接线盒装置是将容易产生火花与不易产生火花的部分隔开，避免烧坏密封圈使火焰喷出，为此设独立的隔爆腔，将电缆引入，接在接线柱上。

接线盒是电缆与隔爆设备的连接部位，检查时应注意以下 6 点。

（1）线嘴是否上紧。

（2）压线板的压紧程度是否适当（不能不压，也不得把电缆压扁量超过电缆直径的 10%）。

（3）密封圈是否合适（其内径不大于电缆外径 1mm，外径与进线装置内径差不大于 2mm，宽度不小于电缆外径的 0.7 倍，厚度不小于电缆外径的 0.3 倍）。

（4）电缆护套做得是否整齐，进入器壁内是否合格（为 5 ～ 15mm）。

（5）地线与火线的长度是否适宜（地线应长于火线，火线拉紧或松脱，地线不掉）。

（6）接线装置是否齐全、完整、紧固，导电良好（应有卡爪或平垫圈、弹簧圈，接线要整齐、无毛刺、不压绝缘胶皮、绝缘套管，绝缘座要完整无裂纹）。因滑扣而拧不紧的接线柱应更换。刺火变色的接线应拧紧。有裂纹、老化的绝缘座、管应更换。发现不合格的地方都应进行处理。

接线盒内的电气间隙和爬电距离应符合表 2-2 的规定。

七、电气间隙和爬电距离

爬电距离是指沿绝缘表面测得的两个导电零部件之间或导电零部件与设备防护界面之间的最短路径。即在不同的使用情况下，由于导体周围的绝缘材料被电极化，导致绝缘材料呈现带电现象，此带电区（导体为圆形时，带电区为环形）的半径即为爬电距离。爬电距离取决于工作电压的有效值，绝缘材料的电气绝缘指数对其影响较大。

电气间隙是指在两个导电零部件之间或导电零部件与设备防护界面之间的最短空间距离。即在保证电气性能稳定和安全的情况下，通过空气能实现绝缘的最短距离。电气间隙的大小取决于工作电压的峰值，电网的过电压等级对其影响较大。

由于煤矿井下空气潮湿、粉尘较多、环境温度较高，严重影响电气设备的绝缘性能。为了避免电气设备由于绝缘强度降低而产生短路电弧、火花放电等现象，对电气设备的爬电距离和电气间隙作出了具体规定。

隔爆型和增安型电气设备的电气间隙与爬电距离应符合表 2-2 的规定。

本质安全型电气设备的电气间隙与爬电距离应符合表 2-3 的规定。

八、闭锁装置

对于某些电气设备，特别是隔爆型电气设备，闭锁装置是必不可少的。其形式不一，不同的设备有不同的要求。使用它主要有两个目的，一是防止任意操作设备，或是在设备不完善的情况下造成明火的危险；二是防止误操作时产生的人身触电和机电事故。

(一) 电气闭锁

电气闭锁有电路内部闭锁和电路外部闭锁 2 种。

（1）电路内部闭锁是利用串联在电路中的触点开闭实现闭锁，如风电闭锁、漏电闭锁和行程开关闭锁等。

（2）电路外部的闭锁是当设备带电时，有危险的可拆卸部分取不下来，或可拆卸部分取下时，不能给设备送电。

(二) 机械闭锁

机械闭锁又称机械联锁，是用机械机构实现闭锁的装置。一般有转盖（壳盖）与操作手柄的闭锁；两个交流接触器的联锁，如 QC83-80N 可逆磁力启动器停止按钮与控制按钮联锁，传动板与隔离开关的联锁。

第二节　矿用电气设备的防爆

一、失爆现象

失爆是指电气设备失去了耐爆性和隔爆性。常见的失爆现象有以下几种。

(一) 连接螺栓的失爆现象

（1）缺螺栓、弹簧垫圈或螺母，螺栓或螺孔滑扣，螺栓折断在螺孔中。

（2）弹簧垫圈未压平或螺栓松动，弹簧垫圈断裂或无弹性（偶尔出现弹簧垫圈断裂或失去弹性时，检查该处防爆间隙，若不超限，更换合格弹簧垫圈后不为失爆）。

（3）使用塑料或轻合金材料自制的螺栓或螺母。

（4）护圈式或沉孔式紧固件紧固后，螺栓头或螺母的上平面超过护圈或沉孔。

（5）螺孔与螺栓不匹配的。

（6）弹簧垫圈的规格与螺栓不相适应的。

（7）设备同一部位螺栓、螺母等规格应一致。钢紧固螺栓伸入螺孔长度应不小于螺栓直径尺寸，铸铁、铜、铝件不小于螺栓直径的 1.5 倍；如果螺孔深度不够，则必须上满扣，否则为失爆。

（8）通孔螺栓未外露 3 ～ 5 丝者（包括螺帽）。

（9）压线板可以不加弹簧垫圈，但两端不一致的则属失爆现象。

(二) 电缆引入引出装置的失爆现象

（1）密封圈老化、失去弹性、变质、变形，有效尺寸配合间隙达不到要求，起不到密封作用。

（2）密封圈外径与进出线装置内径差值超过规定的（表 2-4）；密封圈宽度应大于电缆外径的 0.7 倍，但不得小于 10mm；厚度应大于电缆外径的 0.3 倍，但不得小于 4mm。

表 2-4　密封圈外径与进出线装置内径差值

密封圈外径 /mm	外径与进线装置内径间隙 /mm
≤ 20	≤ 1.0
20 < D ≤ 60	≤ 1.5
> 60	≤ 2.0

（3）密封圈内径与引出入电缆外径差大于 1mm 以上。

（4）密封圈的单孔内穿过多根电缆。

（5）密封圈割开套在电缆上。

（6）密封圈刀削后凸凹不整齐圆滑，锯齿差大于 2mm 以上。

（7）密封圈没有完全套在电缆护套上。

（8）线嘴压紧无余量（螺旋式进线嘴压紧后应外露 1 ～ 3 丝，倒角、车削槽间距不算；压盘式进线嘴压紧后应外露 3 ～ 5mm）。

（9）线嘴内缘压不紧密封圈，或密封圈端面与器壁接触不严，或密封圈能活动。

（10）电缆压线板未压紧电缆，压扁量超过电缆直径的 10% 者，用单手扳动喇叭嘴时上下左右晃动。

（11）在引入引出装置外端能轻易来回抽动电缆。

（12）密封圈与电缆护套之间有其他包扎物。

（13）空闲进线嘴缺挡板或挡板直径比进线嘴内径小 2mm 以上，挡板厚度小于 2mm。

（14）挡板放在密封圈里面或线嘴的金属垫圈放在挡板与密封圈之间。

（15）进线装置破损不齐全。

（16）大小密封圈套用的。

（17）一个进线嘴用多个密封圈的。

（18）线嘴与密封圈之间没有加装金属垫圈。

（19）密封圈装反（可切削端头朝外）。

（三）插接装置的失爆现象

（1）煤电钻插销的电源侧应接插座，负荷侧应接插销，如反接即为失爆。

（2）电源电压低于 1140V，插接装置缺少防止突然拔脱的联动装置。

（3）电源电压高于 1140V，插接装置上没有电气联锁装置。

（4）插销在触头断开的瞬间，外壳隔爆接触面的最大直径差 W 和最小有效长度 L 须符合有关规定（表 2-5）。

表 2-5　外壳隔爆接触面的最大直径差和最小有效长度

外壳净容量 /L	L/mm	W/mm
V ≤ 0.5	15	0.5
V > 0.5	25	0.6

（四）外壳、腔内的失爆现象

（1）使用未经国家法定的检验单位发证生产的防爆部件。

（2）隔爆外壳有裂纹、开焊、严重变形长度超过 50mm，凹坑深度超过 5mm 的。

（3）隔爆腔内、外有锈皮脱落。

（4）锁装置不符合规定，闭锁装置不齐全、变形损坏起不到机械闭锁作用。

（5）电气闭锁不起作用。

（6）外壳透明件（观察窗）破裂、有凹坑，使用非抗机械、热、化学腐蚀的玻璃件。

（7）腔内随意增加安装电气零部件，造成空腔容积变化的。

（8）接线柱、绝缘座管烧坏，使两个空腔连通的。

（9）腔内壁未均匀地涂耐弧漆，而使用调和漆、磁漆的。

（五）防爆面的失爆现象

防爆结合面应保持光洁、完整，须有防锈措施，如电镀、磷化、涂防锈油等，各结构参数符合出厂规定。有下列情况之一者即为失爆。

（1）隔爆结合面结构参数要符合下述规定，否则为失爆。

①平面、圆筒隔爆结构

第一，电气设备。静止部分隔爆结合面、操纵杆与杆孔隔爆结合面及隔爆绝缘套管隔爆结合面的最大间隙或直径差 W 和隔爆结合面的最小有效长度 L；螺栓通孔边缘至隔爆结合面边缘的最小有效长度 L_1。

第二，操纵杆。其直径 d 与隔爆结合面长度 L 之间要符合有关规定（表 2-6）。

表 2-6　操纵杆直径与隔爆结合面长度

单位：mm

操纵杆直径 d	隔爆结合面长度 L
$d \leqslant 5$	$L \geqslant 6$
$6 < d \leqslant 25$	$L \geqslant d$
$d > 25$	$L \geqslant 25$

第三，隔爆结合面的粗糙度不得大于 $\overset{6.3}{\triangledown}$，操纵杆的粗糙度不得大于 $\overset{3.2}{\triangledown}$。

②防爆电动机

第一，电动机轴与轴孔的隔爆结合面在正常工作状态下不应产生摩擦。采用圆筒结合面时，轴与轴孔配合的最小单边间隙须不小于 0. 075mm。

第二，滚动轴承结构，轴与轴孔的最大单边间隙 M 须大于表 2-6 中规定的 W 值的三分之二。

③螺纹隔爆结构

第一，螺纹精度须不低于 3 级，螺距须不小于 0. 7mm。

第二，螺纹的最少啮合扣数、最小拧入深度须符合有关规定（表 2-7）。

表 2-7　螺纹最少啮合扣数与最小拧入深度值

外壳容积 V/L	最小拧入深度 /mm	最少啮合扣数 / 个
$V \leqslant 0.1$	5	6
$0.1 < V \leqslant 2$	9	
$V > 2$	12.5	

（2）隔爆面上，在规定长度及螺孔边缘至隔爆面边缘的最短有效长度范围内，如发现有下列缺陷者为失爆。

①对局部出现的直径不大于 1mm、深度不大于 2mm 的砂眼，在 40、25、15mm 的隔爆面上，每 $1cm^2$ 不得超过 5 个，10mm 的隔爆面不得超过 2 个。

②偶然产生的机械伤痕，其宽度与深度大于 0. 5mm，其剩余无伤隔爆面有效长度小于规定长度的三分之二（无伤隔爆面有效长度可以几段相加）。

（3）隔爆面上不准涂油漆，无意造成油漆痕迹当场擦掉不为失爆。

（4）隔爆面有锈迹，用棉纱擦后，仍留有锈蚀斑痕者为锈蚀，而只留云影不算锈蚀。隔爆面锈蚀是否为失爆，参照第 2 条关于砂眼、机械伤痕的有关规定判定（云影为擦掉锈迹后，留下呈青褐色氧化亚铁云状痕迹，用手摸无感觉）。

（5）用螺栓固定的隔爆面，参见“连接螺栓的失爆”。

（6）隔爆接合面在设备不带电情况下用手打不开的。

（7）隔爆结合面使用密封圈，检修后未安装密封圈，密封圈破损、断裂或外露的。

（8）隔爆结合面法兰厚度小于原设计的 85% 的。

（六）接地装置的失爆现象

接地的目的是防止电气设备外壳带电而危及人身和矿井安全。当电气设备绝缘损坏时，正常情况下不带电的金属外壳等将带电，会造成人身触电或对地放电产生电弧而引起瓦斯爆炸。凡出现下列现象的与电气设备失爆同等对待。

（1）电压在 36V 以上的电气设备未装设保护接地装置。

（2）多台电气设备串联接地的。

（3）未用符合要求的钢管（钢板）制作的接地极。

（4）接地连线、接地阻值不符合《规程》要求的。

（5）外接地螺栓规格不符合下述规定的。

①功率大于 10kW 的电气设备，不小于 M12。

②功率在 5 ～ 10kW 之间的电气设备，不小于 M10。

③功率在 0. 25 ～ 5kW 之间的电气设备，不小于 M8。

④功率不大于 250W 且电流不大于 5A 的电气设备，不小于 M6。

（6）内接地螺栓不符合下列规定的。

①导线芯线截面不大于 $35mm^2$ 时，内接地螺栓应与连接导线芯线的螺栓直径相同。

②导线芯线截面大于 $35mm^2$ 时，内接地螺栓直径应不小于芯线接线螺栓的一半，但至少应等于连接 $35mm^2$ 芯线所用接线螺栓的直径。

（7）在设备标识的接地位置外加装螺栓接地的，或有多处接地点但只接地一处的。

（8）接地装置部件不齐全的。

（9）接地极安装不牢固的（但放置在水沟内的不受此限）、放置在水沟内的未被水淹没的。

（10）使用电动机底座连接螺栓作为接地装置连接点的。

（七）接线

（1）电缆不合格接头（如鸡爪子、羊尾巴、明接头、电缆破口等）是电气安全隐患点，与电气失爆同等对待。

①鸡爪子

“鸡爪子”包括橡套电缆的连接不采用硫化热补或同等效能的冷补者；电缆（包括通信、照明、信号、控制电缆）不采用接线盒的接头；高压铠装电缆的连接不采用接线盒或不灌注绝缘充填物，或绝缘充填物没有灌到三叉口以上，或绝缘胶裂纹的，或充填物不严密漏出芯线的接头。

②羊尾巴

“羊尾巴”包括电缆的末端未接装防爆电气设备或防爆元件者；电气设备接线嘴（包括五小电器元件）2m 内的不合格接头或明线破口者。

③明接头

电气设备与电缆有裸露的导体或未经审批且安全措施不到位、条件不允许而进行明火操作的均属明接头。

④破口

破口包括橡套电缆的护套破损、露出芯线或露出屏蔽线网者；橡套电缆护套破损伤痕深度达到电缆护套厚度 1/2 以上，长度达 20mm，或沿围长 1/3 以上者。

⑤电缆护套伸入器壁长度小于 5mm、大于 15mm 的也属电缆不合格接头。

（2）隔爆开关接线腔由电源侧进出线至负荷侧接线或负荷侧进出线至电源侧接线，控制用小喇叭嘴引出动力线。

（八）照明灯具

（1）防爆安全型灯具把卡口改为螺口的，不能提前断电的。

（2）隔爆型灯具装设的电气联锁装置失灵的。

（九）电气设备

井下使用非防爆电气设备或电气设备超过其额定容量（包括允许超载能力）运行的；采用非阻燃性材料（如彩条布等）制作遮拦等防护设备（配件）的。

（十）其他

井口房和通风机房附近 20m 内，使用火炉取暖或有烟火的，按照失爆对待。

二、失爆的检查方法

（一）连接螺栓的检查

（1）肉眼观察检查连接螺栓是否齐全、符合要求。

（2）单手五指正向旋进超过 1/2 圈即判定为失爆。

（二）电缆引入引出装置的检查

（1）肉眼观察或尺量检查部件是否齐全完好、尺寸是否符合要求。

（2）在引入引出装置口处，顺着电缆方向单手能将电缆推进或拉出接线腔者即判定为失爆。

（3）压线板以压紧电缆直径的 10% 为标准，否则即为失爆。

（三）插接装置的检查

插接装置的检查方法包括肉眼观察或尺量检查。

（四）外壳、腔内的检查

（1）肉眼观察或尺量检查部件是否齐全完好、尺寸是否符合要求。

（2）按动闭锁装置按钮、部件试验。

（五）防爆面的检查

（1）肉眼观察或尺量检查部件是否齐全完好、尺寸是否符合要求。

（2）现场开盖试验、检查。

（六）接地装置的检查

（1）肉眼观察或尺量检查部件是否齐全完好、尺寸是否符合要求。

（2）单手用力能拔出接地极即判定为失爆，但设置在水沟内的钢板接地极不受此限。

（七）接线的检查

接线的检查方法包括肉眼观察或尺量检查。

（八）照明灯具的检查

照明灯具的检查方法包括肉眼观察或试验。

三、失爆的原因、危害、防治

（一）原因

（1）设备安装不规范，安装过程中未对防爆点进行详细检查，未按规程和相关制度、规范安装。

（2）维护和定期检修不妥，防护层的脱落往往使隔爆面上出现砂泥灰尘，用螺钉紧固的平面对口接合面出现凹坑，使隔爆面间隙增大。

（3）移动或搬运不当而发生磕碰，使外壳变形或产生严重机械伤痕。

（4）装配时由于杂质没有及时清除，产生严重的机械划痕。

（5）隔爆面上产生锈蚀现象，增大粗糙度。

（6）螺孔深度过浅或螺栓过长，而不能很好地紧固零件。

（7）未按规程要求制作、安装接地装置。

（8）在隔爆外壳内随意增加元器件，使电气距离和爬电距离小于规定值，造成故障时电弧经外壳接地短路。

（二）危害

设备一旦出现失爆现象，在运行过程中内部产生故障引发爆炸，将炸坏外壳而引爆壳外爆炸性气体，或者从各部缝隙中喷出的高温气体、火焰引起壳外的爆炸性气体爆炸。这对煤矿井下是极其危险和不利的。

（三）防治

为了确保矿用电气设备的完好，杜绝失爆的发生，必须坚持管理、装备、培训并重的原则，在对设备的使用、维护、检修中要严格按照《煤矿安全规程》执行。具体可从以下4点入手。

（1）使用合格的防爆电气设备，禁止非防爆电气设备入井。

（2）严格按照《煤矿安全规程》和有关要求安装，杜绝安装时出现失爆。

（3）检修时做到轻拿轻放，防止产生机械划痕。

（4）加强防爆电气设备的管理，做好检查督促工作。

第三节　电气设备故障分析及处理方法

一、井下低压隔爆型馈电开关故障查找与排除

井下低压隔爆型馈电开关是煤矿井下电力系统中的一种重要设备，主要用于控制和保护井下电气设备，保障煤矿的生产安全。由于工作环境恶劣，开关常常会发生故障。对于煤矿来说，如何及时、准确地排查开关故障并进行维修，是确保煤矿生产安全的关键。本节将详细介绍井下低压隔爆型馈电开关故障的常见原因、故障查找的方法，以及排除故障的步骤，旨在帮助工程技术人员更好地进行井下开关的维修和保养。

（一）井下低压隔爆型馈电开关概述

在井下配电硐室，以及采、掘、开配电点，普遍采用630A馈电开关作为总开关。KBZ-630/1140（660）型矿用隔爆型真空馈电开关作为馈电开关的一种，具有漏电、漏电闭锁、过载、断相、欠压、过压、短路、远方分励、电动合分闸等功能。下面以此种开关为例，对其馈电开关保护功能的特性参数进行简要概述。

1. 欠压保护

整定值为35%～70%；动作时间为1～5s，可调。

2. 过载保护

整定值为$0.4I_e$、$0.5I_e$、$0.6I_e$、$0.7I_e$、$0.8I_e$、$0.9I_e$。动作时间如表2-8所示。

表2-8　过载保护动作时间

过载倍数（$\times I_e$）	动作时间
1.05	1h不脱扣
1.20	1h内脱扣
1.50	$<$ 3min
2.00	$<$ 2min
6.00	可返回时间$<$ 8s

3. 短路保护

整定值为 3 ～ 10；动作时间为瞬动。

4. 漏电闭锁及漏电保护

漏电闭锁及漏电保护的动作值及动作时间，如表 2-9 所示。

表 2-9　动作值及动作时间

电网电压 /V	漏电闭锁 /kΩ	漏电保护 /kΩ	动作时间 /s	
			瞬时	延时
660	22	11	≤ 0.05	0.5 ～ 1.5
1140	40	20		

（二）井下低压隔爆型馈电开关故障的常见原因

1. 电气故障

电气故障是井下低压隔爆型馈电开关故障的主要原因之一。电气故障包括过载、短路、接触不良等。过载是指电路中的电流超过了设计值，导致设备无法正常工作。短路是指电路中出现了电压短路现象，导致设备无法正常工作。接触不良是指设备的接线端子不牢固，导致设备接触不良，从而影响设备的正常运行。例如，井下低压隔爆型馈电开关中的触头长期承受电流、电压的作用，容易出现烧坏的情况，导致电路中断。

2. 机械故障

机械故障是井下低压隔爆型馈电开关故障的另一主要原因。开关的机械部分包括接触系统、弹簧系统等，如果这些部件出现故障，就会导致开关无法正常操作。例如，接触片弹簧的弹性降低，就会导致接触不良，影响设备的正常运行。此外，机械部件的老化和磨损也会导致开关故障。

3. 环境因素

井下工作环境恶劣，可能会出现水、尘、气体等污染，这些环境因素会影响开关的正常运行。例如，水和尘会导致设备的绝缘性能下降，从而导致设备无法正常工作。气体污染可能会腐蚀设备的金属部件，从而导致设备故障。

4. 设备老化

随着设备使用时间的增长，各种零部件的老化和磨损会导致开关故障。例如，接触片的使用寿命到期后，接触片表面会出现腐蚀、氧化等现象，从而导致接触不良，影响设备的正常运行。此外，设备长期在高温、潮湿的环境中工作也会导致设备老化。

（三）故障查找的方法

1. 监测仪器检测法

监测仪器检测法是一种通过仪器检测开关的各项参数，以确定故障原因的方法，主要包括电气参数检测、机械参数检测、温度检测等。例如，可以通过电流表、电压表等仪器检测电气参数，通过振动表、温度计等仪器检测机械参数。通过对检测数据的分析，可以确定故障的位置和原因。

2. 经验法

经验法是一种根据以往维修经验，结合设备的工作原理和故障表现，推断故障可能出现的位置，从而进行有针对性的检查的方法。例如，如果设备出现断电现象，经验法可以推断是电气部分出现了故障，然后针对电气部分进行有针对性的检查和排查。

3. 反复检查法

反复检查法是一种针对疑难故障，通过多次进行检查和排查，逐步缩小故障范围，最终确定故障位置的方法。例如，如果无法确定设备的故障位置，可以逐一检查设备的各个部分，排除可能的故障原因，直到确定故障位置。

（四）排除故障的步骤

1. 停电检修

在停电状态下，对开关进行全面检查，包括外观检查、机械部件检查、接线端子检查等，排查故障可能的原因。例如，可以检查设备的接线是否牢固，机械部件是否有损坏等。

2. 通电检测

在保证安全的情况下，进行电气参数检测。例如，可以通过电流表、电压表等仪器检测电气参数，通过振动表、温度计等仪器检测机械参数。通过检测数据分析故障原因。

3. 更换故障部件

根据故障原因，更换故障部件是排除故障的关键步骤。例如，如果是电气故障，需要更换受损的电气元件或线路；如果是机械故障，需要更换受损的机械部件，如弹簧、接触片等。在更换故障部件时，需要根据设备的维修手册和使用说明书进行操作，确保更换正确的部件。

4. 调试测试

更换部件后，需要进行调试测试，检查开关是否能够正常工作。测试过程中需要注意安全，确保不会造成其他设备的损坏。例如，在测试过程中，可以逐一检查设备的各个部分是否正常工作，确保设备的安全性和可靠性。

5. 预防措施

为避免类似故障的再次发生，需要采取一些预防措施。例如，定期对设备进行维护保养，清洁设备周围的环境，检查接线是否牢固等。此外，还需要对工作人员进行安全教育和培训，提高工作人员的安全意识和技能水平。

二、井下低压隔爆型磁力起动器的故障查找与排除

井下低压隔爆型磁力起动器是一种用于控制井下电动机启动和停止的设备，是矿井及其他危险环境下重要的安全设备。由于工作环境的特殊性，这种设备出现故障的情况比较常见。因此，了解井下低压隔爆型磁力起动器的故障查找与排除方法，对于维护设备的正常运行，保障井下作业人员的安全具有重要的意义。

（一）井下低压隔爆型磁力起动器概述

BQZ1-400/5 型矿用隔爆兼本质安全型组合式真空磁力起动器，主要用于煤矿井下额定电压 1140V、频率 50Hz、额定电流 400A 及以下的供电线路中，作为综合机械化采煤系统的电气控制设备。当电路出现过载、短路、漏电故障时，启动器迅速断电对电路实行保护，并可实现各回路间连锁、互锁等功能。在此以其为例，介绍其主要部件与作用。

1. 隔爆外壳

BQZ1-400/5 型矿用隔爆兼本质安全型组合式真空磁力起动器的隔爆外壳，由 3 部分

组成，即箱体、进线箱、出线箱。

箱体内装有主接触器安装支架、控制变压器安装板、控制和保护组件安装板等。所有主回路、控制回路和保护回路的熔断器、接触器、控制变压器、微动开关、阻容吸收、保护组件全部装在箱内。

电压表和电压互感器接在进线端子箱中。在正常运行时，箱体的前门与电气部分之间设有必要的门锁装置，保证在前门打开的情况下，箱体内的主回路和控制回路等都不能合闸送电。

在隔爆外壳正面的开关操作手柄有隔离换向开关 Q101、Q201、Q301、试验开关 S007，信号显示装置的观察窗孔也设置在前门上。

进线接线端子箱 X1 位于箱体的右侧，在其内部还有一接地端子 PE 和控制端子接线排，量程为 0 ～ 1200V 的电压表也装在进线端子箱内。

输出线接线端子箱 X2 位于箱体的左侧，控制端子接线排也装在输出接线端子箱内。

2. 隔离换向开关

Q101、Q201、Q301 为主回路设 3 台隔离换向开关，称为 3 个系统。1 为第一系统；2 为第二系统；3 为第三系统。由隔离换向开关 Q101、Q201、Q301 完成每个系统的换向和通断，共有 3 个位置，对应的功能如下。

“断”为中间位置，切断电源。

“通”为向右旋转，接通电源电动机向右旋转或左旋转。

“通”为向左旋转，接通电源电动机向左旋转或右旋转。

3. 真空接触器

K111、K211、K221、K311、K321，每个系统可根据需要装配 1 ～ 2 台接触器，每台开关装配几台接触器即为几路开关。

4. 控制变压器

T109、T209、T309 为控制回路供电，1140V/42V。

5. 隔离变压器

A104、A204、A304，一次侧输入为 42V，二次侧输出为 42V，为 LBS-1、GL-1 保护组件提供电源，为 LBS-1、GLB-1 保护组件提供电源。

6. 保护组件

（1）漏电保护组件 DLD-1（F104、F204、F304）

每系统装配一只监视控制电路（42V）的漏电保护组件，如第一系统控制电路有接地故障，除本系统不能工作外，其余两系统由于联锁关系亦不能工作。如第二系统控制电路漏电，则第二、三系统不能工作，如第三台发生此故障，只第三系统不能工作。

（2）漏电闭锁组件 LBS-1（F114、F214、F224、F314、F324）

主回路（1140V）每路各装配一只漏电闭锁组件 LBS-1 型，在接触器未吸合前发生漏电时，则进入闭锁状态，该接触器不能工作，等排除故障后才能解除闭锁。

（3）监视组件 JSB-1（F117、F217、F317）

监视组件主要用于安全控制电路或电缆外部损伤监视。

（4）过流过载保护组件 GLB-1（F113、F213、F223、F313、F323）

每路装配一只电子过流过载保护组件，每路配有 3 只电流互感器，分别套在主回路负荷侧 U、V、W 电板上，作为保护组件的信号源。

7. 试验开关

S007 有 4 个操作转换位置，每个操作位置所对应的作用如下。

0 位为不进行检查保护装置正常工作。

1 位为试验漏电闭锁组件 LBS-1（F114、F214、F224、F314、F324）。

2 位为试验接监视组件 JSB-1（F117、F217、F317）。

3 位为试验 42V 漏电闭锁保护组件 DLD-1（F104、F204、F304）。

8. 电流显示板 A002

电流显示板 A002 显示实际工作电流，达到额定电流值的百分数，它是用 8 个黄色的发光二极管表示负荷的百分之几。第一个发光管从 30% 开始，每亮一个增加 10%，即 30%、40%……直到 100%，再用 4 个绿色的发光二极管表示过负荷百分比，从 110% ～ 140%。

9. 功能显示板 A001

功能显示板 A001 如图 2-1 所示。

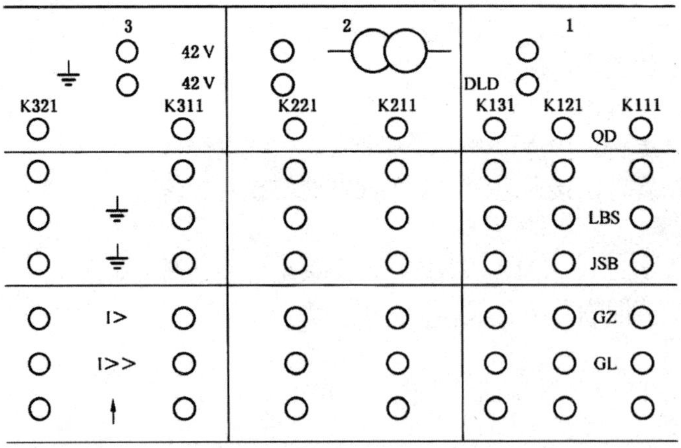

图 2-1　功能显示板 A001

42V：有电时黄灯亮，电源有电。

42V DLD：漏电保护组件正常工作灯灭，故障时红灯亮。

QD：电机运行 K111、K211、K221、K311、K321 黄灯亮。

LBS：1140V 漏电闭锁红灯亮。

JSB：不开车，红灯亮。

GZ：1140V 过载插件动作，K1 不吸合。

GL：1140V 过流插件动作，K2 吸合，短路绿灯亮，故障排除后需人工复位。

（二）故障分类

井下低压隔爆型磁力起动器常见的故障包括不能启动、不能停止、电机振荡、电机启动后又自动停止等。这些故障的产生原因有很多种，主要包括电气故障和机械故障两大类。

（三）电气故障的查找与排除

1. 检查电源线路

首先需要检查供电线路，包括电源线路的接线和电压是否正常。如果电源线路没有问题，则需要检查控制电路的接线是否良好。

2. 检查保险丝

如果电气故障的原因是保险丝烧断或松动，需要及时更换或调整保险丝。

3. 检查磁力启动器触点

井下低压隔爆型磁力起动器的触点可能因为过载或电流过大而烧坏，需要检查触点的状态；如发现触点烧坏，则需要及时更换。

4. 检查热继电器

热继电器是井下低压隔爆型磁力起动器中的一个重要部件，用于保护电机免受过载或短路等危害。如果热继电器故障，则电机将不能正常启动或停止。因此，需要检查热继电器的状态，如发现热继电器故障，则需要及时更换。

5. 检查控制电路元件

如果电气故障的原因不在于电源线路、保险丝、触点或热继电器，可能是由于控制电路元件故障所致，如继电器、变压器等，需要检查这些元件的状态，并及时更换或修复。

（四）机械故障的查找与排除

1. 检查机械部件

井下低压隔爆型磁力起动器中的机械部件包括电机、齿轮、减速器等，如果出现故障，则需要检查这些机械部件的状态。例如，如果电机损坏或轴承损坏，将导致电机不能正常运转，需要及时更换或修复损坏部件。如果齿轮或减速器故障，则会导致电机转速不稳定或无法启动。

2. 检查机械部件的连接

在使用过程中，机械部件的连接可能会松动或磨损，需要检查机械部件的连接状态，如螺钉、销子等，如果发现松动或磨损，需要进行调整或更换。

3. 检查电机绕组

电机绕组是电机的重要部分，如果出现故障，会影响电机的运行。需要检查电机绕组的连接状态、电气性能等，如发现绕组烧坏或接线不良，需要及时更换或修复。

4. 检查机械部件的润滑状态

井下环境复杂，机械部件经常需要在恶劣的条件下运行。因此，机械部件的润滑状态对于设备的正常运行十分重要。需要检查机械部件的润滑情况，如发现润滑不良或缺油，需要进行加油或更换润滑油。

（五）其他注意事项

在进行井下低压隔爆型磁力起动器的故障排查与维修过程中，还需要注意以下事项。

1. 遵守安全操作规程

在进行维修和排查时，需要遵守矿井安全操作规程，特别是在进行电气故障排查时，需要断开电源和采取必要的安全措施，以确保作业人员的安全。

2. 检查设备的维护记录

设备的维护记录是对设备运行状况的重要记录，需要对设备的维护记录进行仔细检查，了解设备的维护历史，以便更好地诊断故障。

3. 根据实际情况调整维修计划

针对不同的故障，需要采取不同的维修方案。在进行故障排查和维修时，需要根据实际情况进行调整，以确保维修计划的有效性。

总之，井下低压隔爆型磁力起动器是矿井和其他危险环境下的重要设备，出现故障将影响到井下电机的正常运行，进而影响到矿井的生产和作业安全。因此，需要对其进行定期检查和维护，及时排查和修复故障，保证设备的正常运行和安全性。在进行故障排查和维修时，需要注意安全操作规程，检查设备的维护记录，并根据实际情况进行调整维修计划。这些措施将有助于提高井下低压隔爆型磁力起动器的运行可靠性和安全性，维护矿井生产的连续性和稳定性。

三、电牵引采煤机故障类型与分析

MG200/500-AWD、MGTY650/1605-3. 3D、MGTY300/710-1. 1D 等型号交流变频调速电牵引采煤机，其控制系统是集电子技术、计算机技术、液压技术于一体；采用多点人工操作和遥控自动操作。

但是，在采煤机使用过程中，电气故障时常发生，直接影响生产。为尽快缩短事故时间、提高开机率，通过对 3 种型号电牵引采煤机的故障分析，归纳总结发现它们存在着共同点，掌握这些对维修人员处理故障有很大帮助。在此，本书对故障类型进行简要分析概括。

（一）端头站故障

左、右端头站主要功能是接收遥控器发射的高频信号并处理和通过控制按钮完成主停、牵停、左行、右行、左右摇臂升降。当发生故障时，端头站就会失去作用。在使用中发现端头站的故障主要表现在以下 6 个方面。

1. 端头站与控制箱的连线

端头站的所有功能都是通过此线，将所有指令传送到 PLC 中，此线在使用过程中受外力、挤、压、砸等损坏，不能完成正常信号的传输，失去端头站的功能。

2. 端头站的接口

端头站的接口是一种子母扣插头，此插头在受外力作用的情况下，使焊接插头脱落。由于井下潮湿，接线插头氧化，接触电阻加大，致使端头站功能失效。

3. 端头站内部接收部分损坏

遥控器正常工作，当端头站接收到遥控器的每一个指令时，端头站相应的发光二极管亮，同时采煤机完成相应的动作，否则端头站内部接收部分出现故障。

4. 端头站按钮接点接触不良

左、右端头站按钮在使用中，时常发生按下按钮，PLC 得不到相应指令，采煤机不能完成相应的功能。由于有潮湿空气、水喷雾、煤尘的影响，造成端头站按钮接触不良。

5. 本安电源损坏

端头站的电源是由本安电源提供，由于本安电源内部组件损坏，以及电源电压的冲击等因素，使端头站不能正常工作，端头站的所有功能就会失效。

6. 线路板电子组件损坏

左右端头站，其中一个端头站的线路板电子组件损坏，将造成短路，使本安电源无输出，端头站的所有功能将失去作用，遥控器失灵。

（二）电磁阀故障

电牵引采煤机的电磁阀共 3 组：一组当采煤机牵引时负责把液压闸打开；另两组分别

完成左、右摇臂的升降。

1. 防爆分线盒接线柱锈蚀

MGTY300/710-1. 1D 型交流变频调速电牵引采煤机，由控制箱经防爆分线盒，为 3 组电磁阀供电。由于井下潮湿、水喷雾、长时间不检修等原因造成防爆分线盒进水，接线柱锈蚀严重，电磁阀不能正常工作，采煤机的功能失去作用。

2. 电磁阀线、插头接触不良

无论采用遥控器、端头站、按钮盘操作，只要以上 3 种操作方式正常，PLC 应得到指令，就有相应的输出，电磁阀完成相应的功能。电磁阀由于受井下潮湿、水喷雾、长时间不检修，以及外力的影响，造成电磁阀插头与插座接触不良，使得液压闸不能打开，左、右摇臂没有升降。

3. 电磁阀线圈烧毁

当排除“防爆分线盒接线柱锈蚀，电磁阀线、插头接触不良”故障后，采用仪表法测量电磁阀线圈的阻值。电磁阀线圈由于供电时间长，线圈质量、空气潮湿等因素，使得电磁阀线圈烧毁。

（三）先导电路故障

采煤机供电由启动电路，通过电源电缆控制线完成，先导电路一般由左、右截割电机温度常闭接点、停钮、启钮、终端二极管、瓦斯断电仪常闭接点，以及 PLC 自保接点组成。

1. 终端二极管损坏

在先导电路其他组件正常时，采用仪表法测量先导电路的终端二极管，万用表测量二极管的正反向电阻都正常。但是，此二极管按“总启”按钮时，先导电路接通二极管就会击穿，只能用替换法更换一只同种型号的二极管，排除故障。

2. 电源电缆控制线损坏

先导电路是通过电源电缆控制线实现的，电缆在拖移运行过程中，可能受外力、弯曲、挤、遭矸石重物砸等，导致电源电缆控制线出现断线、接地、短路等问题，使先导电路出现故障，采煤机无法供电。

3. 截割电机温度接点断开

在左、右截割电机内埋有温度接点，将其常闭接点串在先导电路中。当任意一台电机的绕组温度超过 155℃时，接点断开，从而断开先导电路，使采煤机断电。同时左、右截割电机绕组内 PT100 电阻，热电阻值直接接入 PLC 的 PT100 模块。当 PT100 热电阻值变化或损坏时，PLC 得到此故障信号，使采煤机启动几秒就断电，在液晶显示屏上显示左或右截割电机温度超限。

4. 瓦斯断电仪故障

正常时瓦斯断电仪的常闭接点与自保接点串接，或直接送入 PLC 中控制。当瓦斯浓度超过规定设定值时，自保接点断开使采煤机断电。在采煤机运行过程中，当瓦斯断电仪自身出现故障，使常闭接点断开，造成采煤机启动后不能自保，采煤机断电。

5. 行程开关联动接点故障

MGTY300/710-1. 1D 型交流变频调速电牵引采煤机，当隔离开关打到合闸位置时，带动行程开关动作，常闭接点断开，此接点给 PLC 一个指令；当隔离开关打到合闸位置时，带动行程开关动作，常开接点不能闭合，KM2 真空接触器得不到控制电压 220V，右截割电机和牵引变压器无电。

MG200/500-AWD 型交流变频调速电牵引采煤机，当隔离开关打到合闸位置时，带动行程开关动作，常开接点闭合，接通先导电路；否则，采煤机无法启动。

（四）接触器故障

MG200/500-AWD、MGTY300/710-1. 1D 型交流变频调速电牵引采煤机，右截割电机采用接触器控制。接触器在运行过程中出现整流桥损坏、线圈烧毁造成故障。MGTY650/1605-3. 3D 型交流变频调速电牵引采煤机，左、右截割电机分别采用接触器控制，接触器在运行过程中出现整流模块损坏、真空管炸裂造成故障。MGTY300/710-1. 1D、MGTY650/1605-3. 3D 型交流变频调速电牵引采煤机，变频装置都通过接触器来供电，在长期运行过程中，整流桥损坏、线圈烧毁造成故障。

（五）按钮故障

由于井下潮湿、喷雾、煤尘的侵入，各功能按钮弹簧失效不能复位，使其接点长期处于断开或闭合状态出现以下故障。

1. 启动按钮失灵

接点断开时采煤机不能得电运行或接点闭合时不停机。

2. 停止按钮失灵

接点闭合时采煤机不能断电或接点断开时不能得电。

3. 牵电按钮失灵

接点断开时变频器无电不能运行，接点断开时牵电不能断电。

4. 左、右升降按钮失灵

接点断开时左、右无升降，接点闭合时摇臂升、降到最高点。

5. 牵停按钮失灵

接点断开时牵引不能停止或复位,接点闭合时牵电装置不得电,变频器、电机不能运行。

（六）可编程控制器（PLC）故障（以日本三菱 FX2N-32MR 为例）

1. POWER

电源灯不亮，可编程控制器无电或损坏，采煤机不自保。

2. SUN

运行灯不亮，可编程控制器损坏，造成采煤机不能正常运行。

3. CPU-E

此灯闪亮时，微处理器故障，说明可编程控制器部分程序丢失，造成采煤机部分功能不能正常运行。

4. PROG-E

此灯闪亮时，程序故障，说明可编程控制器部分程序丢失，造成电气设备部分功能不能正常运行。

5. IN 灯不亮

IN 灯不亮时，若当输入的开关量正常，则可编程控制器损坏。

6. OUT 灯不亮

当输入的开关量正常时 IN 灯亮，输出的灯不亮并且所控制的对象无任何反应，此时可判断可编程控制器损坏。

第三章　矿用电缆

井下环境潮湿，巷道狭窄，并伴有片帮、冒顶和塌陷等现象，为了保证供电可靠和安全，井下线路禁止使用普通导线及裸导线（架线机车除外），必须使用矿用电缆。

第一节　矿用电缆的分类及选用

一、矿用电缆的分类

矿用电缆分为铠装电缆、矿用橡套软电缆和塑料电缆 3 类。

（一）铠装电缆

铠装电缆就是用钢丝或钢带把电缆铠装起来。其最大优点是纸的绝缘强度高，适用作高压电缆，在井下多用于对固定设备和半固定设备供电。由于钢丝或钢带耐拉力强，所以钢丝铠装电缆多用于立井井筒或急倾斜巷道；而钢带铠装电缆多用于水平巷道或缓倾斜巷道。铠装电缆的构造如图 3-1 所示。

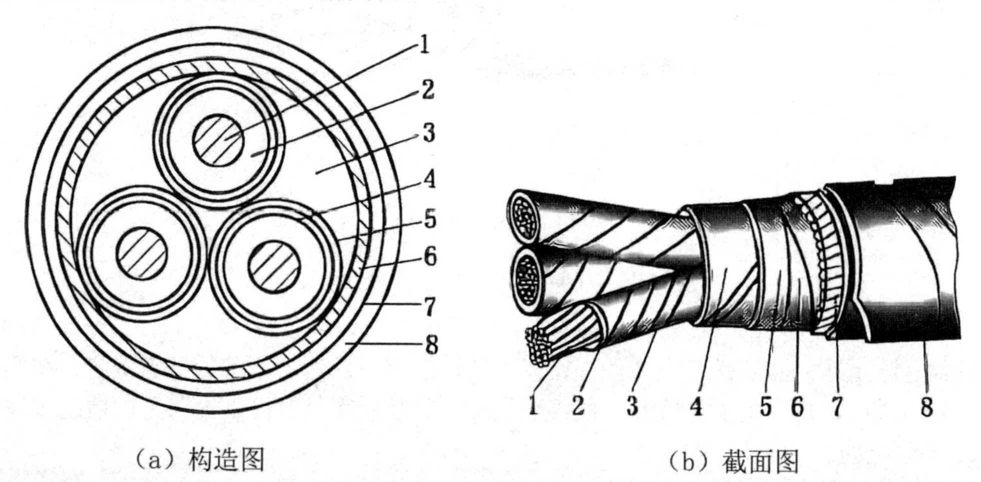

（a）构造图　　　　（b）截面图

1—铜或铝绞线制成的主芯线；2—相间浸渍纸绝缘层；3—浸渍麻绳填料，以保证电缆成缆后为圆形；4—统包浸渍绝缘层，以增加相线对地的绝缘；5—铅包层内护套，用来防止潮气进入纸绝缘层而降低绝缘水平，同时与铠装一起作为接地线；6—涂沥青纸防腐带，用来保护铅包层不受空气和水的腐蚀；7—内黄麻保护层，用来避免铠装和铅包之间互相摩擦而损坏铅包层；8—钢丝或钢带铠装，用来承受机械力不致损伤电缆

图 3-1　铠装电缆的构造

铠装电缆的导线芯线有铝线和铜线两种，所以分为铝芯和铜芯两种电缆。为了使电缆柔软，芯线多由多根细铝线或细铜线绞合而成。铝芯电缆的优点是重量轻，价格便宜。但铝芯的接头不好处理，容易氧化，造成接触不良而发热，特别是在出现短路故障时，由短路电弧产生的灼热铝粉，更容易引起矿井瓦斯和煤尘爆炸。因此，对煤矿井下特别是采区内的低压电缆，由于它们出现短路故障的机会较多，故严禁采用铝芯电缆。

采用铅护套的铠装电缆，即铅包电缆。由于铅护套也要接裸露的接地线，因而在井下使用非常危险。所以，《煤矿安全规程》规定，井下严禁使用铅包电缆。

为了防止电缆铠装部分被腐蚀，有的电缆还在铠装外面覆盖有黄麻护层。但黄麻护套是易燃物，一旦着火，火势将迅速蔓延，造成火灾。因此，在煤矿井下，特别是井下机电硐室和有木支架的巷道中，不能使用有外黄麻护层的铠装电缆。如果使用，必须将外黄麻护层剥落，并在铠装上涂以防锈漆。

（二）阻燃橡套电缆

阻燃橡套电缆分非屏蔽橡套电缆和屏蔽橡套电缆 2 种。对于井下移动设备的供电，多采用柔软性好、能够弯曲的橡套电缆。

1. 非屏蔽电缆

如图 3-2 所示为非屏蔽四芯橡套电缆的结构，其中 1 为导电芯线，由多根细铜丝绞合而成；2 为导线芯线外面的橡胶绝缘层，又称内护套；3 为橡套垫心，放在各芯线之间，起固定线芯和防震的作用，同时也是为了成缆后使电缆外形呈圆形；4 为电缆最外面总的橡胶护套，又称外护套，用来增加电缆的机械强度，保护电缆内部导电芯线的绝缘。

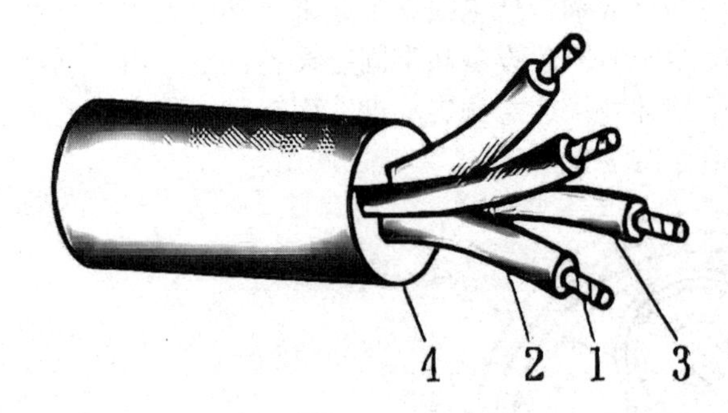

1—导电芯线；2—橡胶绝缘层；3—橡套垫心；4—橡胶护套

图 3-2　非屏蔽四芯橡套电缆结构

一般的橡套电缆内部导线有 4 根导电芯线，其中 3 根为主芯线（粗的），另一根较细。为接地线。除上述的四芯橡套电缆外，还有二芯、三芯、六芯、七芯等橡套电缆。在四芯以上橡套电缆中，除三根主芯线和一根接地线外，其余的都是供控制电路用的控制芯线。

2. 屏蔽电缆

如图 3-3 所示为矿用屏蔽电缆结构，每根主芯线的橡胶绝缘内护套的外面，缠绕有用导电橡胶带制成的屏蔽层；接地芯线的外面没有橡胶绝缘，而是直接缠绕有导电橡胶带；电缆中心的垫心，也是用导电橡胶制作。

当任一根主芯线的橡胶绝缘损坏时，主芯线就和它的屏蔽层相连接，并通过垫心和接地芯线外面的导电橡胶与接地芯线连接。这就相当于一根主芯线通过一定的电阻接地，形成单相漏电，从而引起检漏保护装置动作，切断故障线路电源。其主要用于采煤工作面，以提高工作的安全性。其屏蔽层材料有半导体材料和钢丝尼龙网材料两种。除了上述所讲的屏蔽电缆一般结构外，还有向千伏级半固定设备供电的屏蔽电缆，向千伏级移动（机组）供电的 UCPQ 型电缆和向移动设备供电的 6kV UGSP 型双层屏蔽高压电缆等。它们的结构图分别如图 3-4 至图 3-6 所示。

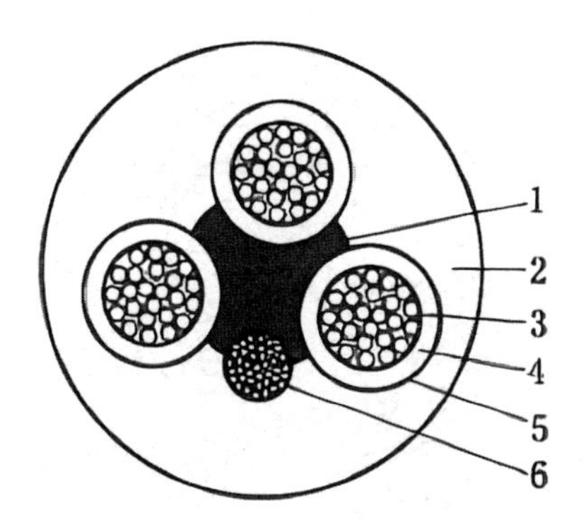

1—导电橡胶垫心；2—外护套；3—主芯线；4—主芯线绝缘；5—主芯线屏蔽层；6—接地线

图 3-3 矿用屏蔽电缆结构

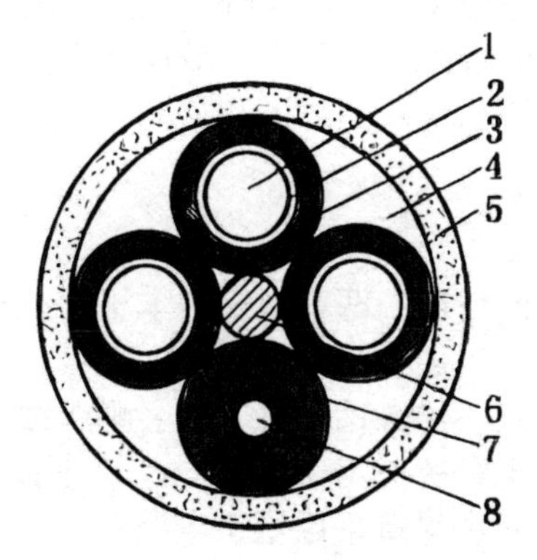

1—主芯线；2—聚酯薄膜；3—导电橡胶带；4—绝缘层；5—外护套；6—导电橡胶垫芯；7—导电橡胶；8—接地线

图 3-4 千伏级半固定设备用屏蔽电缆构造

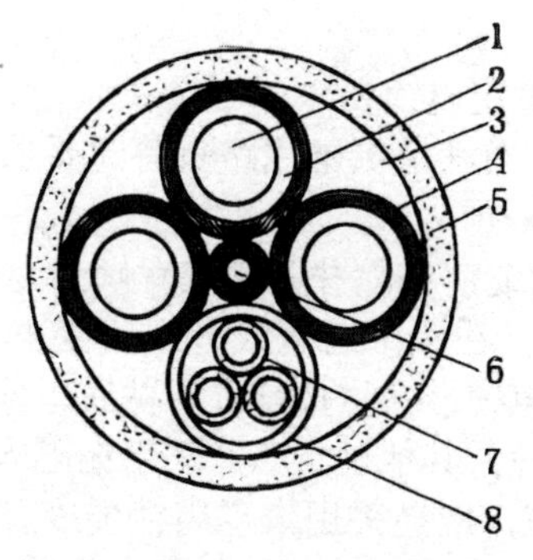

1—导电芯线；2—绝缘层；3—聚酯薄膜；4—导电胶布带；5—外护套；6—接地线；7—内护套；8—绝缘层

图 3-5 千伏级机组用屏蔽电缆构造

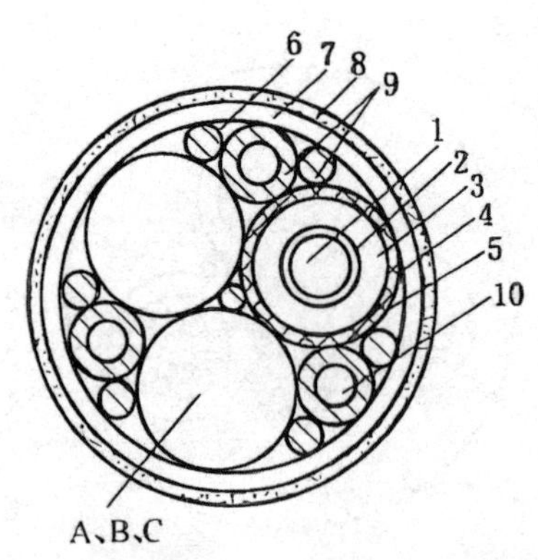

A、B、C—主芯线；1、10—铜绞线；2、6—导电胶布带；3—内绝缘；4—铜丝尼龙网（屏蔽层）；5—分相绝缘；7—统包绝缘；8—氯丁橡胶护套；9—导电橡胶、监视芯线

图 3-6　6kV 级双层屏蔽电缆构造

屏蔽的优点如下，一是避免了电缆主芯线绝缘破坏时造成相间短路的严重事故；二是避免了由于电缆损坏使人触电的危险；三是亦有效地防止了漏电火花和短路电弧的产生，所以特别适用于有瓦斯或煤尘爆炸危险的场所和移动频繁的电气设备，即采掘工作面的供电系统。

(三) 塑料电缆

塑料电缆的主要结构同上面所讲的两种电缆基本相同。只不过它的芯线绝缘和外护套都是用塑料（聚氯乙烯或交联聚乙烯）制成的。

其优点包括允许工作温度高、绝缘性能好、护套耐腐蚀、敷设的落差不受限制等。若电缆外部有铠装的，则与铠装电缆的使用条件相同；若外部无铠装，则与橡套电缆的使用条件相同。因此在条件许可时，应尽量采用塑料电缆。

二、矿用电缆的选用

选择电缆种类及型号时，必须使它们的实际工作条件符合规定的使用条件。

(一) 选用矿用电缆的要求

《煤矿安全规程》对选用矿用电缆要求如下。

（1）电缆主线芯的截面应当满足供电线路负荷的要求。电缆应当带有供保护接地用的足够截面的导体。

（2）对固定敷设的高压电缆，在立井井筒或者倾角为 45° 及以上的井巷内，应当采用煤矿用粗钢丝铠装电力电缆；在水平巷道或者倾角在 45° 以下的井巷内，应当采用煤矿用钢带或者细钢丝铠装电力电缆；在进风斜井、井底车场及其附近、中央变电所至采区变电所之间，可以采用铝芯电缆；其他地点必须采用铜芯电缆。

（3）固定敷设的低压电缆，应当采用煤矿用铠装或者非铠装电力电缆或者对应电压等级的煤矿用橡套软电缆。

（4）非固定敷设的高低压电缆，必须采用煤矿用橡套软电缆。移动式和手持式电气设备应当使用专用橡套电缆。

(二) 矿用电缆长度及芯线数的确定

（1）考虑电缆敷设时要有一定的弯曲和松弛度，电缆的长度应大于敷设路径的长度。

（2）对于铠装电缆，其敷设所需电缆长度应取实际敷设线路长度的 1.05 倍。

（3）对于橡套电缆，其敷设所需电缆长度应取实际敷设线路长度的 1.10 倍。

（4）对于塑料电缆，其敷设所需电缆长度按其型号用途分别与铠装电缆和橡套电缆的长度要求相同。

（5）当电缆中间有接头时，应在接线盒的两端各增加 3m。

（6）在确定电缆长度时，应以可能的最远供电处计算。

（7）电缆芯线数的确定方法为，对于纸绝缘铠装电缆，一般选用三芯，电缆的铠装和铅包可用作地线；对于塑料绝缘的铠装电缆，应选用四芯，其中一芯专作接地线；对于橡套电缆，就地控制用，选用四芯，远地控制用则可选用六芯、七芯等。

（三）矿用电缆主芯线截面积的确定

（1）电缆应带有供保护接地用的足够截面的导体，即保证作保护接地用的电缆芯线，其电阻不超过规定值。用于移动式和手持式电气设备的电缆芯线的电阻值、作保护接地用的电缆芯线的电阻值，都不得超过 1Ω；其他电气设备用的电缆、作保护接地用的电缆芯线的电阻值，不得超过 2Ω。

（2）电缆主芯线的截面积应满足供电线路负荷的要求。对于高压动力电缆，应按经济电流密度、允许负荷电流、电力网路的允许电压损失进行选择，并按短路电流校验电缆的热稳定性，还要求流过电缆的最小两相短路电流，满足过流保护装置的灵敏度要求；对于低压动力电缆，应按电缆的允许负荷电流、允许电压损失进行选择，并满足电动机启动时对启动电压的要求，而且流过电缆的最小两相短路电流，应满足过流保护装置的灵敏度要求。

（3）经常移动的电气设备使用的橡套电缆的截面应满足规定的按机械强度要求的最小截面积（表 3-1）。

表 3-1　满足机械强度要求的最小截面积

序号	用电设备名称	电缆主蕊线最小截面积 /mm^2
1	截煤机组	35 ~ 50
2	截煤机及功率相近的可弯曲输送机	16 ~ 35
3	一般小功率的刮板输送机	10 ~ 25
4	回柱绞车	16 ~ 25
5	电动装岩机	16 ~ 25
6	调度绞车	4 ~ 6
7	手持式电钻	4 ~ 6
8	照明设备	2.5 ~ 4

第二节　矿用电缆的敷设及连接

一、矿用电缆的敷设

煤矿井下电缆的用量非常大，据统计，在一个年产百万吨的矿井供电系统中，所敷设电缆的总长度就可达数十至数百千米，而在一个综合机械化采煤工作面中，电缆的用量亦可达 5 ～ 6km。在井下恶劣环境中，使用如此多的电缆，如不严格执行《煤矿安全规程》中的有关规定，势必会因其非防爆性和受机械力破坏引起事故。事实上，统计表明，在井下总的电气事故中，由电缆故障引起的占 50% 以上，而在总电气引爆事故中，由电缆故障引起的亦占 40%。因此，为提高矿井电气安全水平，除在设计中尽可能采取必要措施（例如，尽量使用屏蔽电缆）外，还须遵循电缆的敷设、连接规则，并加强管理。

（一）对电缆敷设地点的限制

由于进风井在发生电缆爆裂或火灾时，将危及全矿井的安全，故规定在采用机械提升的进风井的倾斜井巷（不包括输送机上、下山）和使用木支架的立井井筒中，不应敷设电缆。但是，在个别情况下，如对小型井口或巷道小的情况，也可征得主管部门允许后，采取必要的保护措施避开这一限制。

在溜放煤矸、材料的溜道中，由于电缆易受损伤，规定不应敷设。

（二）对铠装电缆悬挂与连接的要求

（1）在水平巷道或倾角小于 30° 的井巷中，应用吊钩悬挂电缆；在立井井筒或倾角大于等于 30° 的井巷中，电缆应当用卡子、卡箍或其他夹持装置敷设，且所用夹持装置应保证能承受电缆重量并不致损坏电缆。

水平巷道或倾斜井巷中悬挂的电缆，应有适当的弛度，并在承受意外重力时能够自由坠落。电缆的悬挂高度要适宜，在矿车掉道时不会将其撞击。

在水平或倾斜巷道中电缆悬挂点的间距不应超过 3m；而在立井井筒中，该间距不应超过 6m。

沿钻孔敷设电缆时，钻孔必须加装套管，电缆必须绑在钢丝绳上。

（2）不应将电缆悬挂在风管或水管上，也不得使其遭受淋水或滴水，同时严禁在其上悬挂任何物件。

当电缆是同压风或供水钢筒在巷道同一侧敷设时，必须使其处于这些管子上方，并与它们保持在 0. 3m 以上的间距。

原则上应将电缆同橡皮管之类易燃物分挂在巷道两侧，若非在一侧不可时，则应使它们相互间保持 0. 3m 以上的距离。

（3）井筒和巷道内的电话和信号电缆，应同电力电缆分挂井巷的两侧；若做不到时，则在井筒内应将其敷设在距电力电缆 0. 3m 以外处；在巷道内应敷设在电力电缆上方且保持 0. 1m 以上的距离。

当高、低压电力电缆敷设在巷道的同一侧时，它们应有 0. 1m 以上间距。为便于摘挂，两高压电缆和两低压电缆的间距均不得小于 50mm。

(4)沿井下巷道内的电缆，在每隔一定距离（一般不大于 100m）处，在拐弯或分支点上，以及在连接不同直径电缆的接线盒两端，都应在吊钩或夹持装置上悬挂标志牌，并在牌上注明号码、用途、电压等，以便识别。

（5）为便于检修和维护，立井井筒中所敷设的电缆原则上不应有接头，但如因井筒太深确需有接头时，则应将其安排在中间的水平巷道内。

在运行中因故（如电缆爆裂）需增设接头时，可在井筒中设置接线盒，该盒应妥善置于托架上，不使接头承力。在连接两条铠装电缆时，应使用电缆接线盒，且在分叉处应使用三通接线盒。

当将电缆与电气设备相连时，应使用终端接线盒，且该盒必须同所连电气设备的类型相符（如矿用各种防爆型、矿用一般型）。必须使用齿形压线板（卡爪）或线鼻进行电缆芯线和电气设备的连接。

（6）敷设在硐室内和木支架井巷中的电缆，必须将其黄麻外皮剥除，并应定期在其铠装层上加涂防锈漆。穿墙的电缆部分应用套管保护，并严密封堵套管口。

（三）橡套电缆的悬挂与连接

（1）尽管移动式机械（如采煤机组、耙斗机、电钻等）已使用了专用的不燃性电缆，并且千伏级的已使用了屏蔽电缆，但仍要对这些电缆妥加保护，尽量不使它们受撞击、炮崩和工具的损伤。

（2）工作面上可用木楔子悬挂电缆。在开采厚度小于 1m 的煤层时，允许沿工作面底板敷设电缆。

（3）橡套电缆的修补（包括绝缘、护套已损坏的橡套电缆的修引），必须使用硫化热补或与其有同等效应的冷补，修补后的电缆必须经浸水、耐压实验后，方可使用。

（4）由于屏蔽电缆的屏蔽层是与其接地芯线相通的，故在将这种电缆与开关或电气设备相连时，必须将其橡套层外的屏蔽层全部剥光，以免造成屏蔽层直接与导电部分接触，致使检漏继电器动作而无法送电。对于绝缘层表面黏附的屏蔽层的粉末，也必须处理干净，否则同样会因检漏断电器动作而不能送电。

屏蔽电缆接头的热补，可依照与矿用橡套电缆接头热补的相同细则进行，但在施行前必须先将屏蔽层剥除干净。

从经济、技术合理的角度看，对半固定的、不易损坏的干线，可只采用普通橡套电缆；而对经常移动的电气设备，则可将普通橡套电缆与屏蔽电缆混合使用。

二、矿用电缆的连接

在井下供电系统中，必然存在电缆与设备、电缆与架空线路、电缆与电缆的连接。电缆与电缆的连接为中间连接，电缆与设备及架空线的连接为终端连接。为了保证供电的安全，必须保证电缆连接的质量。

（一）电缆连接的要求

1. 基本要求

（1）导电线芯连接处的接触电阻要小，要保持稳定，其最大值不应超过同截面同长度线芯电阻的 1.1 倍。使电缆正常负荷时的温升不大于电缆原线芯的温升。

（2）电缆线芯的连接，通常采用压接法、焊接法，严禁采用绑扎法，连接处要有足够的抗拉强度，其值不得低于电缆线芯强度的 80%。

（3）电缆连接处的绝缘强度不应低于电缆原值，并能在长期运行中保持绝缘密封良好，能承受运行中经常遇到的操作过电压、大气过电压和故障过电压。

（4）两根电缆的铠装、屏蔽层和接地线芯都应有良好的电气连接。

（5）电缆连接装置结构简单，体积要小，并有足够的机械强度和较长的使用寿命。

（6）电缆与电气设备连接时，接线后紧固件的紧固程度要符合要求。压盘式线嘴压紧电缆后的压扁量不超过电缆直径的 10%。

（7）当橡套电缆与各种插销连接时，必须使插座在电源的一边。

2.《煤矿安全规程》规定要求

《煤矿安全规程》规定，电缆的连接应符合下列要求。

（1）电缆与电气设备的连接，必须用与电气设备性能相符的接线盒。电缆线芯必须使用齿形压线板（卡爪）或线鼻子与电气设备进行连接。

（2）不同型电缆之间严禁直接连接，必须经过符合要求的接线盒、连接器或母线盒进行连接。

（3）同型电缆之间直接连接时必须遵守下列规定。

①橡套电缆的修补连接（包括绝缘、护套已损坏的橡套电缆的修补）必须采用阻燃材料进行硫化热补或与热补有同等效能的冷补。在地面热补或冷补后的橡套电缆，必须经浸水耐压试验，合格后方可下井使用。在井下冷补的电缆必须定期进行升井试验。

②塑料电缆连接处的机械强度，以及电气、防潮密封、老化等性能，应符合该型矿用电缆的技术标准。

（二）电缆的连接

1. 低压橡套电缆与电气设备的连接

（1）低压橡套电缆与电气设备的连接必须使用电缆引入装置。电缆引入装置的要求如下。

①用于引入电缆外径大于 20mm 的压紧螺母式和压盘式引入装置，均应设置防止电缆拔脱的装置。

②密封圈尺寸如表 3-2 所示，其结构如图 3-7 所示。

③密封圈一般不切割同心槽。

④引入装置须在密封圈外侧设置金属垫圈，以增大接触面积。

⑤密封圈须采用邵氏硬度为 45° ～ 60° 的橡胶制成，并按规定进行防老化处理。

⑥引入装置所用的金属零部件均应进行防锈处理。

表 3-2　密封圈结构尺寸

对应引入装置型号	D/mm	d/mm	h/mm
A_0	18	8，9	11
A_1	22	10，11，12，13	12
A_2	27	13，14，15	13
A_3	33	15，17，19	16
A_4	39	19，21，23	20
A_5 或 B_1	52	23，25，27，29，31	22
B_2	68	32，33，35，37，39，41	32
B_3	85	41，43，45，47，49，51	38
B_4	103	55，57，59，61，63	46
B_5	128	65，67，69，71，73，75，77，78	56

注：①表 3-2 中，A_0、A_1、A_2、A_3 是不带防止电缆拔脱装置的压紧螺母式引入装置的四种型号；A_4、A_5 是带防止电缆拔脱装置的压紧螺母式引入装置的两种型号；B_1、B_2、B_3、B_4、B_5 是压盘式引入装置的五种型号

②若非标准规格的密封圈，则应满足：$h \geq 0.7d$（最小不小于 10mm）；$B \geq 0.3d$（最小不小于 4mm）

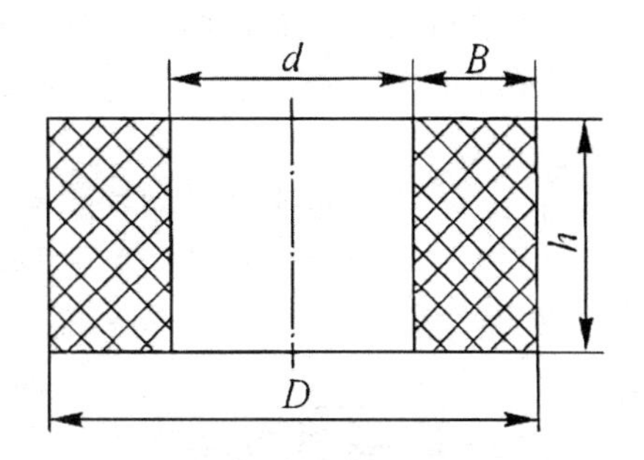

图 3-7 密封圈结构

（2）电缆外护套进入接线盒器壁一般为 5 ～ 15mm。

（3）接线应整齐、无毛刺，卡爪不压绝缘胶皮或其他绝缘物，也不得压住或接触屏蔽层。地线长度适宜，三相火线拉紧或拔脱，地线应不掉。

（4）橡套电缆与各种插销连接时，必须使插座连接于靠电源的一边。

2. 导电线芯的连接

导电线芯的连接一般采用压接法和焊接法。

（1）导电线芯压接法

压接法是用压钳将接线端子或连接管与电缆导电线芯压接在一起。用压接法连接电缆导电线芯的接触电阻小而稳定，并有足够的机械强度，不受环境限制。

接线端子也称线鼻子，分为 DL 系列铝接线端子和 DT 系列铜接线端子，可用整体环压法或局部点压法使其与铝芯及铜芯电缆的线芯压接，然后与电气设备相连接。适用于截面为 10 ～ 240mm^2 的圆形、扇形和半圆形的多胶绞线芯。

连接管 GT 系列铜连接管供铜芯电缆线芯压接用；LT 系列铝连接管供铝芯电缆线芯压接用。

铜铝接线端子供电气设备为铜接线柱与铝芯电气线芯连接用，又称铜铝接线鼻子。铜铝连接管供铜芯与铝芯电缆连接用。

（2）导电线芯焊接法

①锡焊法，适用于铜芯电缆，采用开口铜连接管连接，以及铜线与铜接线端子的连接。将线芯端部剥去一段绝缘，其长度为连接管的 1/3，另加 5mm，再将导电线芯擦净挂好焊锡，然后套上已挂焊锡的铜连接管，把两线芯在管内对齐，开口朝上并将口扩大一点；向连接管内浇灌焊锡，并同时涂以松香作为焊剂；最后用长把圆口钳将开口铜管夹紧，待冷却后将表面修整光滑。

②铜铝焊接法，适用于铝导线焊铜接线端子。

3. 橡套电缆线芯的冷压连接

矿用移动橡套软电缆线芯的连接可采用插接法；固定敷设的各种矿用橡套电缆线芯连接采用搭接法。

（1）插接法

①首先将线芯线头铜丝成伞状散开，用砂纸逐根轻轻打磨除去铜丝表面的氧化层和锈蚀，弄直整顺，使线头端面呈圆形，注意不得去股丝。

②用棉丝擦净线头表面的污垢和潮气。

③将铜套管内孔长度的 1/2 套在线头上，并使伸入铜管内的线头仍保持松散状态。将需要连接的另一个线头，从另一端轻轻插入铜套管内，使两侧线头末梢在套管中对齐，如图 3-8（a）所示。

④两手各捏着铜套管两侧的线芯，不断地来回捻动着向管内轻轻对插。

⑤插接后的两侧线头在管内相互交叉合拢，长度应大于铜套管长度，并且线头端应稍伸出铜管约 3 ～ 5mm，如图 3-8（b）所示。

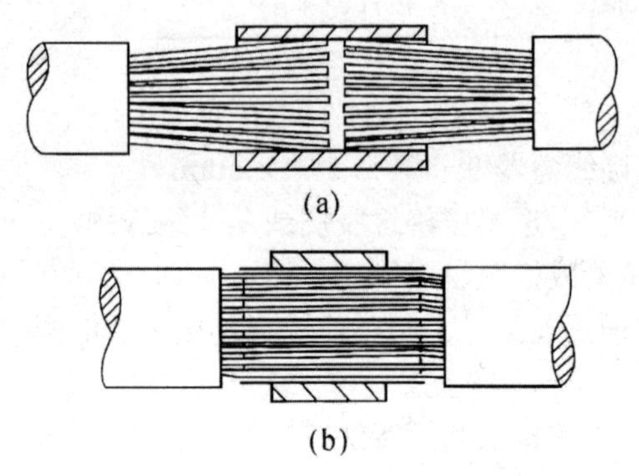

（a）两个线头插入铜管；（b）两个线头在铜管内插接合拢

图 3-8　插接法示意图

（2）搭接法

①将松散开的两个线芯线头用手指捻圆合拢，如图 3-9（a）所示。

②将铜套管轻轻套在需要连接的一个线芯线头上，并使线头的末梢从铜套管端伸出 5 ～ 7mm。

③将另一线头末梢搭在已伸出连接管的线头上方，并紧密地插入连接管。

④两个线头在连接管内的搭线长度应大于连接管长度，并且两个线头末梢均应伸出连接管 3 ～ 5mm，如图 3-9（b）所示。

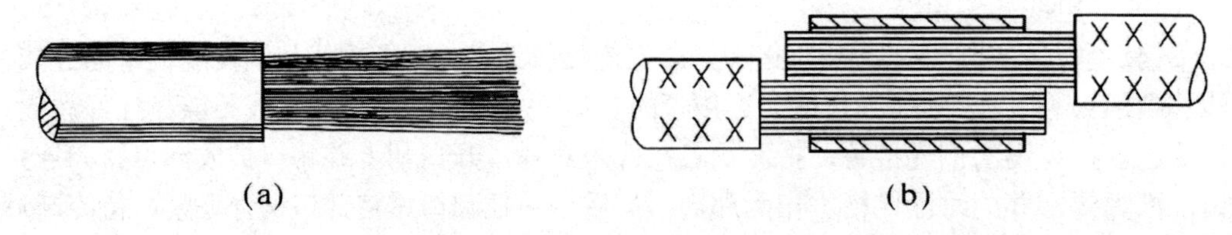

（a）松散开线芯线头示意图；（b）两线头在接线管内搭接示意图

图 3-9　搭接法示意图

（3）压接操作

对内插接或搭接好的线头，用铜绑线对伸出铜套管两端的线头紧紧绑扎 1 ～ 2 圈，使绑线线箍从两端挡住铜套管，使之不能串动。然后把套好的铜套管的线芯接头放入压模腔中央，平稳操作压钳手把，直至压模完全合模。

（三）电缆连接装置

电缆连接装置是电缆与电气设备连接，以及电缆之间连接的必不可少的装置，按照用途可分为终端连接装置和中间连接装置。按照所使用的地点不同又分为接线盒和连接器。

1. 电缆接线盒

电缆接线盒一般适用于固定敷设电缆的连接，以及电缆与电气设备的连接，有中间接线盒和终端接线盒之分；有隔爆接线盒和铅封简易接线盒之分。

（1）矿用隔爆型高压接线盒

下面以 BHGI-315/6 矿用隔爆高压接线盒为例进行介绍。该接线盒可用于井下中央变电所至采区变电所、采区变电所至移动变电站的供电线路的连接。

接线盒壳体和盖组成隔爆空腔，壳体和盖分别由 Q235A 钢板焊接而成，隔爆空腔内装有三只接线瓷座，接线瓷座的铜接线柱上开有 U 形缺口，使电缆之间可靠连接。联通节由 Q235 钢板焊接而成，做成喇叭状，并有一定的空间，适用于电缆头的放置。

（2）环氧树脂电缆接线盒

环氧树脂电缆接线盒通常由环氧树脂外壳、接线端子、密封材料等部分组成。环氧树脂是一种优良的绝缘材料，其物理和化学性质稳定，抗电弧能力强，不易老化和破裂，适用于各种环境条件。因此，环氧树脂电缆接线盒具有较好的耐电压性能和密封性能，广泛应用于各种电力系统中。

2. 电缆连接器

电缆连接器通常由连接器外壳、接头、接线端子和密封材料等部分组成，其主要功能是将电缆连接在一起，以实现电力传输和配电功能，通常用于电力系统中的电缆接头连接，也可用于各种电气设备的接线连接。电缆连接器具有较好的耐电压性能、耐腐蚀性能和耐磨损性能，能够在各种恶劣的环境中长期使用。

电缆连接器在安装和使用时需要注意以下 4 点。

（1）安装前必须检查接线端子的连接是否正确，并检查密封材料是否完好。

（2）在安装过程中，必须注意接线端子的扭矩，以避免接线端子的过紧或过松，影响接线效果。

（3）安装后必须进行密封性能测试，以确保电缆接头的密封性能。

（4）在使用过程中，必须定期检查电缆连接器的绝缘性能和密封性能，并及时更换老化或磨损的部件。

第三节　电缆的故障及查找方法

一、电缆故障的种类和原因

（一）电缆短路故障

造成电缆短路故障的原因如下。

（1）在制作电缆头时，由于三叉处绝缘受伤或绝缘处理不当，工艺不符合质量要求，经常在电缆头的三叉处发生短路事故。

（2）从电缆铠装钢带裂口、铅包裂纹处进潮气，使绝缘破坏而造成短路事故。其常见的原因之一是在搬运或敷设过程中，电缆弯曲的半径过大。

（3）由于冒顶、矿车掉道等碰撞、挤压，使电缆直接短路。

（4）较长时间库存或没有使用的电缆的两个端头没有铅封，在制作电缆头时又没有将已经受潮的部分截掉或截掉长度不够，从而造成短路。应采取的措施是库存的电缆长期不使用时对两头进行铅封；制作电缆头时必须截去一段电缆，长度一般为 1 ～ 2m。对橡套电缆而言，主要是机械损伤，如镐刨、放炮崩、冒顶、撞、挤等直接造成短路，使用时间过长绝缘老化等。

（二）漏电接地故障

（1）在潮湿环境中使用电缆或长时间将低压电缆浸泡在水中，容易造成绝缘电阻下降到危险值而漏电接地。

（2）电缆受机械损伤造成一相绝缘破坏。

（3）电缆与设备的连接头毛刺与外壳相碰，线头脱落接触外壳。

（4）电缆热补质量差等。

（5）电缆网路中有“鸡爪子”“羊尾巴”和明接头。

（三）电缆的断线故障

电缆整根被打断的故障原因是电缆被小绞车的钢丝绳或它所拉的物件挂住，或者是被刮板输送机的链板等挂住硬拉断。

（四）橡套电缆龟裂

橡套电缆龟裂主要原因是长期过负荷运行，造成绝缘老化，芯线绝缘与芯线黏连，如不注意，则容易出现相间短路故障。

二、电缆故障点的判断及寻找方法

（一）电缆故障点的判断方法

电缆的常见故障是短路、接地和断线。铠装电缆发生短路时，常有放炮声，在表面会有明显的灼痕，并伴有绝缘烧毁的气味。断线或接地的故障点一般较难确定，目前常用的方法为首先判断故障性质，然后再找故障点。

1. 判断接地。

将兆欧表 E 端和 L 端两根测线一根接地（或铠装电缆外皮），另一根分别与三相芯线的一端接触（电缆另一端开路），哪一相电阻值为零或很低，即是接地相。

2. 判断短路

将电缆一端开路，另一端三相中任两相相继接于兆欧表的测线，哪两相间电阻为零，即是短路相。

3. 判断断路

将电缆一端短接，在另一端测两相间电阻，哪两根芯线间电阻为无限大，则必有一芯线为断线芯线。再用同样的方法与第三相试测，以判断出断线相。

（二）故障点寻找方法

1. 直接查找法

若电缆在运行中发生故障，可向事故现场人员了解情况，对可疑地段重点查找（如查电缆外表有无缺陷、灼痕、破裂等），也可用手触及电缆外皮或接线盒外壳，看温度有无异常。对低压橡套电缆可用低压验电笔帮助查找。如某相断线，当用验电笔测试该断线相时，验电笔不亮；在电缆发生漏电故障时，在漏电点附近的电缆外皮上，验电笔将会发亮。对于停运待修的橡套电缆，当截面较小时，可将电缆逐点弯曲，根据弯曲时的不均匀感觉找出断线点。

2. 单臂电桥法

当电缆一芯或数芯经低阻接地或短路，用直观方法不易查找时，可用单臂电桥探测故障部位。

第四章 矿井供电系统及井下供电安全

第一节 矿井供电系统

一、矿井供电系统基本概念及相关知识

(一) 煤矿企业对供电的要求及电力负荷的分类

1. 煤矿企业对供电的基本要求

煤矿井下生产条件特殊，为了保证矿工及矿山的安全，要求供电安全、可靠、经济和技术合理。

（1）供电安全

供电安全包括人身、矿井、设备 3 个方面。由于矿井生产环境的特殊性，如煤矿井下存在水、火、瓦斯、煤尘、顶板等自然灾害的威胁，并且井下自然条件恶劣、生产环境复杂，容易发生触电、爆炸等恶性事故。因此，必须采取如防爆、防触电、过流保护及保护接地等一系列的技术措施，严格遵守《煤矿安全规程》的规定，确保煤矿供电安全。

（2）供电可靠

煤矿供电中断，不仅会影响生产，而且会造成停止通风和排水，从而引发瓦斯和煤尘爆炸、水灾等各类重大事故，危及人民群众生命财产的安全，有时甚至毁掉整个矿井。因此要求煤矿供电，特别是井下供电绝对可靠。在任何情况下都必须保证提供一部分电能，确保矿工及矿井的安全。为了保证矿井供电的可靠性，供电电源应采用两回路独立电源线路，它可以来自不同的变电所（电厂）或同一变电所的不同母线，且电源线路上不得分接任何负荷。这样在一回路电源发生故障的情况下，另一回路电源仍能保证可靠的供电。

（3）供电技术合理

在满足可靠性和安全性的前提下，还应保证供电系统的装备及技术合理，系统的结构既能满足矿山供电的要求，又无冗余。

供电技术合理又称供电质量好，是指供电的电压、频率要达到一定的技术标准要求，并使其波形畸变在允许范围之内。井下供电系统质量好坏的主要指标是供电电压，要使设备经济运行，供电电压必须保证在规定波动范围之内。电压过高会使电气设备绝缘老化，缩短寿命；反之，会使采煤、运输设备启动困难。

交流电压波形的畸变，表示其含有高次谐波。当总谐波电压（所有高次谐波电压的方均根值）超过基波电压的 5% 时，就可能使继电保护、自动装置、控制装置、计算机等产生误动作。因此，一般要求任一高次谐波的瞬时值都不应超过同相基波电压瞬时值的 5%。在矿山企业地面变电所的 6 ～ 10kV 母线上，应保证其电压正弦波形畸变率不大于 10%。有多种因素可影响电压波形，如在煤矿电力系统中，矿井提升机的晶闸管电控、主通风机同步机的晶闸管励磁系统、架线电机车的硅整流的牵引电源、矿用隔爆型荧光灯的采用等。

特别是由于煤矿中广泛采用前述的硅元件或晶闸管组成的电流换流装置，且其容量愈来愈大，使得煤矿供电系统中高次谐波的“污染”日趋严重，对这种情况必须予以高度重视，并采取措施加以抑制或补偿。

当电力设备的端电压与额定电压之差超过允许值时，它的运行状态将出现恶化。

交流电频率的变化不仅影响电力用户的正常工作（如当其降低时，电动机的转速将随之下降，因而使其所带机器的生产效率降低），而且还对系统本身有严重危害。我国规定电力系统的频率应经常保持在 50Hz 左右，同时规定，对 3000kW 及其以上的系统，频率偏差不应超过 ±0. 2Hz；而对 3000kW 以下的系统，则不超过 ±0. 5Hz。

（4）供电经济

随着煤矿采煤机械化程度的不断提高，煤矿井下，特别是综采工作面用电量越来越大，原煤用电单耗量是成本管理中的主要考核指标。如果供电设备选型、使用不合理或生产中不调峰用电，就可能产生设备负荷率低、功率因数降低、线路损耗增大等问题，从而造成大量电能的浪费。所以，在保证安全生产和安全用电、提高供电质量的前提下，应力求供电线路简单，操作方便，电气设备设计和选型合理；并从各方面采取措施，力求提高功率因数，从而降低用电损耗，减少维护运行费用，保证供电的经济性，使用户得到可靠、优质、经济的电能。

2. 电力负荷的分类

对煤矿企业的重要负荷，如主要排水与通风设备，一旦中断供电，可能发生矿井淹没或瓦斯爆炸事故；对采掘、运输、提升、压气、机修及照明等中断供电，也会造成不同程度的经济损失和人身事故。煤矿电力负荷按用户的重要性和中断供电对人体安全或在经济方面所造成的损失和影响程度，将煤矿电力用户分为以下 3 类。

（1）一类负荷

凡因突然中断供电，造成人员伤亡或系统重要设备损坏，对企业和国家造成巨大经济损失，均属一类负荷。一类负荷如主要通风机、主要提升机、主要排水设备等。对于一类负荷，要求供电必须可靠，即使在事故状态，电源也不得中断，故第一类负荷必须采用 2 个独立电源供电。

（2）二类负荷

凡突然停电会造成大量废品，产量明显下降或生产停顿，大量原材料报废，造成重大经济损失的，均属二类负荷。二类负荷如压风设备、采区变电所等。

对于二类负荷的设备，应由两回线路供电，但若两回线路供电有困难时，亦可由一回专用线路供电。对井下普采或高档普采工作面供电的采区变电所电源线，也可采用一回专用电缆。

（3）三类负荷

中断供电，对生产无直接影响，也不会造成特别大的经济损失的，均属三类负荷。三类负荷一般对供电无特殊要求，可设单一回路供电。因某种原因需要停电时，三类用户是最先的限电的对象。

对煤矿企业电力负荷进行分类，便于合理的供电。对于重要负荷，保证供电可靠、安全居首要地位；对于次要负荷则应更多考虑供电的经济性。在运行中一旦出现故障，需要切除部分负荷时，应根据实际情况先切除三类负荷，有必要时再切除二类负荷，以确保一类负荷用电。

（二）矿井供电电压等级

1. 煤矿常用电压等级

供电电压等级的确定取决于供电功率及供电距离。供电功率越大，输送距离越远，需要的电压等级越高。这是因为供电功率越大，线路中的电流越大；距离越远，线路的阻抗越大，从而使得线路的功率损失和电压损失越大。在功率一定的条件下，提高供电电压，可减少电压及功率损失，提高供电质量和经济性。

为使电气设备生产标准化，可根据电力网和电气设备的不同使用场合，将电压分为若干等级。

电压等级的确定是否合理，将直接影响到供电系统设计的技术、经济的合理性。当电气设备按额定电压运行时，一般能使其技术性能和经济效果最好。因此，在考虑经济和技术上的合理性，以及所有电气设备的制造水平和发展趋势的基础上，制订了标准电压等级。它可使电气设备的生产实现标准化和系列化，便于批量化生产；同时在使用中又易于互换，有利于电网的建设和运行。由于煤矿生产条件的特殊性，所以采用了一些特定的电压等级。如表 4-1 所示，列出了煤矿井下常用电压等级及其应用范围。

表 4-1　煤矿井下常用电压等级及其应用范围

种类	标准电压 /V	应用范围
交流	10000	井上、下高压电机及配电电压
	6000	井上、下高压电机及配电电压
	3300	部分矿井电气设备动力
	1140	井下综合机械化采区动力
	660	井下低压动力
	380	地面及井下低压动力
	127	井下照明、信号、电话和手持式电气设备
	36	井下电气设备的控制及局部照明
直流	250	架线式电机车
	550	架线式电机车

为了保证煤矿井下供电安全，《煤矿安全规程》对井下各级电压等级进行了具体的规定，井下各级配电电压和各种电气设备的额定电压等级，应符合下列要求。

（1）高压，不超过 10 000V。

（2）低压，不超过 1140V。

（3）照明、信号、电话和手持式电气设备的供电额定电压，不超过 127V。

（4）远距离控制线路的额定电压，不超过 36V。

采区电气设备使用 3300V 供电时，必须制订专门的安全措施。

2. 10kV 电压下井的优点及规定

（1）10kV 下井的优点

随着井下机械化程度的提高、采掘工作面机组容量的加大，6kV 供电电压在某些矿井已不能满足要求，一些大型矿井，甚至特大型矿井，开始采用10kV电压下井。10kV电压下井提高了供电的经济性，增大了供电范围。针对不同的井型，其优点有以下方面。

①对于大型矿井而言，其能够降低高压电网的电能损耗。由于10kV输电比6kV输电的电能损耗小，同时也没有10kV/6kV变压器的损耗，所以降低了高压电网的电能损耗；10kV输电能够减小下井电缆截面，在输送功率一定的情况下，电压越高，电流就越小，输电所需导线的截面也越小。

②有相当一部分中小型矿井采用10kV电源供电，采用10kV直接下井有以下优点，一是减少因设置变电所而造成的主变压器多余容量的初装增容费；二是减少年运行费用，主要包括主变压器的损耗、多余容量的基本电费、固定资产折旧及设备大修费用等；三是简化了供电系统，减少了电网事故，提高供电的可靠性。

（2）10kV直接下井的规定

井下供电电压越高，电网对地电容电流越大，接地电弧能量越大，人体触电的危险性及瓦斯、煤尘爆炸的可能性也越大。因此，采用10kV电压直接下井，应遵循下列规定。

①采用的10kV矿用电气设备，必须通过部级技术鉴定。

② 10kV系统投入前，必须按有关规定进行验收、检查、试验。

③ 10kV系统投入运行后，必须按有关规定进行各项试验整定工作。

④必须装设10kV单相接地保护、保护接地，并按有关规定进行各项试验。

⑤ 10kV/6kV矿用监视屏蔽型橡套电缆的相互连接及其与设备的连接，必须采用10kV专用的电缆终端。

（三）三相交流电网中性点的接地方式

三相交流电网的中性点是指电源侧的中性点，即发电机、变压器星形接线时的中性点。三相交流电网中性点的接地方式，关系到电网在运行中的绝缘水平、电压等级、供电可靠性、线路的保护方法、对通信系统的干扰和人身安全等多方面的问题，特别是在发生单相接地时，其影响将更加明显。三相交流电网的中性点一般有以下4种运行方式。

第一，不直接接地方式，又称中性点绝缘系统，煤矿供电系统即采用此方式。

第二，直接接地方式，即中性点直接与接地装置连接。

第三，电阻接地方式，即中性点经过不同数值的电阻与接地装置连接，接入电阻在数十欧姆时，称为低电阻接地方式，在数百欧姆时称为高电阻接地方式。

第四，消弧线圈接地方式，即中性点经电抗线圈与接地装置连接。电抗线圈有分接头，可用来调节电抗值，以便系统单相接地时，电感电流能补偿输电线路的对地分布电容电流，使接地点的电流减小，电弧易于熄灭。下面对这几种接地方式进行简要概述。

1. 中性点不接地的三相交流系统

如图4-1所示为中性点不接地三相交流系统的示意图。图中C_1、C_2、C_3分别为三相导线对地的分布电容（相间电容忽略不计），三相容抗近似相等。在三相绝缘良好的情况下，中性点电位与大地电位相等，三相导线对地的电压分别等于3个相电压，并且对称。所以三相导线中的电容电流也是对称的，并且超前于对应的相电压90°，其相量和为零，大地中没有容性电流流过。

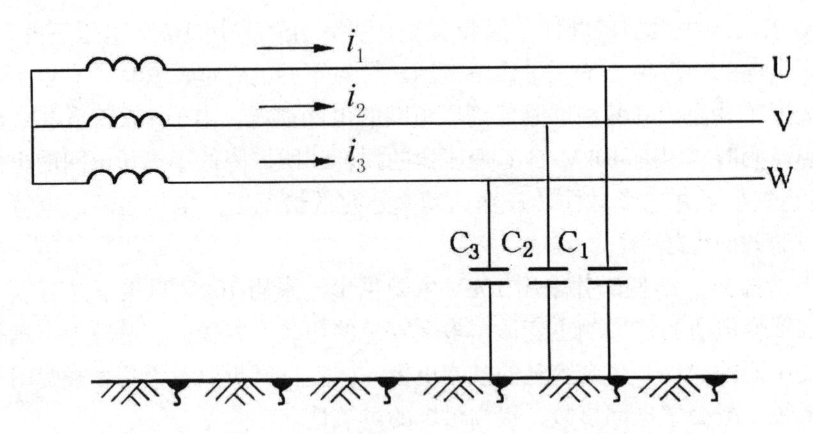

图 4-1　中性点不接地三相交流系统

中性点不接地的三相系统发生单相接地时电流分布情况如图 4-2 所示，电网的线电压仍保持对称，对三相用电设备的运行没有直接的影响。虽然这时另外两相的对地电压升高了$\sqrt{3}$倍，但对线路的绝缘没有危害，因为中性点不接地系统中，相与地之间的绝缘是按线电压考虑的，所以系统可以继续运行一段时间，这就提高了供电的可靠性，减少了停电次数。

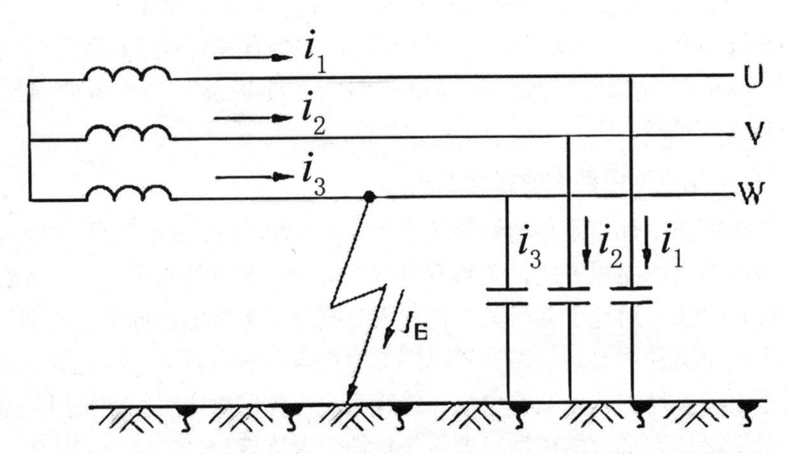

图 4-2　中性点不接地的三相系统单相接地时的电流分布情况

但是，在系统出现单相接地故障时，不允许长期运行。因为非故障相对地电压的升高将威胁到系统中的绝缘薄弱环节，如果薄弱处绝缘击穿使另一相又发生接地，就形成两相接地短路，产生很大的短路电流，严重损坏线路和设备，在井下有可能造成更大的事故。因此，在中性点不接地系统中出现单相接地时，变电所中的绝缘监视装置发出警报，值班人员应迅速切除故障线路。

我国规定，中性点不接地三相系统发生一相接地故障时，允许暂时继续运行 0. 5 ～ 2h，运行人员应争取在规定时间内查出接地故障并予以处理。如有备用线路，应将负荷转移到备用线路上去，经 2h 后，故障仍未消除时，应切除此故障线路。

我国 3 ～ 60kV 电网一般均采用中性点不接地的三相系统。

2. 中性点经消弧圈接地的三相交流系统

《煤矿安全规程》规定，矿井高压电网，必须采取措施限制单相接地电容电流不超过

20A。在 60kV 及以下电压等级的高压电网中，当接地电流超过上述数值时，将会在接地点产生接地电弧。为了减小接地电流，通常在中性点与地之间接入消弧线圈，形成中性点经消弧线圈接地的三相系统。如图 4-3 所示为中性点经消弧线圈接地系统单相接地时电流分布图。

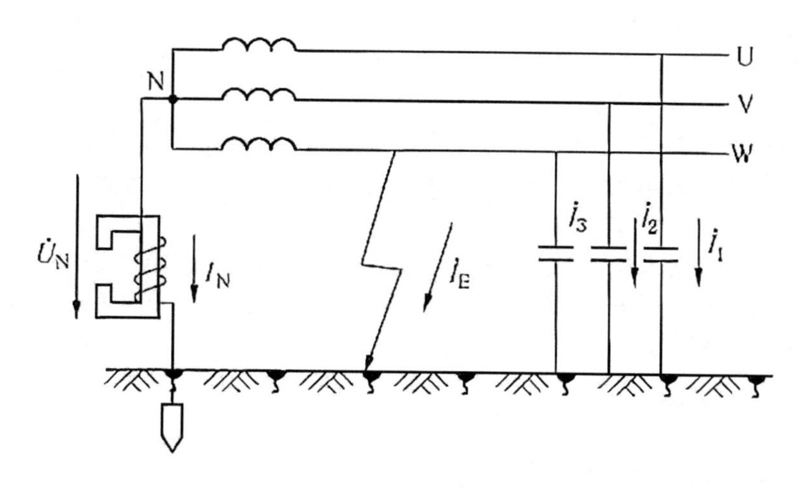

图 4-3 中性点经消弧线圈接地系统单相接地时电流分布图

中性点经消弧线圈接地系统与中性点不接地系统一样，在一相接地时，接地相对地电压为零，其他两相的对地电压升高到 3 倍。在这种情况下，允许暂时继续运行 0. 5 ～ 2h，在此期间应积极查找故障，在暂时无法消除故障时，应将负荷转移到备用线路上去。

中性点不接地和中性点经消弧线圈接地的三相系统，因其接地电流较小，通常称为小电流接地系统。

3. 中性点直接接地的三相交流系统

中性点直接接地的三相交流系统如图 4-4 所示。当发生单相接地时，故障相由接地点通过大地形成单相短路，单相接地短路电流值很大，故又称大接地电流系统。

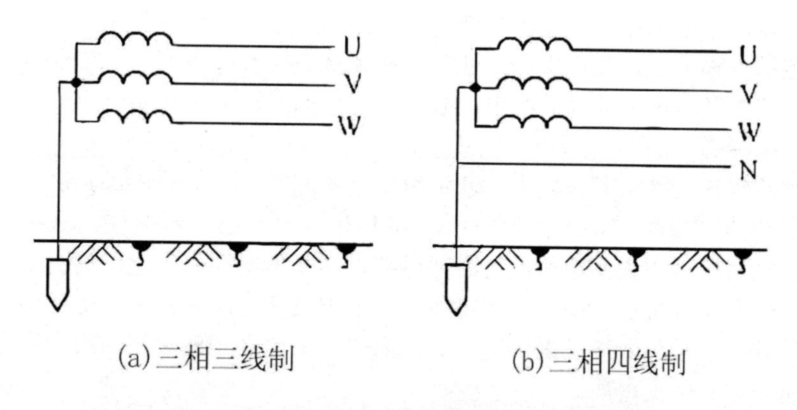

(a)三相三线制　　(b)三相四线制

图 4-4 中性点直接接地三相交流系统

中性点直接接地系统与前述两种中性点不接地系统不同，这种系统在发生一相接地时，其他两相的对地电压并不增大，接地处也不会出现断续电弧和谐振过电压。因此，中性点直接接地系统中电气设备的绝缘水平只需按相电压考虑。这对于 110kV 及以上的超高压系统具有很高的技术经济价值，并且电网电压越高，经济效益越大。所以在我国110kV及以上的电网中，多采用中性点直接接地系统。

中性点直接接地系统的主要缺点是单相接地时，单相接地短路电流很大，要求供电设备有较高的短路电流动稳定性和热稳定性。

煤矿地面380V/220V低压动力照明系统采用的是三相四线制，其中性点直接接地。这种系统中性点接地的目的并非防止接地时断续电弧所产生的过电压，而是为了预防高电压窜入低压系统的一种安全措施。

《煤矿安全规程》规定，严禁井下配电变压器的中性点直接接地，严禁由地面上中性点直接接地的变压器或发电机直接向井下供电。这一规定也是为了保证矿井和人身安全。煤矿井下工作条件恶劣，工作空间狭窄、黑暗、潮湿，并有煤尘、瓦斯，人体容易触电。如果采用中性点直接接地系统，当人体触及一相导体时，人体将承受相电压，通过人体的电流较大，有致命危险。另外，当发生单相接地时，所产生的电火花有可能点燃井下的瓦斯和煤尘，造成爆炸事故。

二、煤矿供电系统

（一）矿井供电系统的分类

由矿井地面变电站（所）、井下中央变电所、采区变电所、工作面配电点按照一定方式相互连接起来的一个整体，称为矿井供电系统。井下供电方式的确定，主要取决于井田范围、煤层埋藏深度、年生产能力、开采方式、矿井瓦斯等级、井下涌水量，以及开采的机械化和电气化程度等因素。对矿井的供电一般采用两种典型方式：深井供电系统和浅井供电系统。

煤矿企业一般都设有矿山地面变电站（所），是矿山供电的枢纽，担负着全矿的供电任务。多数情况下，一个矿山只设立一个地面变电站（所），当矿井较多且比较分散时，可设立两个或两个以上的地面变电站（所），相互配合为各矿井供电。井下中央变电所设在井底车场或主要生产水平的变、配电中心，是井下供电的中心，它的电源由地面变电所提供，其任务是向采区变电所、整流变电所、主排水泵房变电所及井底车场附近的负荷供电。采区变电所是采区变、配电中心，任务是向采区负荷及巷道掘进负荷供电。工作面配电点是采掘工作面及其附近巷道的配电中心，向工作面及附近负荷供电。

1. 深井供电系统

当煤层埋藏较深、井田范围较大、井下用电量较大时，一般采用深井供电系统，深井供电系统的供电方式是由矿山地面变电所的6kV母线上引出下井电缆，沿井筒送到井下中央变电所，然后再从中央变电所通过沿巷道敷设的高压电缆，把电能输送到井下各高压用户和采区变电所，其特征为由地面变电所、井下中央变电所和采区变电所构成三级高压供电。大型矿井一般采用上述三级供电方式，而中小型矿井一般采用二级供电方式，即地面变电站（所）、采区变电所。

（1）矿井地面变电所由两条35kV线路供电（有些大型矿井采用110kV）。两条35kV线路来自两个不同的电源。地面变电所将35kV降为6kV或10kV，再经6（10）kV母线将电能分配给地面高压用电设备，为了保证供电的可靠性，其中一、二类负荷分别由不同段母线供电。同时，地面变电所将6kV降压为380V/220V，供地面低压动力及照明用电。

（2）从地面变电所不同的 6kV 母线上引出高压电缆。通过井筒下井送到井下中央变电所。井下中央变电所直接将高压电能转送到各采区变电所和井底车场及其附近巷道、硐室的高压用电设备，如主排水泵、变流设备等，并在井下中央变电所还设置了动力变压器。将 6kV 电压降到 380V（660V），向井底车场及附近巷道、硐室的低压动力设备供电。此外，还设置了照明、信号综合保护装置，将 380V（660V）电压进一步降到 127V，供井底车场及附近硐室照明、信号专用。

（3）采区变电所是把中央变电所送来的 6kV 电压降为 380V 或 660V，用低压电缆向各工作面配电点及用电设备供电。对于机械化程度较高、用电量较大的综采或高档普采工作面，在采区变电所一般不降压，由采区变电所把 6kV 电源直接用高压电缆送到工作面附近的移动式变电站，移动变电站将电压降为 1140V 或 660V 后，由工作面配电点向综采和高档普采工作面的各种用电设备供电。采区变电所及附近巷道中的照明设备，由设在采区变电所中的矿用照明变压器供电，采区巷道中的照明、信号由照明、信号综合保护装置供电。

深井供电系统适用于煤层埋藏深度在 150m 以上，用电量较大的大、中型矿井。

2. 浅井供电系统

浅井供电系统适用于煤层埋藏距地表不超过 150m，井下涌水量不大且电力负荷较小的中、小型矿井。出于经济和运行方便的考虑，井下电力设备多为低压，此时可采用由地面变电所通过井筒、钻孔或辅助风井，将低压（局部高压）电能送至井下的浅井供电系统。浅井供电的特征是两级供电，高压电缆不下井。在井底车场设置配电所，它接收自地面变电所用电线送来的低压电。配电所向井底车场及附近巷道低压动力及照明供电。

我国的浅井供电主要有以下 3 种方式。

（1）当负荷不大时，井底车场及其附近巷道的低压用电设备，可由设在地面变电所配电变压器的低压母线引出的低压电缆通过井筒送到井底车场配电所，向井底车场及其附近巷道的动力和照明负荷供电。井下架线电机车所用的直流电源，可由地面变电所整流后用电缆沿井筒送到井底车场配电所。当负荷较大时，要通过井筒敷设高压电缆向井底车场变电所提供高压电源，变电所再将高电压降为低电压后向低压设备供电。

（2）当采区负荷不大且没有高压用电设备时，采区用电由地面变电所经高压架空线路，将 6kV 高压送到设在采区上方的地面变电室或变电亭，然后把电压变为 660V 或 380V 后，用低压电缆经钻孔送到采区配电所，由采区配电所再送给工作面配电点和低压用电设备。

（3）当采区负荷较大或有高压用电设备时，为降低电压损失，保证采区用电负荷正常工作，可先经高压架空线路，将电能送至与采区地面位置相应的配电室，再用高压电缆经钻孔将高压电能送到井下采区变电所，然后变压给采区负荷供电。在浅井供电系统中，为防止电缆受到钻孔壁塌落的挤压，电缆应穿钢管敷设。

采用浅井供电系统，可节省价格较高的井下高压电气设备和电缆，减少井下变电硐室的开拓量和触电的危险，提高了矿井供电的安全性，具有较高的技术经济效益。其不足之处是需钻孔和敷设钢管，且钢管不能回收。

矿井供电系统的供电方式并非限于上述两种，在进行矿井供电设计时，应根据具体情况，经过不同方案的技术经济比较，确定最为合理的供电方案。有时也可根据具体情况，同时采用两种方式向井下供电，如建井初期采用浅井供电，后期则采用深井供电。但无论采用哪种供电方式，都必须符合供电可靠、安全和经济的原则。

根据经验，浅井供电方式最好是用在井底车场至采区的距离超过2000m、钻孔不深（100～150m）、用电量不大的情况。这时用低压铠装电缆供电较为合适。

还有一种平硐开采供电方式，也属于浅井供电系统，应用较少，这里不再赘述。

（二）矿井各级变（配）电所

1. 矿井地面变电所

矿井地面变电所是全矿供电的枢纽，担负着向井上、井下变、配电，以及测量、保护和主要电气设备工作状态监视等任务。

（1）位置选择原则

矿井地面变电所位置的确定，关系到矿井供电的可靠性和技术经济的合理性。在确定变电所的位置时，应考虑以下原则。

①尽量靠近负荷中心，以缩短供电线路的长度，尽量减少电能损耗、电压损失和有色金属消耗。

②进出线要方便，尽量避免线路相互交叉和跨越。

③交通方便，利于变、配电设备的运输。

④地质和地形条件好，避免遭受洪水或雷电的侵袭。避开滑坡，在煤田上避免压煤，躲开采空区、塌陷区。

⑤应当避开化工厂、锅炉房和矸石山等工业污染源。

⑥避免设在有剧烈震动的场所。

⑦占地要少，但应留有发展、扩建的余地。

根据上述原则，矿井地面变电所一般设在工业广场边缘，离井口不太远的地方。

（2）地面变电所的布置

地面变电所的布置是根据电压等级、配电装置的形式、母线种类、出线走廊的条件，以及地形情况等因素，因地制宜地决定的。所谓配电装置，是指用来接受和分配电能、在电气上有联系的一些元部件和设备的总称，主要包括开关设备、保护与测量电器、连接母线及其他辅助设备等。10kV及以下电压等级的配电装置采用户内式成套配电装置；35kV及以上电压等级的配电装置在工业广场较大、无污染的矿山，可采用户外架构式的配电装置。但在周围空气中含有严重污秽、腐蚀电气设备，以及破坏和降低电气绝缘的物质，或受地理条件限制（如化工厂、水泥厂、盐湖海岸附近工厂和矿山等）时，35～110kV电压等级的变电所也须建为户内式配电装置。

变电所的布置包括主变压器、室内外配电装置和主控室等重要部分。主变压器将电压降为6kV后，分别经高压开关与变电所相应的二次母线段相连接，然后通过接于各母线段上的成套高压开关设备，将电能分配到地面各高压电用户和井下中央变电所。此外，在变电所的一次和二次母线上还接有避雷器和电压互感器，它们担负着变电所电气设备、配出线路及用电设备的保护、测量、监视等任务。在变电所的二次母线上一般还接有电力电容器，用以提高变电所的功率因数。

（3）矿井地面变电所的主接线

变电所的主接线是指由各种电气设备（变压器、断路器、隔离开关、互感器、避雷器等）所连接成的受电、变电和配电的电路系统。变电所主接线的形式与变电所设备的选择、布置、运行的可靠性和经济性，以及继电保护的配置都有密切的关系，是变电所设计的重要环节。在拟定变电所主接线方案时，应满足可靠、简单、安全、运行灵活、经济合理、操作维护方便和适应发展等一般原则。矿井各级变电所主接线具体可分为一次接线、二次母线和配出线 3 个部分。下面分别予以简要介绍。

①一次接线

一次接线指变电所受电线路与主变压器的连接。一次接线可分为线路变压器组接线、桥式接线和单母线分段式接线等几种。煤矿地面变电所一般是具有两路受电线路和两台主变压器的终端变电所，通常采用桥式接线。桥式接线分为内桥、外桥和全桥 3 种，其电路如图 4-5 所示。

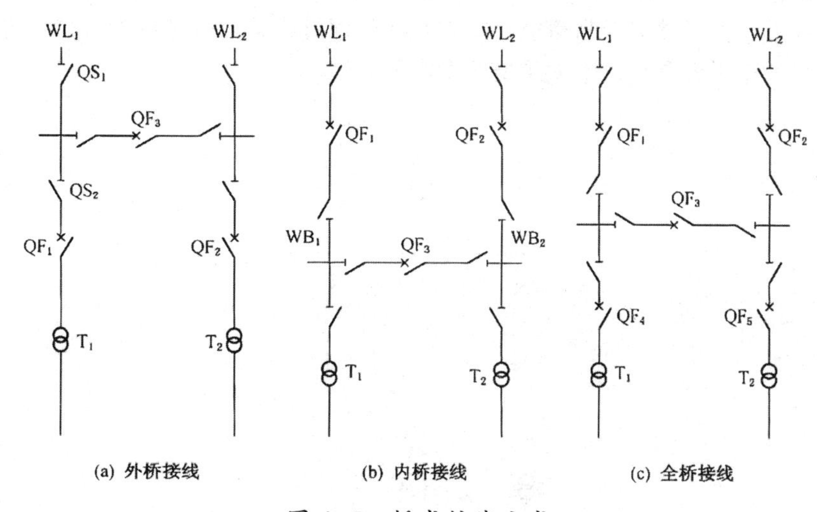

图 4-5　桥式接线方式

图 4-5（a）所示为外桥接线，它是因一次母线联络断路器（桥断路器）QF_3 位于线路断路器 QF_1 和 QF_2 的外侧而得名。这种接线形式的优点是对变压器切换方便，比内桥接线少用两组隔离开关，继电保护简单且易于过渡到全桥或单母线分段接线，而且投资少、占地面积小；其缺点是倒换线路时操作不便。这种接线主要适用于电源线路短、故障少、不需要经常切换线路，变电所负荷变化较大，需要经常改变变压器运行方式，以及没有穿越功率的终端变电所。

图 4-5（b）所示为内桥接线，它是因一次母线的联络断路器（桥断路器）QF_3 位于线路断路器 QF_1 和 QF_2 内侧而得名。内桥接线的优点是一次侧可设线路保护，倒换线路比较方便，设备投资和占地面积均比全桥少。其缺点是操作变压器不便，也不利于发展成为全桥和单母线分段接线。另外，变压器经隔离开关与一次母线相连接，在环形供电的变电所进行操作时，常被迫用隔离开关切、合空载变压器；当变压器容量较大时，其空载电流将超过隔离开关的切、合能力，此时则必须改用全桥接线。故内桥接线适用于进线距离长，线路故障可能性大，需要经常对线路进行检修和切换，而变电所负荷比较稳定、不需要经常改变变压器运行方式的变电所。

图 4-5（c）所示为全桥接线，它是内桥和外桥接线的综合接线形式，这种接线具有内桥和外桥接线方式的共同优点。它适用性强、操作方便、运行灵活，易于扩展成单母线分段式的中间变电所。这种接线克服了内桥和外桥接线中改变变压器和线路运行方式时所

造成的短时停电现象。全桥接线的主要缺点是所用设备多、占地面积大、投资大。

②二次母线

与主变压器二次侧连接的母线称为二次母线。按变电所在供电中的重要性，二次母线的接线形式有 3 种。

第一种，单母线。在单母线接线方式中，进、出线均设有用于切断负荷与故障电流的断路器，并设有与母线连接的“母线隔离开关”和与线路连接的“线路隔离开关”，其中，母线隔离开关用来在检修断路器时隔离母线，而线路隔离开关则用来防止在检修断路器时从负荷侧反向送电，从而保证维修人员和设备的安全。

单母线的接线形式如图 4-6（a）所示，这种结构有线路简单、配电装置造价低的优点，主要缺点是在性能上不够灵活与可靠，特别是在处理母线系统故障或检修时，需要全部停电。所以其只适用于容量小，不太重要的变电所。

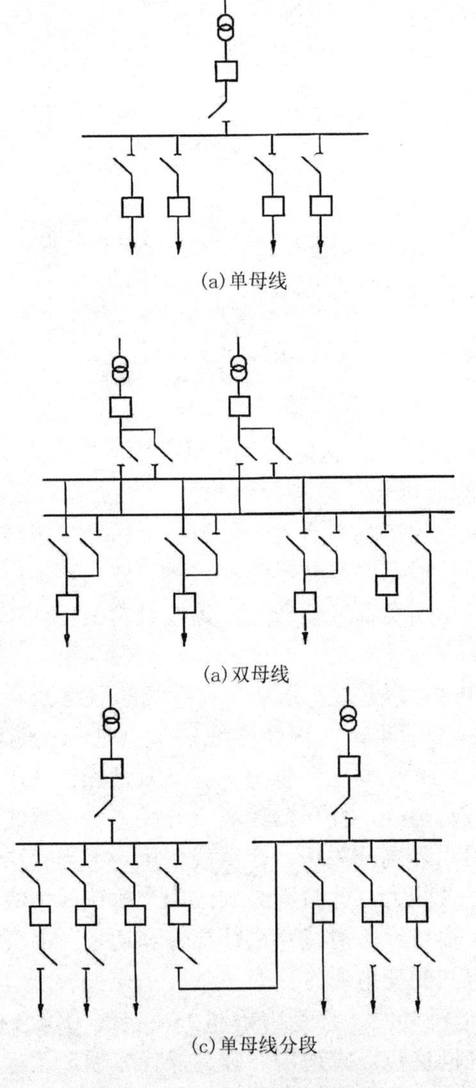

(a)单母线

(a)双母线

(c)单母线分段

图 4-6　二次母线的结构形式

第二种，双母线。对于容量大、供电可靠性要求高，进出线回路数多的重要变电所，常采用双母线接线方式，如图 4-6（b）所示。变电所的所有进、出线都通过隔离开关接在任何一条母线上，两条母线之间用断路器连接。两条母线互为备用并用断路器进行联络。在运行中，不论哪一段电源与母线同时发生故障或检修而停电，都不影响对用户的供电，其供电可靠性高、运行灵活。双母线接线的缺点是使用设备多、投资大、接线复杂、操作安全性较差。双母线接线多用于负荷容量大、可靠性要求高的重要区域变电所。

第三种，单母线分段。为克服单母线不分段接线工作可靠性和灵活性差的缺点，可根据电源的数目、功率、电网的接线情况，将母线分成若干段，这就形成了单母线分段接线方式。在这种方式中，通常每段接一或两个电源，其负荷分别接在各段上，并使各段负荷分配尽量与电源功率相平衡，尽量减少各段之间的功率交换。矿井地面变电所的二次母线大多数情况下都是采用单母线分段式接线，如图 4-6（c）所示。单母线分段式接线运行灵活，母线可分段运行也可并列运行。分段运行时，各段母线互不影响。但是，当其中一段母线需要检修或发生故障时，接在该段母线上的全部进出线都将停止运行。因此，矿井一类负荷和重要的二类负荷，必须分别接在两段母线上，形成双回路放射式或环式供电，以便互为备用，以保证供电的可靠性。

单母线分段式接线的优点是所用设备较少（与双母线相比）、经济、系统简单、操作较安全，并有一定的供电可靠性。它适用于出线回路不是很多、母线故障可能性较少的变电所作主接线。矿井变电所大多采用这种接线。

单母线分段接线的分段开关可采用隔离开关，也可采用断路器，隔离开关在母线系统检修或故障时，会出现短时的全部停电。在采用断路器分段的情况下，断路器除具有分段隔离开关的作用，操作方便、运行灵活，能切断负荷电流或故障电流外，还可在继电保护装置配合下，实现自动分、合闸。故在母线系统检修或故障时，其可以避免全部停电。

当然，不管采用何种开关分段，在检修母线或电源系统故障时，单母线分段接线方式都不能避免使故障段母线的用户停电。对用断路器分段的单母线，在接有较多二级用户又无备用电源时，为避免长时停电造成较大经济损失，通常在变电所设备用母线来解决（即旁路母线或双母线），这比装负荷备用线路更能节约有色金属与投资。

③配出线的接线。

配出线是指矿井地面变电所二次母线上引出的高压配电线路。这里仅就配出线设置的开关电器的类型、布置方式作一简要介绍。

第一，配出线开关的种类。矿井地面变电所 6kV 配出线一般采用成套装置对线路和设备进行控制、保护、测量和工作状态指示。成套配电装置中所设置的开关电器主要有断路器、隔离开关、负荷开关和熔断器等，对于大、中型矿山变电所的 6kV 配出线，一般均采用断路器和隔离开关配合控制和保护；对于容量较小、不重要的负荷，为了节省投资，可采用负荷开关配合熔断器进行控制和保护；对于避雷器、电压互感器等保护和测量电器，则可用隔离开关来分、合电路。

第二，隔离开关的布置。为了便于对成套配电装置中的电气元件（如断路器、熔断器和互感器等）进行检修，故而在配出线靠近电源母线侧装设隔离开关，如图 4-7（a）所示。对于由双电源供电的重要负荷，在设备检修时为了防止反送电，在断路器的两侧均装设隔离开关，如图 4-7（b）所示。

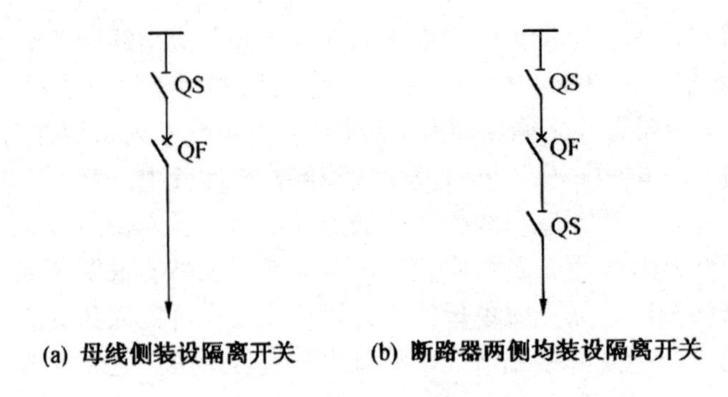

图 4-7 隔离开关装设位置

矿山电网的接线方式并不是一成不变的，除了上述接线方式外，还有具有几种接线方式共同特点的混合式接线。因此，在确定矿山电网的接线方式时，应根据电源、用户的分布情况、负荷的大小及其重要性等因素，进行综合分析，确定最佳的接线方案。

前面介绍的矿井电网的几种接线方式，是以矿井地面变电所为电源，矿井各高压负荷为用户，构成的一些常用的供配电接线方式。这些接线方式也同样适用于矿区供电和矿井低压供电系统。在矿区供电中，因为煤矿企业属于一类负荷，因此主要采用有备用系统的双回路放射式接线和环式接线，在矿山低压供电系统中，根据负荷的重要程度，几种接线方式均有采用。

2. 井下中央变电所

（1）概述

井下中央变电所又称井下主变电所，它直接由地面变电所供电，是井下供电的中心，担负着整个井下受电、配电、变电的重要任务。单一水平生产的矿井，设一个井下中央变电所；多水平的生产矿井，每个水平各设一个井下中央变电所；对负荷很大的矿井，在一个水平也可设置多个井下主变电所。

根据《煤矿安全规程》规定，对井下变（配）电所［含井下各水平中央变（配）电所和采区变（配）电所］、主排水泵房和下山开采的采区排水泵房供电的线路，不得少于两回路。当任一回路停止供电时，其余回路应能担负全部负荷。如图 4-8 所示为井下中央变电所的接线图。

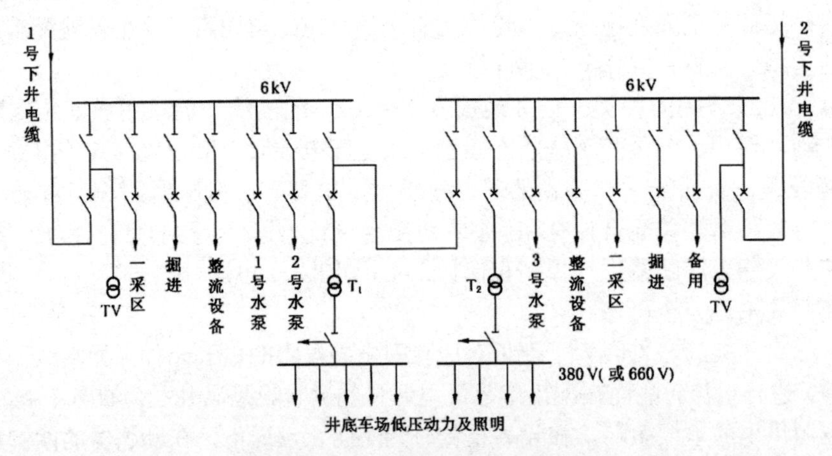

图 4-8 井下中央变电所接线图

井下中央变电所的高压母线一般都采用单母线分段接线，母线的分段数与下井电缆的数目相对应。每一条下井电缆通过高压开关与一段母线相连接，各段母线之间装设联络开关。正常情况下联络开关断开，采用分列运行方式，由于下井电缆分别向接于各段母线的负荷供电。当某条电缆故障而退出运行时，将母线联络开关闭合，由其他电缆对用户供电。

井下中央变电所的主要供电负荷有中央泵房的主排水泵、各采区变电所、井下架线式电机车的整流装置和井底车场附近巷道的动力、照明变压器等。各用电负荷应分散地连接在各段母线上，以免在一段母线故障时，造成较大范围的停电。

为了向井底车场及附近巷道的低压动力和照明装置供电，在中央变电所内，通过变压器将高压 6kV 降低到 660V（或 380V）向井底车场及其附近巷道的低压动力设备供电。

（2）井下中央变电所及其设备布置

①井下中央变电所位置的确定应遵循 4 项原则，一是尽量靠近负荷中心，以节省电缆，减少电能损耗和电压损失；二是电缆进出线和设备运输要方便；三是变电所通风要良好，以便散热和降低瓦斯浓度；四是地质条件好，顶、底板的岩层要稳定，尽量少压煤，避免淋水等不利因素，以防电气设备受损、受潮。

根据以上要求，一般中央变电所设置在井底车场附近，并与中央水泵房相邻。在条件许可时，架线式电机车的变流装置可设在中央变电所内，以减少硐室的开拓量。井下中央变电所与水泵房硐室最好成直线，在一条水平线上铺一条相通的轨道。为了保证设备运输的方便，井下中央变电所与井底车场运输巷道开有相通的巷道，井下中央变电所的硐室不应与空气压缩机站硐室联用或毗邻。其位置示意如图 4-9 所示。

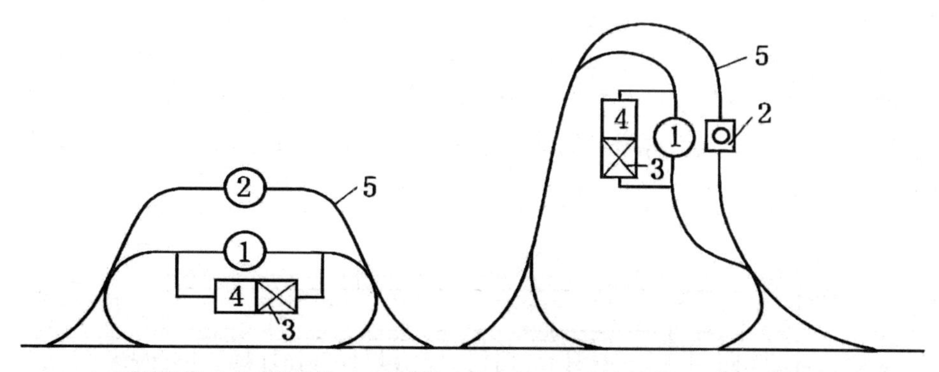

1—副井井筒；2—主井井筒；3—井下中央变电所；4—主水泵房；5—井底车场巷道

图 4-9　井下中央变电所位置示意图

②井下中央变电所硐室要求

井下中央变电所的硐室应符合《煤矿安全规程》中关于井下机电硐室的规定，满足防火、防水和通风的要求。

为了防火，硐室须用非燃性材料支护，硐室应装设向外开的防火铁门，铁门全部敞开时不得妨碍巷道运输，铁门上应装有可关严的通风孔以便必要时隔绝通风。装设铁门时，门内可加设向外开的铁栅栏门，但不应妨碍铁门的开闭，这样既能保证通风，又能防止闲杂人员进入中央变电所。从硐室出口的防火铁门起，5m 内的巷道应砌碹或用其他不燃性材料支护。变电所内必须设置扑灭电气火灾的干式灭火器和砂箱。

为了保证硐室有良好的通风条件，当中央变电所硐室长度超过 6m 时，应在硐室两端各开设一个便于通风的出口，保证硐室内的温度不超过附近巷道温度 5℃。当硐室长超过 30m 时，应在中间增设一个出口。

为了防水，井下中央变电所和主排水泵房的地面，应比其出口与井底车场（或大巷）连接处的底板标高高出 0. 5m。中央变电所硐室内不应有滴水现象。

③井下中央变电所设备布置。

井下中央变电所电气设备的布置应遵守下列原则。

第一，井下中央变电所内设备间的电气连接，除在开关柜内可采用硬母线外，均需采用电缆。高压电缆一般敷设在电缆沟中，低压电缆可悬挂在碹帮上。

第二，为缩短硐室长度，一般采用双列布置，但当设备台数较少，低压开关采用配电盘时，也可采用单列布置。

第三，硐室内的变电设备与配电设备要分开放置，中间隔有防火墙及防火门，并将高、低压设备分开布置。

第四，为了设备运输、检修及拆装方便，设备与墙之间要留有 0. 5m 以上的通道，设备与设备之间的距离要在 0. 8m 以上。不需要从两侧和后面进行检修和拆装的设备，可相互靠近或靠墙安置。

第五，由于中央变电所是永久固定硐室，为便于设备运输，可在变电所中间过道铺设轨道，并留有 1 ～ 1. 5m 的空间。

第六，硐室尺寸按设备最大数量及布置方式确定，并需保证高压配电设备的备用位置按设计最大数量的 20% 考虑，且不少于两台；保证低压设备的备用回路，按最多馈出回路数的 20% 考虑。

第七，所有电气设备外壳均需接地。接地母线距地 0. 3 ～ 0. 5m，敷设在电缆沟中，无电缆沟时沿硐室内壁敷设。由于井下主接地极距离井下中央变电所很近，故除检漏继电器的辅助接地极外，一般不再另设局部接地极。如图 4-10 所示，为井下中央变电所设备布置的一般形式示意图。

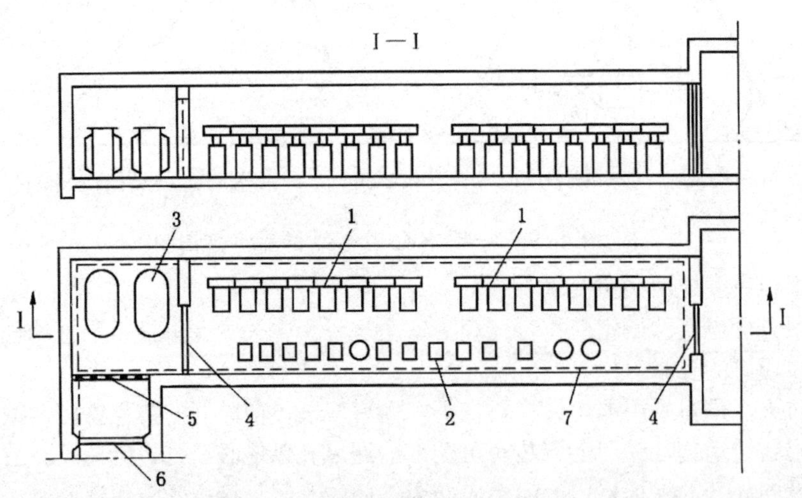

1—高压配电装置；2—低压隔爆开关；3—矿用变压器；4—防火门；5—栅栏门；6—密闭门；7—地线

图 4-10　井下中央变电所设备布置示意图

3. 采区变电所

（1）概述

采区变电所是采区供电的中心，它担负着整个采区的受电、配电、变电任务。

采区供电是否安全、可靠，技术和经济是否合理，将直接关系到人身、矿井和设备的安全及采区生产的正常进行。由于煤矿井下工作环境恶劣，因此在供电上除采取可靠的防止人身触电危险的措施外，还必须正确地选择电气设备的类型及参数，并采用合理的供电、控制和保护系统，加强对电气设备的维护和检修，以确保电气设备的安全运行，防止瓦斯、煤尘爆炸。

（2）采区工作环境对供电系统和电气设备的特殊要求

采区容易发生冒顶和片帮事故，所以电气设备和电缆线路很容易受到这些外力碰砸、挤压，甚至运输设备材料时，出现跑车事故，使电气设备受到撞击，因此要求电气设备必须有非常坚固的外壳。

①采区的空气中含有瓦斯及煤尘，在其含量达到一定浓度时，如遇到电气设备或线路产生电弧、电火花和局部高温，就会燃烧或爆炸。因此，选用电气设备时，必须选用适合这种环境的防爆型电气设备，以避免上述事故的发生。

②井下空气比较潮湿，而且机电硐室和巷道经常有滴水及淋水，导致电气设备和电缆容易受潮，出现漏电现象。因此，电气设备的绝缘材料应具有良好的防潮性能。

③采区电气设备移动频繁，电缆在拆迁时，也易遭受弯曲、折损等机械伤害。生产中由于受自然条件变化影响。使用电气设备的负荷变化较大，再加上经常启动，设备容易出现过负荷，电缆受损易出现漏电和短路故障。

④井下硐室、巷道、采掘工作面的空间狭小，电气设备的体积应受到一定限制。由于人体接触电气设备的机会较多，加之井下湿度大，灰尘多，容易发生触电事故。

⑤采区有些机电硐室和巷道的温度较高，使电气设备的散热条件较差，因而需要保持设备的清洁和通风良好。掘进工作面的局部通风机若遇突然停电，造成无计划停风，易形成局部的瓦斯积聚，影响正常的掘进工作，给矿井造成重大安全隐患。

⑥采煤、掘进和开拓巷道都需要使用电雷管，而电气设备对地的泄漏电流，包括直流电机车轨道回流时产生的杂散电流，有可能将电雷管先期引爆，这就需要减小泄漏电流。

（3）采区变电所的位置确定

采区变电所的位置决定于低压供电电压、供电距离、采煤方法、采区巷道布置方式、煤岩地质条件和机械化程度等因素。因此，一般情况下采区变电所设在采区用电负荷的中心，以保证采区所有用电设备（特别是大容量设备如大功率采煤机等）的端电压不低于设备额定电压的95%。对于较大的采区，考虑到供电电缆上的电压损失不能超过允许值，影响供电质量，可在该采区设置2个以上的变电所。

采区变电所的位置确定应遵循4项原则，一是通风良好，进出线及设备运输方便；二是变电所尽量接近负荷中心，保证与距离最远、容量最大的用电设备之间的电压损失在允许范围之内；三是应尽量少设变电所，并减少变电所的迁移次数，在保证电压损失不超出允许范围条件下，一个采区最好只设一个采区变电所对全采区供电；四是尽量设在顶、底板稳定，无淋水的地点。

（4）采区变电所硐室及设备布置

①采区变电所的硐室要求

根据《煤矿安全规程》规定，采区变电所硐室的结构及设备布置应满足下列要求。

第一，硐室围岩坚固、无淋水，便于维修。

第二，采区变电所应用不燃性材料支护。从硐室出口防火铁门起 5m 内的巷道，应砌碹或用其他不燃性材料支护。

第三，硐室必须装设向外开的防火铁门。铁门全部敞开时，不得妨碍运输。铁门上应装设便于关严的通风孔。装有铁门时，门内可加设向外开的铁栅栏门，但不得妨碍铁门的开闭。

第四，变电硐室长度超过 6m 时，必须在硐室的两端各设 1 个出口。硐室内必须设置足够数量的扑灭电气火灾的灭火器材。

第五，硐室内所有电气设备的外壳都必须接地，接地干线沿碹帮敷设，接地极埋入水沟中或潮湿的地方。

②采区变电所的设备布置

采区变电所内的主要电气设备有矿用动力变压器、矿用高压隔爆配电箱、各种低压隔爆馈电开关、照明综合保护装置及检漏继电器等。

电气设备在变电所硐室内的布置通常是高压设备集中布置在一侧，低压设备布置在另一侧，根据具体情况，也可将高、低压设备布置在同侧，各电气设备之间及设备与墙壁之间的维护通道不得小于 700mm。若不需要从两侧或后面进行维护、检查时，也可以不留通道。高压隔爆开关正面操作通道的宽度，在单排布置时，不小于 1400mm；双排布置时，不小于 1800mm。

变电所内需要设置的变压器台数，根据采区的布置、采煤方式、机械化程度、负荷大小和分布等不同情况而定，采区变电所可设一台和多台变压器。采区变电所内低压分路馈电开关的设置数量，则根据采区的分布、采区电气设备的容量、采区电气设备所设位置及设备间的相互关系来确定的。如图 4-11 所示是一种采区变电所设备布置示意图。

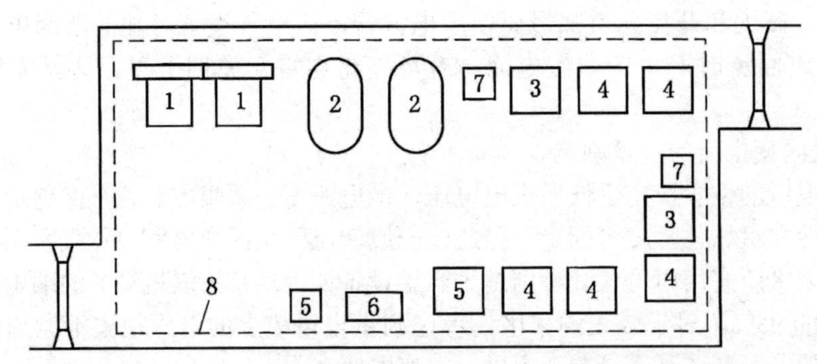

1—高压隔爆开关；2—矿用变压器；3、4—低压隔爆开关；5—照明综保；6—监控装置；7—检漏继电器；8—变电所接地装置

图 4-11 采区变电所设备布置示意图

（5）采区变电所接线

采区变电所一般属于二类负荷，其供电电源可采用单回路专用电缆供电。随着煤矿采

掘机械化程度的提高，综采和综掘设备在煤矿生产中已得到广泛应用，并且其产量和进尺对整个矿井生产具有很大的影响。因此，对综合机械化采煤和掘进工作面常要求两回路电源供电，以保证矿井的原煤产量和掘进进尺不受到大的影响。

采区变电所接线方式种类较多，下面介绍几种常用的典型接线。

①采区变电所的高压接线

第一，单电源进线，分为两种接线方式。采区变电所没有高压出线且变压器不超过两台时，可以不设电源进线开关，如图 4-12 所示。采区变电所有高压出线时，为了便于操作，一般设进出线开关，如图 4-13 所示。

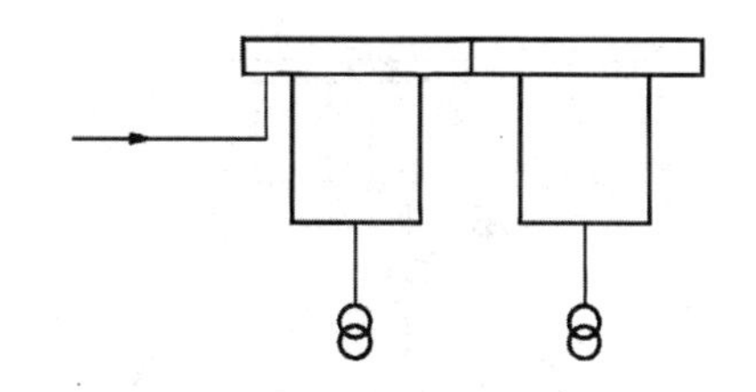

图 4-12　单电源进线接线方式（一）

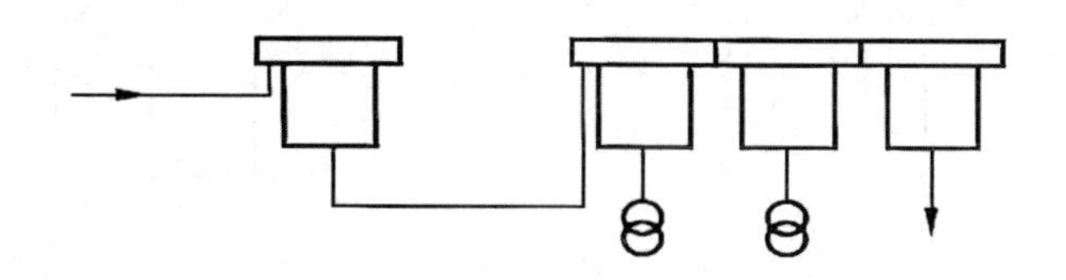

图 4-13　单电源进线接线方式（二）

第二，双电源进线，这种接线一般用于综采工作面或接有下山排水设备的采区变电所，包括两种接线方式。

其一，一回路供电，一回路备用，如图 4-14 所示。

其二，两回路同时供电，两回路均设进线开关，且母线分段，设分段开关，正常情况下分段开关断开，保持电源的分列运行状态，如图 4-15 所示。

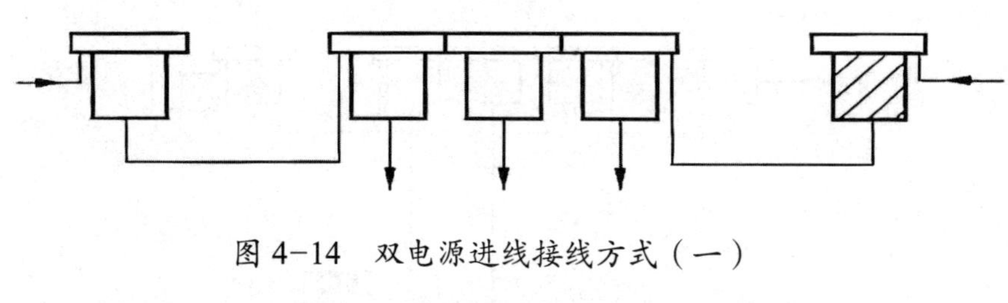

图 4-14　双电源进线接线方式（一）

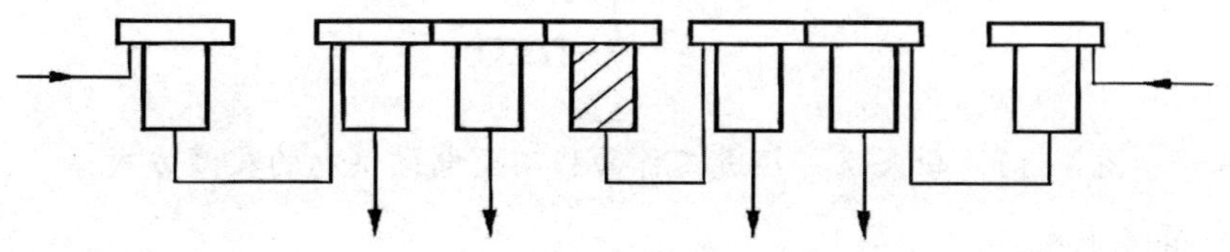

图 4-15　双电源进线接线方式（二）

②采区变电所低压接线方式

采区变电所有多种低压接线方式可供选择，选取时应结合实际情况，从供用电的安全、可靠、合理出发。如图 4-16 所示是一种典型低压供电系统。

③采掘工作面供电

向采煤、掘进工作面供电时，往往采用移动变电站的供电方式，其接线方式如图 4-17 所示。

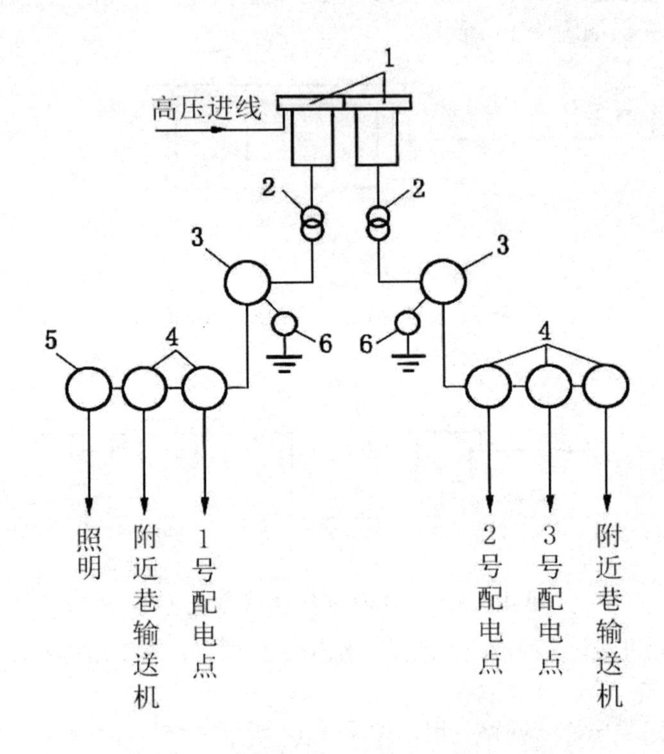

图 4-16　典型采区变电所低压供电系统

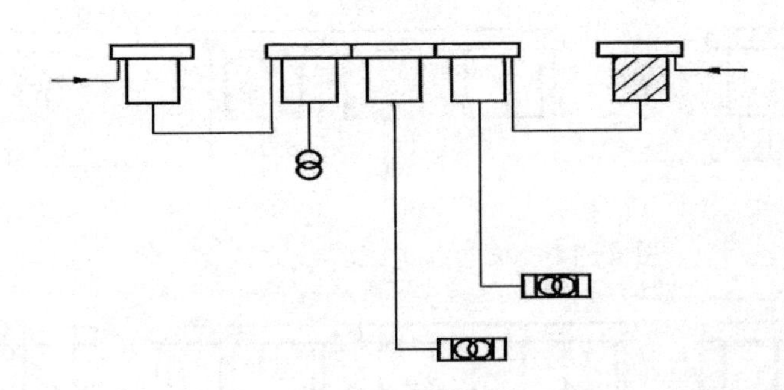

图 4-17　向采煤、掘进工作面移动变电站供电的接线方式

4. 工作面配电点

工作面配电点是由采区变电所或移动变电站供电，并通过控制开关及启动器将电能送

至工作面的用电设备，主要起配电作用。

工作面配电点设在低压开关设备集中的地方，其特点是需要经常随工作面移动，所以一般不需要开设专门的硐室，大都直接设在工作面附近的运输平巷或回风巷的一侧，其位置一般距工作面 70 ～ 100m 处。对于掘进工作面的配电点，大都设在掘进巷的一侧或掘进巷道的贯通巷内，一般距工作面 80 ～ 100m 处。

对于使用采煤机的工作面，向它们供电的配电点大都设在回风巷。这是因为当采煤机割完煤后，停放在回风巷附近，工作面内无电缆；同时当采煤机出现故障时，可利用回风巷的回柱绞车较方便地将采煤机运出工作面。若将采煤机及其供电点设于运输巷道，在运输巷道一端需开设较大的切口，不利于采煤安全。

第二节　井下供电安全

安全用电是保证矿井安全生产的关键之一，井下供电安全主要是指供电应保证人身、矿井和设备的安全。由于井下作业环境恶劣，很容易发生电气设备及电缆相间短路、漏电，以及由其引起的电火灾、瓦斯和煤尘爆炸、触电等事故，影响生产，危及生命安全。因此，需要采取必要的安全措施，设置可靠的保护装置，如此方能提高矿井生产的安全水平。

三大保护是煤矿井下安全供电的主要技术措施，对确保矿井安全生产起着十分重要的作用。

一、对矿井安全供电的要求

（一）《煤矿安全规程》对井下供用电的要求

（1）经由地面架空线路引入井下的供电线路和电机车架线，必须在入井处装设防雷装置。由地面直接入井的轨道及露天架空引入（出）的管路，必须在井口附近将金属体进行不少于 2 处的良好的集中接地。通信线路必须在入井处装设熔断器和防雷电装置。

（2）井下低压配电系统同时存在 2 种或 2 种以上电压时，低压电气设备上应明显地标出其电压额定值。

（3）矿井必须备有井上、下配电系统图，备有井下电气设备布置示意图和电力、电话、信号、电机车等线路平面敷设示意图，并随着情况变化定期填绘，图中应注明如下内容。

①电动机、变压器、配电设备、信号装置、通信装置等装设地点。

②每一设备的型号、容量、电压、电流种类及其他技术性能。

③馈出线的短路、过负荷保护的整定值、熔断器熔体的额定电流值，以及被保护干线和支线最远点两相短路电流值。

④线路电缆的用途、型号、电压、截面和长度。

⑤保护接地装置的安设地点。

（4）电气设备不应超过额定值运行。井下防爆电气设备变更额定值使用和进行技术改造时，必须经国家授权的矿用产品质量监督检验部门检验合格后，方可投入运行。

（5）防爆电气设备入井前，应检查其“产品合格证”“煤矿矿用产品安全标志”及安全性能；检查合格并签发合格证后，方准入井。

（6）井下不得带电检修或搬迁电气设备、电缆、电线。检修或搬迁前，必须切断电源，检查瓦斯，在其巷道风流中瓦斯浓度低于1.0%时，再用与电源电压相适应的验电笔检验；检验无电后，方可进行导体对地放电。控制设备内部安有放电装置的，不受此限。所有开关的闭锁装置必须能可靠地防止擅自送电，防止擅自开盖操作，开关把手在切断电源时必须闭锁，并悬挂“有人工作，不准送电”字样的警示牌，只有执行这项工作的人员才有权取下此牌送电。

（7）操作井下电气设备应遵守相关规定，一是非专职人员或非值班电气人员不得擅自操作电气设备；二是操作高压电气设备主回路时，操作人员必须戴绝缘手套，并穿电工绝缘靴或站在绝缘台上；三是手持式电气设备的操作手柄和工作中必须接触的部分必须有良好的绝缘。

（8）容易碰到的、裸露的带电体及机械外露的转动、传动部分必须加装护罩或遮栏等防护设施。

（9）电气设备的检查、维护和调整，必须由电气维修工进行。高压电气设备的修理和调整工作，应有工作票和施工措施。高压停、送电的操作，可根据书面申请或其他可靠的联系方式，得到批准后，由专责电工执行。采区电工在特殊情况下，可对采区变电所内高压电气设备进行停、送电的操作，但不得擅自打开电气设备进行修理。

（10）井下防爆电气设备的运行、维护和修理，必须符合防爆性能的各项技术要求。防爆性能遭受破坏的电气设备，必须立即处理或更换，严禁继续使用。

（二）对井下电气设备保护装置的要求

高、低压电气设备的短路、漏电、接地等保护装置，必须符合《煤矿安全规程》《煤矿井下保护接地装置的安装、检查、测定工作细则》《煤矿井下低压检漏保护装置的安装、运行、维护与检修细则》和《煤矿井下低压电网短路保护装置的整定细则》的规定。

（三）井下供电制度

井下供电要执行“三无、四有、两齐、三全、三坚持”制度。

（1）三无，即无“鸡爪子”、无“羊尾巴”、无明接头。

（2）四有，即有过流和漏电保护装置，有螺钉和弹簧垫，有密封圈和挡板，有接地装置。

（3）两齐，即电缆悬挂整齐，设备硐室清洁整齐。

（4）三全，即防护装置全，绝缘用具全，图纸资料全。

（5）三坚持，即坚持使用检漏继电器，坚持使用煤电钻、照明和信号综合保护装置，坚持使用风电和瓦斯电闭锁。

（四）井下安全用电制度

井下安全用电应执行“十不准”制度。

（1）不准带电检修、搬迁电气设备、电线、电缆。

（2）不准甩掉无压释放器、过电流保护装置。

（3）不准甩掉漏电继电器、煤电钻综合保护装置和局部通风机风电、瓦斯电闭锁装置。

（4）不准明火操作、明火打点、明火爆破。

（5）不准用铜、铝、铁等代替保险丝。

（6）停风、停电的采掘工作面，未经检查瓦斯，不准送电。

（7）有故障的线路不准强行送电。

（8）电气设备的保护装置失灵后，不准送电。
（9）失爆设备、失爆电器，不准使用。
（10）不准在井下拆卸和敲打矿灯。

二、触电的危险及其预防方法

（一）触电及其分类

1. 触电的概念

人触及带电导体或触及因绝缘损坏而带电的电气设备金属外壳，或接近高压带电体而成为电流通路的现象称为触电。

2. 触电的方式

矿井供电系统中发生的触电事故包括接触触电和非接触触电两种方式。

（1）非接触触电

当人体与高压带电体的距离小于或等于放电距离时，会产生放电现象。虽然通过人体的电流很大，但人会被迅速击倒而脱离电源，有时不会导致死亡，但会造成严重烧伤。

（2）接触触电

接触触电是指人体直接与带电体接触，按照人体触及带电体的方式和电流通过人体的途径，触电的方式可分为单相触电、两相触电和跨步电压触电。

①单相触电是指当人体直接接触带电设备的一相时，电流通过人体流入大地，这种触电现象称为单相触电。

②两相触电是指人体同时接触带电设备或线路中的两相导体，或在高压系统中，人体同时接近不同相的两相带电导体，发生电弧放电，电流从一相导体通过人体流入另一相导体，构成一个闭合回路，这种触电的方式称为两相触电。

③跨步电压触电是指当电气设备发生接地故障，接地电流通过接地体向大地流散，在地面上形成电位分布时，若人在接地点周围行走，其两脚之间的电位差，就是跨步电压，由跨步电压引起的触电方式。

3. 触电的分类

触电对人体组织的破坏过程是很复杂的，按照触电时人体的伤害程度分类，触电可分为电击和电伤。

（1）电击

电击是触电电流对人体内部组织的损伤，即电流通过人体内部，影响呼吸、心脏和神经系统，造成人体内部组织的损伤和破坏。多数情况下电击可以使人致死，所以电击是最危险的。

（2）电伤

电伤是电流的热效应、化学效应和机械效应对人造成的伤害。电烧伤包括电流灼伤和电弧烧伤、皮肤金属化、电烙印、机械性损伤等，一般容易治愈，严重时可能使人致残，但不会有生命危险。

（二）触电的危害

发生人体触电时流过人体的电流称为触电电流，触电对人体的危害程度是由多种因素来决定的，如电流的强度、电流的类型及频率、电流通过人体的路径、触电持续的时间、电压的高低、人体体质状态等，但决定因素是通过人体的电流大小和触电时间的长短。

1. 触电电流的影响

触电电流越大，对人体组织的破坏作用就越大，因而也就越危险。根据人体对电流的感受程度，将触电电流分为感知电流、反应电流、摆脱电流和极限电流（又称心室纤颤电流）。

（1）感知电流

能引起人的感觉的最小电流称为感知电流。不同性别、不同的人感知电流是不同的。成年男性的平均感知电流为 1.1mA，成年女性平均感知电流为 0.7mA，可见女性对电流的反应灵敏度比男性要高得多。

（2）反应电流

引起意外的不自主反应的最小电流称为反应电流。反应电流的范围为 1.5 ～ 5mA。在这一数量级电流的突然作用下，可使一位工人从梯子上摔落。

（3）摆脱电流

人触电后。在不需要任何外来帮助的情况下自主摆脱触电的最小电流称为摆脱电流。目前，国际上将摆脱电流的极限值，在男性定为 9mA，在女性定为 6mA。

（4）极限电流（又称心室纤颤电流）

极限电流是指可能使人致死的最小触电电流。大量实验表明，当触电电流大于 30mA 时才有发生心室纤颤的危险。

人体触电电流在交流 35 ～ 50mA、直流 50mA 以上就有生命危险，我国规定触电的安全极限交流电流值为 30mA。

2. 触电电流持续时间的影响

触电持续时间是指从触电瞬间开始到人体脱离电源或电源被切断的时间。触电时间越长，电流对人体引起的热伤害、化学伤害及生理伤害就越严重，危险性就越大。随着电流在人体内持续时间的增加。人体发热出汗，人体电阻会逐渐减小，因而触电电流会增大。所以即使是比较小的电流，若流过人体的时间过长，也会造成伤亡事故；反之，即使触电电流较大，但能在极短的时间内脱离电源。也可以使危险减轻。因此，我国规定人体触电电流与触电时间乘积不得超过 3mA・s。

3. 人体电阻的影响

流经人体电流的大小与人体电阻有着密切的关系。一般讲，当电压一定时，人体电阻越大，通过人体电流越小，反之亦然。

人体电阻主要指体内电阻和皮肤电阻。体内电阻较小，且不受外界影响。皮肤电阻是皮肤表面角质层的电阻，它的数值变化较大，它随人的皮肤状况（有无损伤、潮湿程度等）、触电时间长短、触电电压高低等因素而变动。人体电阻越大，通过人体电流就越小；人体电阻越小，则通过人体的电流越大，也就越危险。由于煤矿井下潮湿多尘，环境条件差，工人的劳动强度较大。所以，在研究触电对人体的危害时，通常取人体电阻为 1000Ω 作为计算的理论值。

4. 接触电压的影响

接触电压是指人站在地上，身体某一部分碰到带电体或带电的金属外壳时，人体接触部分与站立点的电位差。接触电压的最大值可达电气设备的相电压。触电的危险程度主要决定于直接加在人体上的电压，即接触电压的大小，电压越高，电流越大，但不是线性关系。这是因为人体电阻不是固定不变的，特别在较高的电压下，皮肤的角质层被完全击穿，皮肤失去保护作用，流过人体的电流会迅速增大，也就越危险。

5. 电流频率的影响

电流频率对触电的伤害程度产生直接的影响。研究表明，50Hz 的工频电流对人体的伤害是最危险的。25 ～ 300Hz 的交流电对人体的伤害远大于直流电。低于 25Hz 和高于 300Hz 时，伤害程度会显著减轻。当频率高于 1000Hz 时，其伤害程度比工频时有明显减轻。

6. 触电电流流经途径的影响

电流流经人体的途径，对于触电的伤害程度影响很大。电流通过心脏、脊椎和中枢神经等要害部位时，触电的伤害最为严重。电流从左手到胸部，以及从左手到右脚是最危险的电流途径；从右手到胸部或从右手到脚、从手到手都是很危险的电流途径。

7. 人的精神和健康状态

当人的身体疲劳、注意力不集中或酗酒以后，往往感觉迟钝，不能自主及时脱开带电体。心脏病、神经系统患病或患有结核病的人，在触电后所受到的伤害，总比一般健康人要严重些。

8. 安全电流和安全电压

（1）安全电流

影响触电程度最主要的因素是触电电流的大小和触电时间的长短，相应的接触电压可由触电电流与人体电阻的乘积算出。为了确保人身安全和正确设计触电保护装置，要确定相应的安全参数。

安全电流是指发生触电时不会使人致死、致伤的通过人体的最大触电电流。如前所述，我国规定安全电流为 30mA。其含义是，对于任何供电系统，必须保证当发生人员触电时，触电电流不得大于 30mA，否则必须设置触电保护装置。

（2）允许安秒值

人体触电危险的影响因素中不仅有电流而且还有时间。德国学者柯宾根据实验得出人体的允许安全值公式。

$$I=\frac{50}{t} \tag{4-1}$$

式中，I 为发生心室纤颤的界限电流，mA；t 为触电电流持续时间，s。

对式（4-1）取安全系数 1. 67，得到现在国际上广泛采用的公式。

$$I=\frac{30}{t} \tag{4-2}$$

即允许安秒值为 30mA • s。

式（4-2）的含义为，30mA 的电流作用于人体 1s 及以内，对人体无伤害（致残或致死）作用；假如电流超过 30mA，则时间就应小于 1s，触电电流和触电时间的乘积不允许超过 30mA • s。

（3）安全电压

安全电流和人体电阻的乘积，称为安全接触电压，它与工作环境有关，安全电压的规定对现场实际有特别的意义。在工程实际中，最容易测量和观察的电气参数就是电压，因此针对不同的使用场所规定相应的允许使用的电压有很大的现实意义。安全电流和允许安秒值的规定则多用于触电理论的研究和触电保护系统的设计中。

我国规定，在没有高度危险的工作环境下，安全电压采用65V（如干燥洁净的场所）；在有高度危险的环境下（如潮湿的场所），安全电压采用36V；在特别危险的环境下（如潮湿酸性场所等），安全电压采用12V。

（三）触电的预防措施

由于矿井的特殊情况，发生人体触电的概率远比地面高，因此必须采取有效措施预防触电事故的发生。预防触电的方法很多，除应认真贯彻、执行《煤矿安全规程》的有关规定外，还应结合生产的特点，采取以下安全措施。

（1）加强电气作业的安全培训，强化安全意识，提高安全作业水平。

（2）严格遵守有关电气作业安全的规章、制度，落实相应的安全措施。

（3）加强对矿井供电系统保护设施的管理，特别是漏电保护和保护接地设施，应严格执行《煤矿井下保护接地装置的安装、检查、测定工作细则》《煤矿井下低压检漏保护装置的安装、运行、维护与检修细则》。

（4）使人体不接触和接近带电体。对于必须裸露的导体要求安装在人体不能触及的高度以上，以防止人手直接触及。如井下大巷中的电机车架线的安装高度不小于2m，而在井底车场处则不小于2.2m。在电气设备的外壳与盖子间设置可靠的机械闭锁装置，以保证未合上外盖前不能接通电源，或者在接通电源后不能打开外盖。这一措施有效地防止了因带电检修而造成的触电事故。操作高压回路，必须戴绝缘手套、穿绝缘靴，以防触电。

加强电动工具把手的绝缘。手持式电钻等电动工具的把手在正常时是不带电的。但当带电部分的绝缘损坏时，把手便可能带电而引起触电事故。所以必须在把手上再加上一层绝缘套，以防触电。

（5）人体接触较多的电气设备采用低电压。对于人体接触机会较多的电气设备，都采用较低的工作电压，提供可靠、灵敏的保护，以减少触电的危险性。如手持煤电钻、照明设备等工作电压不得超过127V，井下控制回路的电压不得超过36V。

（6）装设保护接地装置。当电气设备的绝缘损坏时，可能使正常不带电的金属外壳或支架带电，如果人体触及这些带电的金属外壳或支架，便会发生触电事故。为了防止这种触电事故，应采取有效的保护接地措施，即将正常时不带电的金属外壳和支架可靠接地，确保人体安全。

（7）装设漏电保护装置。《煤矿安全规程》规定，矿井高压和低压电网必须装设漏电保护装置。一旦发生人体触电事故，应立即切断电源，确保安全。

（8）井下及向井下供电的变压器中性点禁止直接接地，以减小漏电或触电电流。应定期监测井下电网对地的绝缘水平，确保中性点不接地电网的安全优势，避免因相间或相对地漏电所产生的触电事故。

（9）加强井下电气设备的管理和维护，定期对电气设备进行检查和试验，性能指标达不到要求的，应立即更换。绝不允许设备在低于规定的技术指标下或“带病”的情况下运行，以杜绝因设备的损坏造成电气事故，导致触电情况发生。

（10）加强对设备的绝缘情况的保护和监视，防止固体绝缘性能下降或受到损坏而引起的触电事故。对各种裸露的电气接头，必须封闭在专用的具有隔爆外壳的接线盒内，以便对其实施保护和防止人员触及。

（11）携带较长的金属工具、金属管材在架空线下行走时，严禁扛在肩上。

（12）乘坐平巷人车或专列人车上车、下车时，必须切断该区段架空线电源，严禁带电扒车。

（13）上、下山行走，不能手扶电缆，防止电缆漏电后触电。

（14）不准自行停电、送电。严禁在电气设备与电缆上躺、坐，以防触电。

三、电气火灾及其预防

（一）电气火灾产生的原因

电火灾是指由于电气的原因引起的火灾，在煤矿井下，电火花、电弧及高温的导电部分往往会引起可燃物质（煤、支架、电缆、变压器油等）燃烧，造成电气火灾。井下引起电气火灾有以下 5 个方面原因。

（1）电网过流。过流时电气设备的温度很高，特别是短路时电弧温度更高，从而点燃绝缘材料、瓦斯或煤尘。

（2）电网漏电点产生电火花，引燃瓦斯和煤尘。

（3）导线、元器件接触不良，接触电阻过高，当较大的负荷电流通过时，产生高温引起火灾。

（4）井下照明灯罩上覆盖的煤尘使灯具散热不良，温度升高，导致煤尘燃烧而形成火灾。

（5）架线电机车电弧引燃木支护棚等。

（二）电气火灾的预防措施

电气火灾不仅给国家财产造成重大损失，影响正常生产，而且燃烧时会产生一氧化碳、二氧化碳等有害气体，危及井下工作人员。因此，对电气火灾要积极预防，避免电网过流，及时处理电网漏电、接触不良和散热不良等问题。预防电气火灾应采取以下 9 种措施。

（1）按照允许温升的条件来正确选择、使用和安装电气设备及电缆。要根据开关出口处的最大短路电流校验开关断流容量，校验高低压开关设备及电缆的动、热稳定性。

（2）对输电线路和用电设备必须装设过流保护，并按《煤矿井下低压电网短路保护装置的整定细则》进行整定和灵敏度校验。若开关因短路跳闸，不查明原因不允许反复强行送电。

（3）为防止已着火的电缆脱离电源或火源后继续燃烧，必须采用合格的矿用阻燃橡套电缆。

（4）为防止散热不良，电缆不准盘圈、成堆或压埋送电，电缆悬挂必须符合《煤矿安全规程》要求。

（5）为防止接触不良，必须加强高、低压电缆接线盒，尤其是铝芯电缆接线盒中接头的检查。铝芯接头处极易氧化，产生较大接触电阻，电流通过时使接头过热以致烧毁绝缘，甚至引起芯线相间短路，造成接线盒“放炮”、熔化起火。另外，接线盒处不得有可燃物。

（6）变压器检修时要防止因掉入异物造成高压短路，要防止变压器绝缘油失效，使变压器温升过高造成套管炸裂，绝缘油喷出着火。

（7）井下照明必须有保护罩或使用日光灯，应经常清理灯罩的灰尘。井下不准用灯泡取暖，照明灯应悬挂，不准将照明灯放置在易燃物上。

（8）为防止架线电机车运行时产生电弧引燃木棚，应严格按规定架设架空线；架线电机车行驶的巷道，必须是锚喷、砌碹或混凝土棚支护。

(9)检查变配电硐室是否备有足够的消防灭火器材,机电硐室不得用可燃性材料支护,并应有防火门。

（三）井下电气火灾的扑灭

电气设备着火以后往往都带电，因此不能用普通的泡沫灭火器或用水来灭火，因为它们都是导体，在灭火时电流会经过它们并通过人体入地。这样不仅造成人体触电事故，而且也使电气设备进一步受到破坏。电火灾的基本扑灭方法如下，首先将着火的电气设备或电缆的电源切断，再用沙子或干粉灭火器灭火。必要时，在确知已经断开电源后，方可用普通的灭火方法扑灭火灾。

四、电火花引起瓦斯、煤尘爆炸的条件及其预防

（一）瓦斯爆炸的条件

瓦斯是煤炭开采过程中从煤层、岩石中涌出来的一种气体。它包括甲烷、乙烷、一氧化碳、二氧化碳和二氧化硫等气体，但主要是甲烷（CH_4），又称沼气。瓦斯是一种无色、无臭、无味、无毒的可燃性气体，比空气轻，当其含量达到一定值时，遇到火源就会燃烧或发生爆炸。

研究表明，瓦斯的燃烧与爆炸，实质上是瓦斯与空气中的氧进行氧化而形成的快速放热反应。瓦斯、煤尘爆炸时会产生巨大的冲击力，它不仅使设备损坏、人员伤亡，甚至还会造成整个矿井报废。

瓦斯的引爆，从接触火源到发生化学反应引起爆炸需要经过一定的时间，该时间称为引爆延迟时间。延迟时间随点燃温度的升高而缩短，随瓦斯浓度的降低而增大，一般在零点几秒至几秒的范围内。

点燃温度与延迟时间对矿用电气设备的设计制造有重大意义。点燃温度可用来确定电气设备及导电体的最高允许温度；利用延迟时间可以进行超前切断保护，在可能引起瓦斯爆炸之前切断点火源，从而防止了爆炸事故的发生。

一定的瓦斯浓度、高温火源和充足的氧气，统称瓦斯爆炸的三要素。矿井瓦斯爆炸并不是在任何情况下都会发生，它必须同时具备上述 3 个条件。

1. 瓦斯浓度

一般情况下瓦斯浓度按体积百分比计算。

在正常温度和压力下，当瓦斯浓度小于 5% 时，遇到火源能够燃烧，并呈蓝色火焰，但不爆炸；当瓦斯浓度在 5% ～ 16% 时，遇到火源会发生爆炸，电火花最容易引爆的瓦斯浓度是 8. 5%，其中瓦斯浓度在 9. 5% 左右时爆炸最强烈；当瓦斯浓度大于 16% 时，在瓦斯混合体和新鲜空气接触面上发生燃烧而不爆炸。

瓦斯和空气混合后，能够发生爆炸的浓度范围称为瓦斯爆炸的界限。

引起瓦斯爆炸的最高浓度为 16%，称为瓦斯爆炸的上限；最低爆炸浓度为 5%，称为瓦斯爆炸下限。

瓦斯爆炸的界限受到一些因素影响时会发生变化，当混入可燃气体和煤尘后，会使瓦

斯爆炸界限扩大，增加爆炸的危险性；瓦斯和空气混合气体的初始温度越高，气体压力越大，瓦斯爆炸界限随之扩大；而混合惰性气体时会缩小瓦斯爆炸界限，降低瓦斯爆炸的危险性。

2. 高温火源

瓦斯只有在一定温度以上才能爆炸。能够引起瓦斯爆炸的最低温度称引火温度，此温度为 650 ～ 750℃。如明火、灼热导体、电火花等均为高温火源。

3. 空气中氧气的浓度

氧气的浓度降低，瓦斯爆炸界限随之缩小；当氧气浓度低于 12% 时，瓦斯失去爆炸性。

（二）煤尘爆炸的条件

井下煤尘也是伴随着开采作业而产生的，它同样具有爆炸性。当煤尘的粒度在 1μm 至 1mm 范围内，挥发分指数（即煤尘中所含挥发物的相对比例）超过 10%，其在空气中的悬浮含量达到 30 ～ 2000g/m³ 时，便具有爆炸性。煤尘的引爆温度为 700 ～ 800℃，其爆炸后生成大量的一氧化碳，比瓦斯爆炸具有更大的危害性。爆炸最猛烈的煤尘含量是 112g/m³。

当瓦斯中含有煤尘时，会使爆炸浓度的下限降低。如表 4-2 所示，其列出了当瓦斯和煤尘同时存在时，由于相互影响，使二者的爆炸浓度下限降低的情况。可见，当矿井空气中同时存在瓦斯和煤尘时，危险程度将显著增加。

表 4-2　瓦斯、煤尘同时存在时爆炸浓度下限

瓦斯浓度下降 /%	0.5	1.4	2.5	3.5	4.5
煤尘浓度下限 /（g·m⁻³）	34.5	26.4	15.5	6.1	0.4

（三）防止瓦斯、煤尘爆炸措施

（1）经常检测瓦斯浓度，加强通风，将瓦斯和煤尘的含量严格控制在非爆炸的范围内。使总回风巷或一翼回风巷中的瓦斯浓度低于 0. 75%，当采区回风道、采掘工作面回风道风流中瓦斯浓度超过 1% 时，就必须停止工作，撤出人员，进行处理。对于煤尘，可用洒水或撒岩粉的方法迫使它降落，减少悬浮的煤尘，将煤尘在空气中的含量降低到 20g/m³ 以下。

（2）矿井中能够引起瓦斯、煤尘爆炸的火源很多，其中电火花、电气设备中的电弧及过度发热的导体是主要的引火源，因而应对电气设备采取措施，控制井下各种可能引爆的热源、火源和电源，使之不能外露或低于引爆温度。

（3）煤矿井下采区及工作面的电气设备，必须严格按照《煤矿安全规程》规定，选用隔爆型或本质安全型电气设备及检测仪表。

（4）完善井下供电系统的保护装置，当供电系统或设备发生可能引爆瓦斯、煤尘的故障时，及时地切断电源。

（5）建立和健全各种有效的安全制度和操作制度，保证井下供电系统与设备的正常运行。

（6）在井下（瓦斯易积聚地点）检修、维护电气设备的人员工作时，应注意所处地点的风速情况，发现异味、憋气等情况时，应立即使用便携式瓦斯检测仪测量局部瓦斯情况，只有在瓦斯浓度不超过 0. 5% 时，才能进行停电作业。

（7）井下电气设备采用隔爆外壳，就是将电气元器件装在不传爆的外壳之中，使爆炸只发生在内部。这种隔爆外壳多用于井下高低压开关设备、电动机等。

（8）增安，即对一些电气设备采取防护措施，制订特殊要求，以防止电火花、电弧和过热现象的发生，如提高绝缘强度、规定最小电气间隙、限制表面温升及装设不会产生过热或火花的导线接头等。这种措施适用于电动机、变压器、照明灯等。

（9）本质安全电路。本质安全电路外露的火花能量不足以点燃瓦斯和煤尘。由于这种电路的电压、电流等参数都很小，故只限于通信信号、测量仪表、自动控制系统等。

（10）超前切断电源。利用瓦斯、煤尘从接触火源到引起爆炸需要经过一定时间的延迟特性，使电气设备在正常和故障状态下产生的热源或电火花在尚未引爆瓦斯、煤尘之前切断电源。

五、矿用电气设备的使用范围

从煤矿安全的角度出发，不同类型的电气设备的使用场所，必须按《煤矿安全规程》中的有关规定执行。

矿用一般型电气设备是一种煤矿井下用的非防爆型电气设备，由于这种电气设备没有任何防爆措施，所以只能用在井下通风良好且没有瓦斯积聚和煤尘飞扬的地方，如低瓦斯矿井的井底车场、总进风巷道或主要进风巷道等处。隔爆型与矿用一般型电气设备相比较，增加了防爆性能，因而能在井下任何有瓦斯、煤尘爆炸危险的场所使用，但隔爆型电气设备造价昂贵，而且维护不便。

选用矿用电气设备，应该贯彻经济和维护简便的原则。矿用一般型、增安型电气设备与防爆型电气设备相比，具有造价低廉、维护方便的特点，所以在井下凡可以使用矿用一般型或增安型电气设备的场所尽量不使用防爆型设备，以便降低煤炭生产的成本，只有在非采用隔爆设备不可的场所才选用这种类型的电气设备。

对于控制、监测、通信等弱电系统的电气设备，应优先考虑采用本质安全型，因为这类设备在正常状态和故障状态下产生的电火花，都不足以点燃和引爆周围环境中的瓦斯、煤尘，所以不需要隔爆外壳。这类设备体积小，质量轻，便于携带，造价低廉，而且安全程度高。

第五章　采掘机械设备的电气控制

第一节　控制电器

用来实现电动机的启动、停止、反转和调速等控制过程的电器称为控制电器。矿山常用的控制电器有接触器、主令电器、继电器和控制器等。下面我们简要介绍有关控制电器。

一、接触器

接触器是一个由电磁铁带动的开关。在控制电路中，它起着接通或切断电动机主电路的作用。接触器有直流和交流两种，直流接触器一般做成单极的，交流接触器则一般做成三极的。

直流接触器的构造原理如图 5-1 所示。接触器在铁芯 1 上绕有线圈 2，当线圈通过电流时，衔铁 3 被吸引，主接点 4 闭合，接通主电路；同时辅助接点 6 断开，切断控制回路。当线圈断电时，电磁吸引力消失，衔铁在自重和反作用弹簧力的作用下，恢复原位，使主接点打开，辅助接点闭合。

主接点断开时，其固定接点与可动接点间将产生电弧。与主接点串联的消弧线圈 5 就是起熄弧作用的。当主接点间产生电弧时，线圈的磁场对电弧产生作用力 F（左手定则），使电弧向上移动，电弧被拉长，在熄弧罩中冷却而很快熄灭。

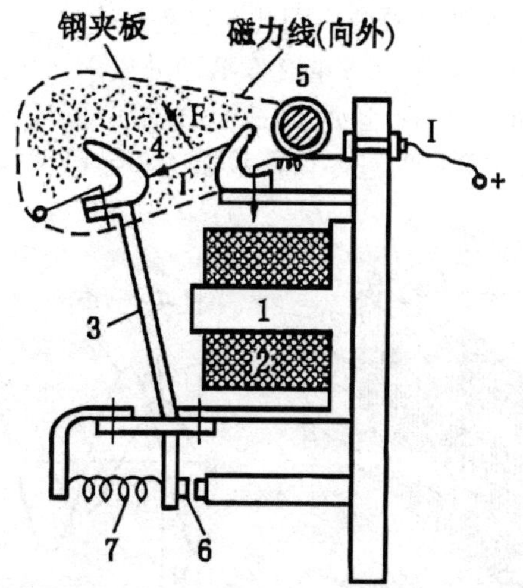

1—铁芯；2—线圈；3—衔铁；4—主接点；5—消弧线圈；6—辅助接点；7—弹簧

图 5-1　直流接触器的构造示意图

交流接触器的构造原理如图 5-2 所示。它的全部元件安装在绝缘板 1 上，电磁铁由线圈 6（KM）、铁芯 5 和衔铁 4 组成；主接点 KM_1、辅助接点 KM_2 和 KM_3 由电磁铁通过轴 8 来带动；L_1、L_2、L_3 为电源端子，U、V、W 为电动机接线端子。

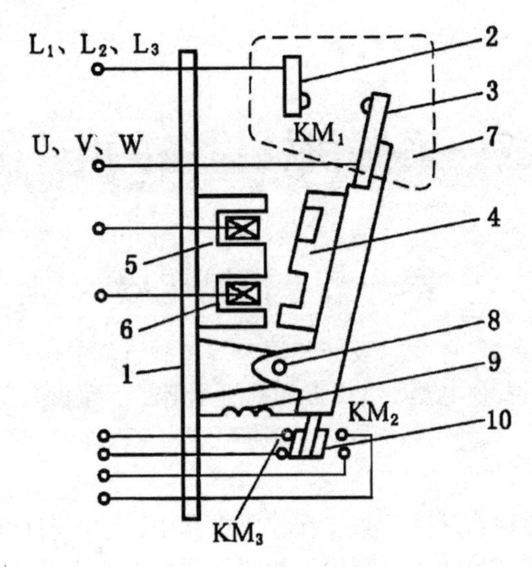

1—绝缘板；2、3—主接点；4—衔铁；5—铁芯；6—线圈；7—消弧罩；8—电磁铁通过轴；9—弹簧；10—辅助接点

图 5-2　交流接触器构造原理图

线圈 KM 通过电流后，铁芯 5 磁化，吸引衔铁 4，主接点 KM_1、辅助接点 KM_2 接通主电路与控制电路，电动机启动。线圈 KM 无电，则铁芯 5 失磁，衔铁 4 在自重或弹力的作用下恢复原位，KM_1、KM_2 均断开，电动机停转。

由于交流接触器线圈中通过的电流是交流，铁芯中产生的磁通是交变的，为减少交变磁通产生的磁滞和涡流损失，铁芯 5 和衔铁 4 都由硅钢片叠成。

在交流接触器中，交变磁通产生的吸引力在磁通（电流）为零时消失，衔铁要断开，磁通恢复，（电流过零后）吸力也恢复。因此在电流交变过程中，衔铁将出现振动和噪声。为了克服衔铁的振动和噪声，在铁芯 5 的 2/3 截面处嵌入一短路环，如图 5-3（a）所示。由于短路环的存在，使截面 A 的磁通 Φ_A 与截面 B 的磁通 Φ_B 出现相角差 θ，如图 5-3（b）所示。由图可知 Φ_A 与 Φ_B 不会同时过零值，故振动和噪声大为削弱。

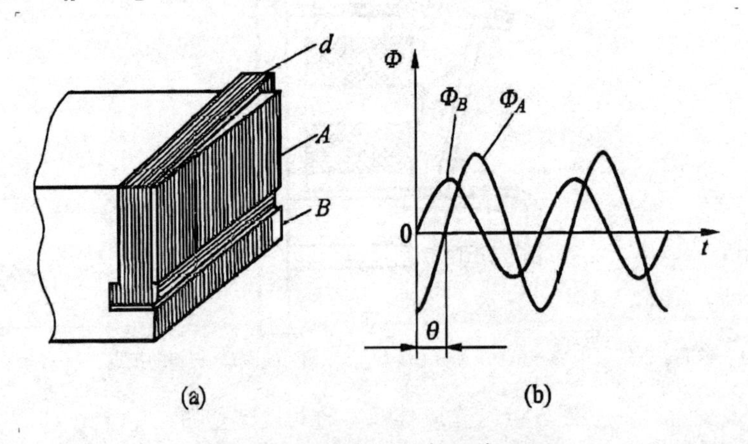

图 5-3　短路环及其工作原理

当主接点断开电路时，固定接点与可动接点间出现强电场，使其间的空气电离形成电弧，造成接点损坏。为延长接点使用寿命，应设法尽快熄灭电弧。图 5-2 中的消弧罩 7 就

是为加速熄灭电弧的，其内部结构如图 5-4 所示。在图 5-4 中，消弧罩 1 由耐火材料制成，马蹄形铁片 2、3 放置在消弧罩 1 中，且左右稍微错开。当接点 4 断开时，产生的电弧因电磁作用而拉向上方且越拉越长，导致它被铁片割成许多小段，使电弧所在空间的游离作用减弱，加上铁片的冷却作用，使电弧很快熄灭。

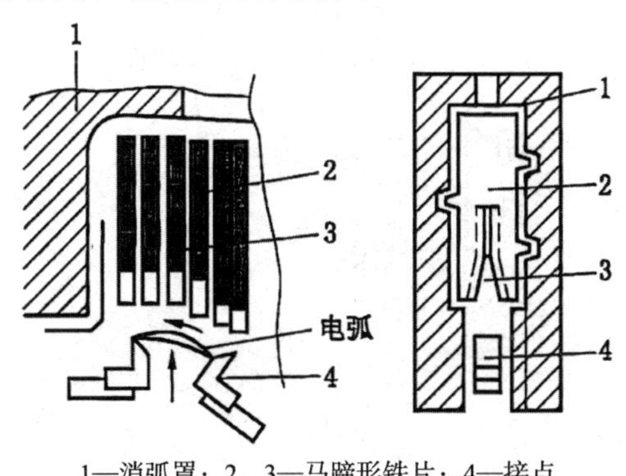

1—消弧罩；2、3—马蹄形铁片；4—接点

图 5-4 灭弧栅的结构图

二、继电器

继电器是一种灵敏的小型自动控制电器，它能反映某些机电参数的变化（如电流、电压、时间、压力等），并用其接点断开或接通电气回路，达到控制目的。

(一) 电磁式电流或电压继电器

电磁式电流或电压继电器由线圈、铁芯、衔铁、接点等组成。按线圈通过电流种类的不同可分交流和直流两种；按功用不同，最常用的为电流和电压两种。

电磁式继电器的构造原理如图 5-5 所示，其控制系统多用角移式，如图 5-5（a）所示。

如图 5-6 所示为 JK_2 型交流电磁式电流或电压继电器。线圈 3 通过的交流电流或电压达到继电器的动作值时，铁芯 1 产生的吸引力将衔铁 7 吸上，接点 4 与 6 闭合 6 与 5 断开；同时衔铁 7 通过杠杆 8 压缩弹簧 11。当线圈 2 内电流小于返回电流或电压时，衔铁在自重和弹簧 11 的作用下返回原位，接点 4 与 6 断开，6 与 5 闭合。继电器的返回电流（或电压）与动作电流（或电压）之比称为返回系数，调整弹簧 11 的弹力可调整继电器的返回系数。

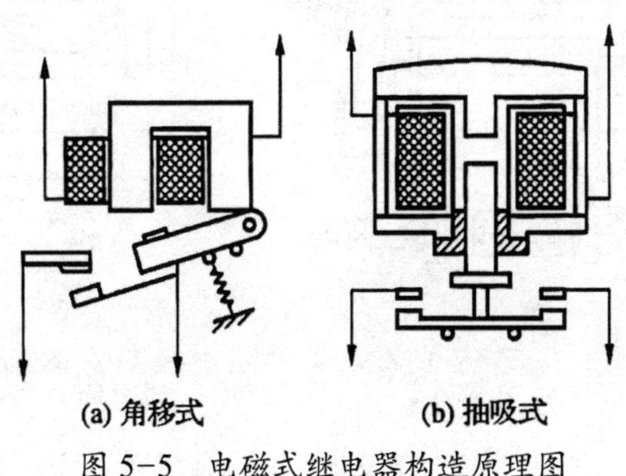

(a) 角移式　　(b) 抽吸式

图 5-5 电磁式继电器构造原理图

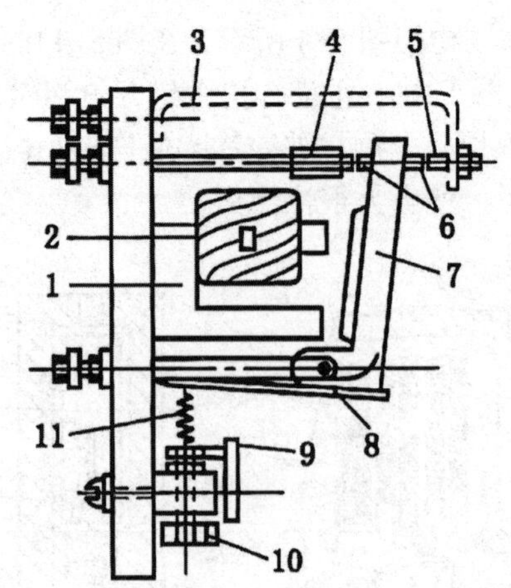

1—铁芯；2—吸引线圈；3—框架；4、5—固定接点；
6—可动接点；7—衔铁；8—衔铁杠杆；9—指示器；10—调整螺钉；11—弹簧

图 5-6　JK_2 型三相交流电流或电压继电器

（二）电磁式时间继电器

如图 5-7 所示为 JT_3 型直流电磁式时间继电器。线圈 7 通过电流时，衔铁 3 瞬时吸合，接点 11 和 12 瞬时闭合，接点 9 和 10 瞬时断开。线圈 7 断电时，铁芯 1 中磁通消失，在铁芯磁通衰减过程中，阻尼环 8（闭路的铝或铜套筒）内将感应出阻止磁通衰减的电流，此电流产生的磁通将维持继电器的吸合状态。然而阻尼环有电阻，其中的感应电流将随时间衰减，由它产生的磁通也随时间衰减（图 5-8），当磁通衰减到返回值时，在弹簧 5 的作用下，衔铁返回原位，接点 11、12 断开，接点 9、10 闭合。从线圈 2 断电到衔铁释放，接点返回原位的时间称延时时间。接点 11、12 称常开延时断开接点，接点 9、10 称常闭延时闭合接点。继电器的延时可用改变弹簧 5 的反作用力来调整，也可用改变非磁性垫片 4（铜片）的厚度来调整。

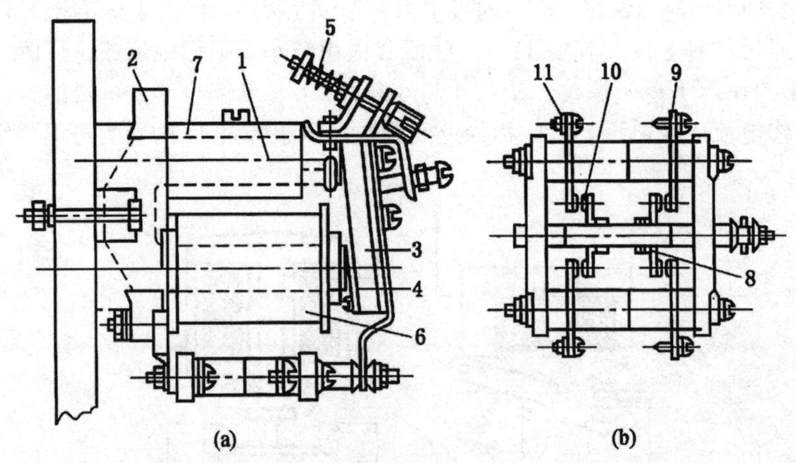

1—铁芯；2—线圈；3—衔铁；4—垫片；5—弹簧；6—线圈；
7—阻尼环；8、9—常闭延时闭合接点；10、11—常开延时断开接点

图 5-7　JT_3 型直流电磁式时间继电器

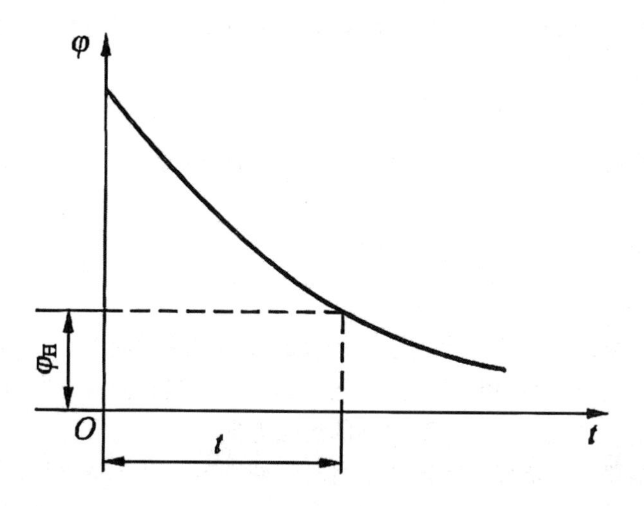

图 5-8　JT_3 型延时继电器的延时衰减特性

三、主令电器

在控制电路中，起着发号施令作用的电器称为主令电器。按钮、万能转换开关、终端开关和主令控制器等均属主令电器。由于它们结构均较简单，下面只简要介绍主令控制器。

凸轮型主令控制器的接触元件如图 5-9 所示。图中 1、7 为固定于方轴上的凸块；2 为固定接点引线端；3 为固定接点；4 为可动接点，它固定于绕轴 6 转动的曲臂杠杆 5 上。当司机用手柄转动方轴使凸块推压小轮 8 时，小轮 8 便带动曲臂杠杆 5 向外张开，使接点打开。当凸块离开小轮 8 时，接点便闭合。

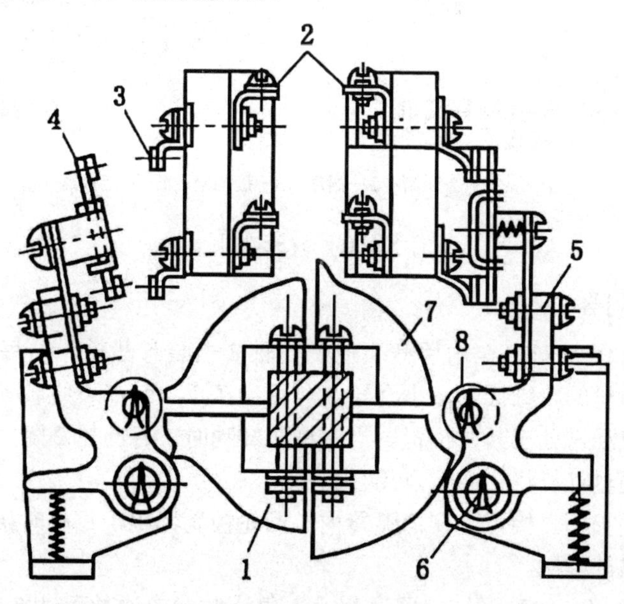

1、7—凸块；2—固定接点引线端；3—固定接点；4—可动接点；5—曲臂杠杆；6—转动轴；8—小轮

图 5-9　主令控制器的接触元件

主令控制器多用于经常正反转的电动机控制电路（例如绞车控制电路）中。

四、控制器

控制器是一种具有很多接点的转换开关，用来直接控制直流电动机或绕线式感应电动机的主电路，使电动机进行启动、制动、反向和调速等。目前广泛应用的有鼓形控制器与凸轮控制器。

（一）鼓形控制器

鼓形控制器（图 5-10）有一个由手柄操纵的旋转绝缘圆筒 1，在圆筒表面装有铜片 2，在接线架 3 上装有与铜片数目相等且位置与之对应的固定接点 4。当圆筒旋转时，固定接点依次与相应的铜片接触，从而改变电路的连接方式。

由于鼓形控制器的固定接点在铜片上滑动，断开电路时产生火花，接点磨损较严重，故适用于每小时接电次数不超过 240 次的情况。它可控制 75kW 以下的 380V 交流电动机或 45kW 以下的直流电动机。

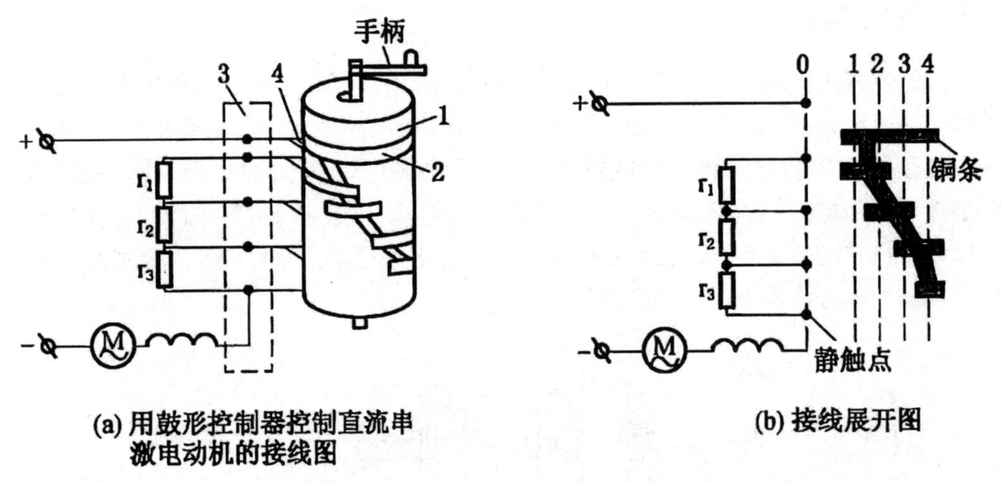

(a) 用鼓形控制器控制直流串激电动机的接线图

(b) 接线展开图

1—旋转绝缘圆筒；2—铜片；3—接线架；4—固定接点

图 5-10　鼓形控制器

（二）凸轮控制器

凸轮控制器（图 5-11）在由手柄 1 控制的轴 2 上装有凸轮，与每个凸轮同一水平处装有小滑轮 3 与凸轮的轮缘接触，小滑轮 3 与可动接点 4 装在可绕轴 5 转动的杠杆两端，弹簧 6 使可动接点经常处在断开位置。当手柄 1 转动时，各凸轮 2 随之旋转，凸轮的凸缘接触滑轮 3 时，通过杠杆将相应接点闭合。

为减轻接点的损坏，接点装在消弧罩内。凸轮控制器用于每小时接电次数较多的低压直流或交流电动机的控制。

凸轮控制器的接点比鼓形控制器磨损小，每小时接电次数可达 800 ～ 1000 次；但结构笨重，操作比较费力。

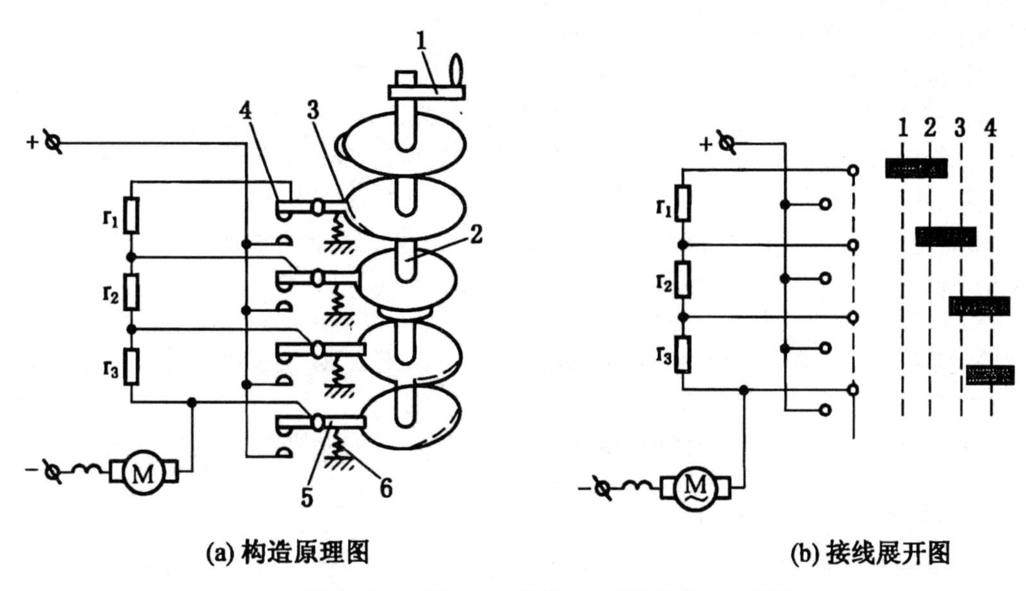

1—手柄；2、5—轴；3—小滑轮；4—可动接点；6—弹簧

图 5-11　凸轮控制器

第二节　控制系统线路图的绘制及阅读

控制系统线路图用来表示矿山机械电力拖动控制系统的工作原理及各电气元器件之间的连接关系，是线路维护和查找故障的参考依据。因此，电气控制系统线路图是电力拖动系统运行过程中重要的档案资料。由于电气控制系统中的电气元件种类很多，规格不一，外形结构各异，为了表达各电气元件及其之间的关系，电气线路图中所有元件必须采用统一的图形符号和文字符号表示。

一、电气图形符号和文字符号

（一）图形符号

电气图形符号是用于表示电气元件、设备及其连接关系的图形符号。在电气工程中，电气图形符号是非常重要的工具，能够有效地传达电气信息，并方便于电路设计和故障排除。图形符号通常用于图样或其他文件。电气控制系统图中的图形符号必须按国家标准绘制。

（二）文字符号

文字符号用以表明电气设备、装置和元器件的名称，以及电路的功能、状态和特征。文字符号适用于电气技术领域中技术文件的编制。

二、控制系统线路图的绘制原则

控制系统线路图通常分为原理接线图和安装接线图。原理接线图用以说明控制线路的工作原理，图中各电器元件一般不按其实际位置绘制；安装接线图是供控制线路的安装维修用的，图中各电器元件都按其实际位置绘制。

为使控制系统线路图绘制统一，一般应按下列原则进行。

（1）把全部电路分成主回路、控制回路和辅助回路。电动机等强电流电路属于主回路，接触器和继电器线圈等小电流电路属于控制回路，其他如信号、测量等电路属于辅助回路。

（2）主回路一般画在图纸的上方或左方，用较粗的线绘出；控制或辅助回路一般画在图纸的下方或右方，用较细的线绘出；控制回路电源线垂直画在两侧，各并联支路平行地画在两控制电源线之间，排列顺序应尽量符合电器元件的动作顺序。

（3）图中各电器元件应按规定的图形符号和文字符号表示。同一电器元件，必须用相同的文字符号。例如，有两个相同的接触器 KM，可用 1KM、2KM 表示。一个继电器有一个线圈 K 和三个接点，则接点可表示为 K_1、K_2、K_3。

（4）电路中的接点位置按线圈不通电（或未加外力）时的位置画出。

三、控制系统线路图的阅读方法

对于生产机械电气控制线路图，只要熟悉标准电气图形符号和文字符号就可阅读。看图时，首先看主电路，其次看控制电路，最后看其他电路（如保护电路、信号电路等）。

（一）看主电路的步骤

（1）看主电路中电动机的启动方式有无正反转、调速和制动等要求。

（2）看主电路中电动机是用何种电器控制的。

（3）看主电路中还接有何种电器，这些电器起何种作用。通常，主电路中除了电动机和控制电器外，还有电源开关、熔断器、热继电器等。

（4）看电源。要了解主电路的电源电压多少伏，如 6kV、1140V、660V、380V、220V 等。

（二）看控制电路的步骤

（1）看电源，首先要看清电源是交流电源还是直流电源，其次要看清电源是从何处接来、电压有多大。通常，从主电路的两根相线上接来的电源，是对应线电压的值，常见的是 6kV 及 1140V、660V、380V 等；从主电路的一根相线和一根地线上接来的电源，是对应的相电压，常见的有 220V 等。此外，从变压器上接来的电源，其电压有 127V、24V、12V、6. 3V 等。

（2）根据控制电路的回路研究主电路动作情况。在一般电路图中，整个控制电路构成一条大回路，大回路又分为几条独立的小回路，每一条小回路控制一个用电设备或一个电器的一个动作。

（3）研究电器之间的相互联系。电路中的所有电器都是相互联系、相互制约的，有时用甲电器去控制乙电器，甚至用乙电器再去控制丙电器。阅读电路图时应仔细查明它们之间的相互联系，线路动作的逻辑关系，就能分析清楚任何一个控制线路。

（三）看其他电路的步骤

其他电路是指信号电路、保护电路等。这些电路一般比较简单，只要看清它们的线路走向、电路的来龙去脉即可。

看电气系统安装接线图时，也要先看主电路，后看控制电路。看主电路时，从电源引入端开始，依次经控制元件和线路到电动机；看控制电路时，要从电源的一端到另一端，按元件的顺序对每一回路进行分析研究。

安装接线图是根据电气原理图绘制的，对照电气原理图看安装接线图就可以一目了然。看图时要注意，回路标号是电器元件间导线连接的标记。标号相同的导线，原则上都可以接在一起。此外，还要搞清接线端子板内外电路的连接情况，内外电路中相同标号导线一般都接在端子板的同号接点上。

第三节　矿用隔爆型电磁起动器

井下直接启动的生产机械电动机控制常采用矿用隔爆型电磁起动器，这种电磁起动器是一种低压组合电器，它主要由隔离开关、接触器、熔断器、过热过流保护继电器、按钮等元件组成。这些元件安装在隔爆外壳中，用来控制和保护鼠笼电动机。由于它控制方便、保护完善，所以在煤矿井下得以广泛使用。

矿用隔爆电磁起动器的类型很多，如空气型、可逆型、真空型、智能型等，其结构和使用方法大同小异。本节重点介绍 QJZ-200（315、400）/1140（660）矿用隔爆型智能化真空电磁起动器的结构、电气线路组成，以及电气工作原理。

一、结构功能

QJZ-200(315、400)/1140(660)矿用隔爆型智能化真空电磁起动器的隔爆外壳呈方形，与橇形底座相焊接。隔爆外壳分隔为 2 个独立的隔爆空腔，即接线腔与主腔。

该起动器开关本体采用手车式推拉结构，核心保护部分采用 SDB-315 型智能化电动机综合保护器作为控制单元，具有漏电闭锁、过流保护、断相保护、欠压保护、程控保护及通信接口等功能，同时可用于 200A、315A、400A 开关。

该起动器充分发挥了 PC767 单片机的优势，利用前门的醒目数码显示窗，能够显示起动器的工作状态与多种工作参数，如显示电流整定值、绝缘电阻值、工作电流值、工作电压值等。它的最大优点是与数码开关配接，可使电流值在 0 ～ 400A 之间连续可调，精度可达安培级，分辨率 1A。同时，其能锁定显示故障类型、过电流值、欠压值和断相信号，便于矿井工作人员记录和分析故障。

该起动器由设置在托橇底座上的长方形隔爆外壳组成，上方为接线腔，下方为主腔，各为独立的隔爆部分。

接线腔集中了全部主电路与控制电路的进出线端子。在接线腔右边隔电板下竖直排列的是主电路进线端子，偏左三个横向排列的是主电路出线端子。两侧各有 2 只可穿入 Φ32 ～ 66mm 橡套电缆的主电路进出线喇叭口，前侧有 4 只控制电路进出线喇叭口，可穿入 Φ614. 5 ～ 21mm 电缆控制线。

接线腔与主腔间控制电路的连接是通过三只安装在接线腔中部的七芯接线座实现的。控制电路进出线通过前侧的小喇叭口接至固定在前内壁角铁上的接线端子排上。开关主腔由壳体与前门组成，壳体右侧法兰外装有三块扣板，而前门左侧法兰外也装有三块扣板。当前门与外壳法兰完全结合（上下法兰面对齐）时，前门左侧扣板扣住壳体左侧法兰，而前门右侧法兰却被壳体右侧三块扣板紧紧扣住，由此保证主空腔的隔爆性能。前门与壳体法兰完全脱离打开时，由安装在开关左侧的铰链支撑。

该起动器外壳采用平移式快开门结构，机芯设计为手车式结构，并有内置导轨，可方便地拉出机芯。起动器正前方的左侧有一转动手把，抬起手把可以水平转动90° 左右，向右侧转动为开门，向左侧转动为关门。正前方的右侧设联锁杆，右侧面为隔离换相开关的手柄，共有三挡，为正、停、反。开门时必须把手柄转到停的位置，并将联锁杆旋入手柄定位槽内，方能将门打开。

二、电路组成

QJZ-200（315、400）/1140（660）矿用隔爆型智能化真空电磁起动器电路原理如图5-12所示。主回路由换向隔离开关、真空接触器、阻容过电压吸收装置和电力互感器组成；辅助回路由控制变压器、二次侧的先导回路、中间继电器回路、接触器线圈回路及数字化电动机综合保护器等组成。

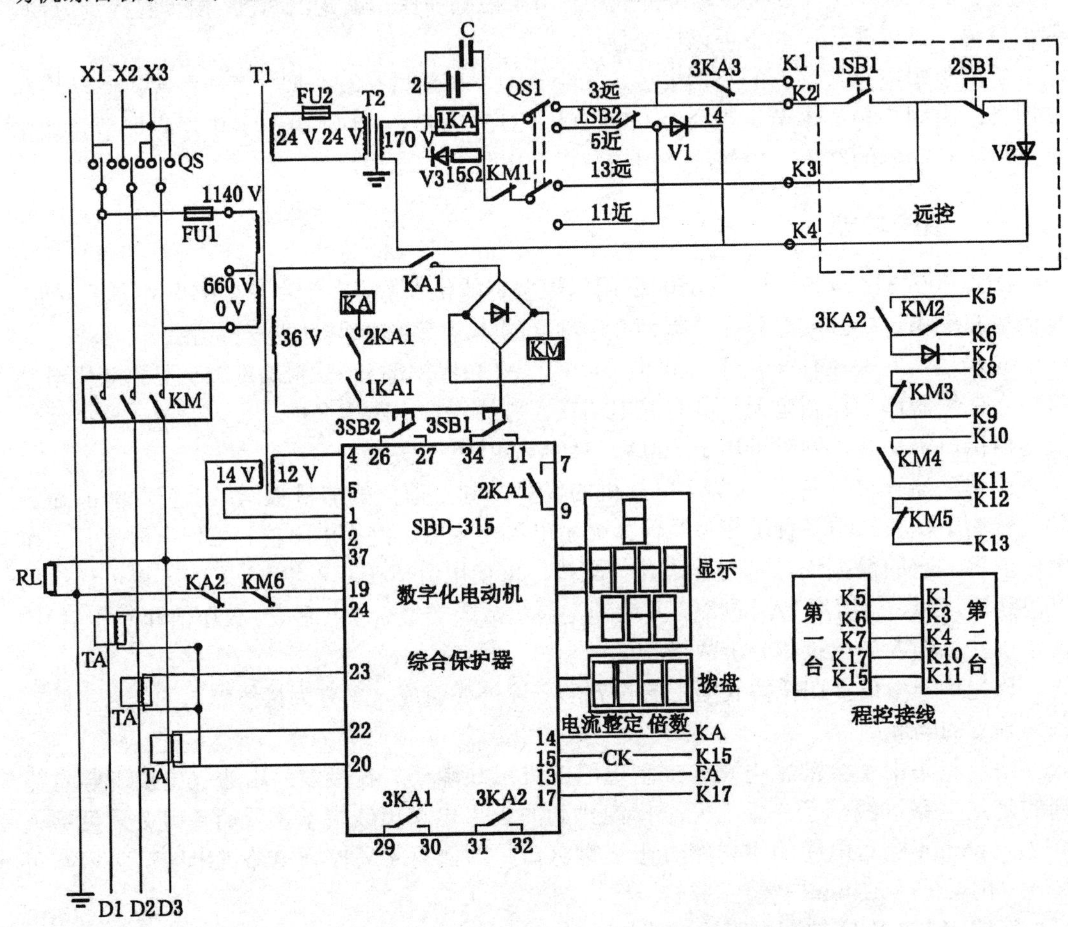

图5-12 QJZ-315/1140起动器电气原理图

三、工作原理

（一）电流值整定

开门后按所控电机的额定电流（或实际工作电流）调整综合保护器上前三位数码开关以整定电流值，整定值也可稍大于工作电流值，最后一位用于整定短路保护倍数。调整完毕后将前门关闭。

（二）供电

将隔离换向开关 QS 置于正向或反向位置，控制变压器 T1 得电，分别输出 36V、24V、12V、14V 电源电压，则数码管显示“0. XXXX. XXX”为工作电压和电流整定值。

（三）漏电闭锁保护

起动前，2KA 吸合，保护器对网路绝缘电阻进行检测。若绝缘电阻小于额定值（1140V，40kΩ；660V，22kΩ；380V，7. 5kΩ），则数码管显示“1XX”，其中“XX”为绝缘电阻值，此时实施漏电闭锁保护，不能起动。直到绝缘电阻恢复正常后，显示“0. XXXX. XXX”方可起动，此时中间继电器接点 2KA1 吸合，允许启动。

（四）启动过程

1. 远控

将前面绝缘板上先导插件上的拨动开关 QS1 置于“远控”位置（图 5-12），按下远控按钮 1SB1，安全火花回路中的 1KA 带电吸合，其常开接点 1KA1 闭合，合闸回路中间继电器 KA 吸合，主真空接触器 KM 吸合，电机进行正常启动，在起动过程中，数码管显示“HXXXX. XXX”表示合闸工作，同时显示工作电压、电流值。

2. 近控

K 置于“近控”位置，利用起动器自身合闸按钮可进行启动，动作原理同上。

（五）试验检查系统

在起动前，可使用试验按钮判断各部分电路是否正常。当按下过流试验按钮，动作正常时显示“2. XXXX”电路记忆不能合闸，若合闸需复位。当合闸前按下漏电试验按钮，显示“1. XX”不能启动，这说明保护系统正常，复位后可以启动合闸。

（六）运行

正常运行时，数码显示“H”及当前电压值“XXXX”及电流值“XXX”。

（七）停止

按下停止按钮，1KA 释放，KA 释放，KM 释放，电机断电。同时漏电闭锁检测回路投入检测。这时数码管显示为“0. XXXX，XXX”为正常，准备再启动。

（八）过流保护

启动运行中主回路出现过流时，此过流信号经电流互感器送入保护器后，经过精密整流，光电隔离，送入计算机，在过流保护时经延时发出信号，中间继电器 2KA 释放，KM 释放，同时电脑自动记忆该故障电流值。数码管一直显示“4XXXX”，须按下复位按钮 FA 电路方能返回初始状态。复位后数码管显示“0. XXXX. XXX”电流整定值，表示可以启动。

（九）断相保护

在运行中出现回路缺相或相不平衡时，则保护器延时 10s 后发出信号，中间继电器 2KA 释放，开关断电。电脑自动记忆故障，同时数码管显示“3”需复位，方可返回。

（十）欠压保护

在运行中，由于电网波动，当其值小于额定值 75% 时，延时 10s 后，发出信号，中间继电器 2KA 释放，KM 释放，同时数码管显示“5XXXX”欠电压值。

（十一）过压保护

当电网电压高于 118% 时，过压保护延时 10s 动作，显示“6”。

（十二）程控保护

如两台或多台起动器顺序启动，可按原理图接线连接，并将所需启动的综合保护器线路板上程控开关置于程控挡，最后一台置于非程控挡，同时第一台开关用近控启动，其余用远控。第一台开始启动后，在 8s 内如果第二台未正常启动，则第一台的保护器发出信号，中间继电器 2KA 释放，KM 释放，并记忆故障，数码管显示“7”，表示程控启动失败。欲启动，必须复位。

四、常见故障及处理方法

常见故障及处理方法如表 5-1 所示。

表 5-1　常见故障及处理方法

故障	原因	处理方法
按下启动按钮接触器不吸合	1. 按钮接触不好	1. 修触点或更换按钮
	2. 无 36*V* 电源	2. 检查是否合上，*FU*1 是否烧断，*T*1 绕组是否断路
	3. 整流桥损坏	3. 更换损坏的二极管
	4. 接触器线圈损坏	4. 更换线圈或接触器物
	5.*JDB* 漏地闭锁（或短路保护）	5. 查出漏地（或排除故障）
	6. 远近程接线端子未连接好	6. 接好远近程端子
接触器可以起动但无法维持	1. 电源电压低于 75% 额定电压	1. 更换大截面电缆以减少电压降
	2. 接触器线圈头尾接触不良	2. 重新连接
	3. 反力弹簧调节过紧	3. 适当放松弹簧压力
阻容保护器电阻烧坏	1. 电源电压三相严重不平衡	1. 检查电源，调整负荷
	2. 电容器击穿	2. 更换电容器
三相电压严重不同步	1. 接触器动导杆 *M*8 锁紧螺母松动	1. 调整三相触头，锁紧螺母
	2. 三相触头磨损程度不同	2. 更换真空管
电机过载保护器不动作	1. 电流整定值大	1. 正确整定电流值
	2. 电机保护器故障	2. 更换保护器
熔断器烧毁	控制变压器短路或引线短路	排除短路故障后更换保险管

第四节 采煤机组的电气控制

一、工作面电气设备的布置

机械化采煤工作面的电气设备工作环境恶劣（空气潮湿，涌水量较大，存在着瓦斯、煤尘爆炸危险），工作空间狭窄，设备移动频繁，设备容量较大且负荷变化大，故对电网冲击大。因此要求电网容量要大，供电质量要好，供电安全可靠；工作面电气设备应采用隔爆或本质安全型；电动机启动力矩大，启动电流小，过负荷能力强，有较高的功率因数。工作面电气设备的布置如图 5-13 所示。

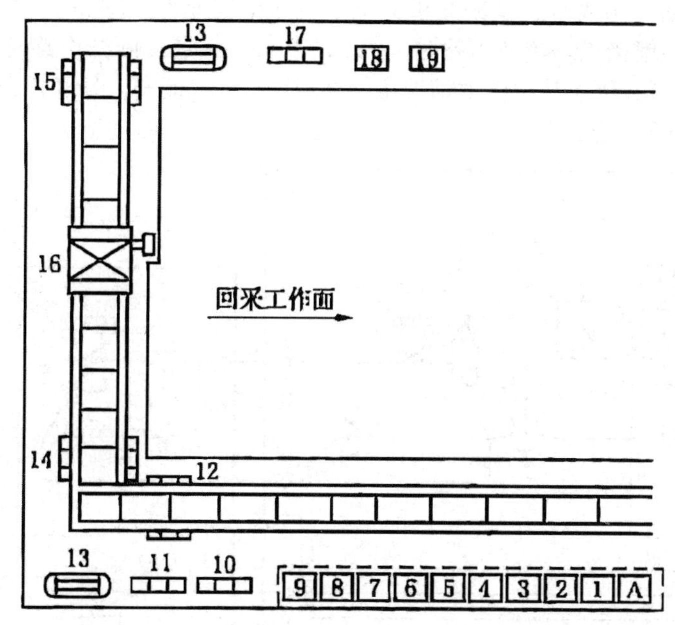

1—采煤机启动器；2、3—输送机启动器；4—泵站启动器；5—转载机启动器；6—煤电钻变压器；7—水泵启动器；8—备用启动器；9—载波接收机；10—乳化液泵站；11—水泵；12—转载机；13—煤电钻；14、15—输送机；16—采煤机；17—回柱绞车；18—煤电钻变压器；19—回柱绞车启动器；A—馈电开关

图 5-13 单滚筒采煤机组工作面电气设备布置示意图

二、MLQ1-80 型单滚筒可调高采煤机的电气设备

（一）DMB-60 型隔爆电动机

DMB-60 型隔爆电动机的长时工作容量为 60kW，短时工作容量为 80kW，额定电压为 380/660V。电动机采用外部风冷式，靠牵引部端转子轴上的风扇进行冷却；电动机放在采煤机电动机部隔爆外壳中，侧面隔爆空腔内有电动机端子，两端分别为牵引部和截割部。

DMB-60 型隔爆电动机是采煤机的动力，带动牵引部的油泵和截割部的减速机构。

（二）DH-3 型换向开关（管制器）

DH-3 型换向开关装在采煤机左侧的隔爆腔内，其作用是使采煤机电动机换向，但必须在断电的情况下进行。它是一个鼓形控制器，由两组固定接点、一个鼓形凸轮轴组成的可动接点及附属装置（闭锁开关、微动开关、消弧罩等）组成。

三、采煤机的单独控制系统

由于采煤工作面的条件恶劣，故对采煤机组的控制提出以下要求，一是应有零电压保护，以防止电动机自启动而造成事故；二是能在采煤机上远距离停止输送机，以保证生产安全；三是最好不在工作面内切断负载电流，以免造成爆炸事故。

如图 5-14 所示为 MLQ1-80 型采煤机组的控制系统图，它适用于有瓦斯、煤尘爆炸危险的工作面。整个控制系统分为两大部分，图的左边是放在工作面配电点的 QC83-225 型隔爆磁力启动器，图的右边是采煤机的电动机和电控元件。图 5-15 中 SM、SM_1 为管制器的主接点和闭锁接点。接通电路时，SM 先于 SM_1 接通；断开电路时，SM 后于 SM_1 断开，这样 SM 总是在无负载电流的情况下接通或断开，保证安全且延长管制器使用寿命。S 为管制器箱盖压合接点。

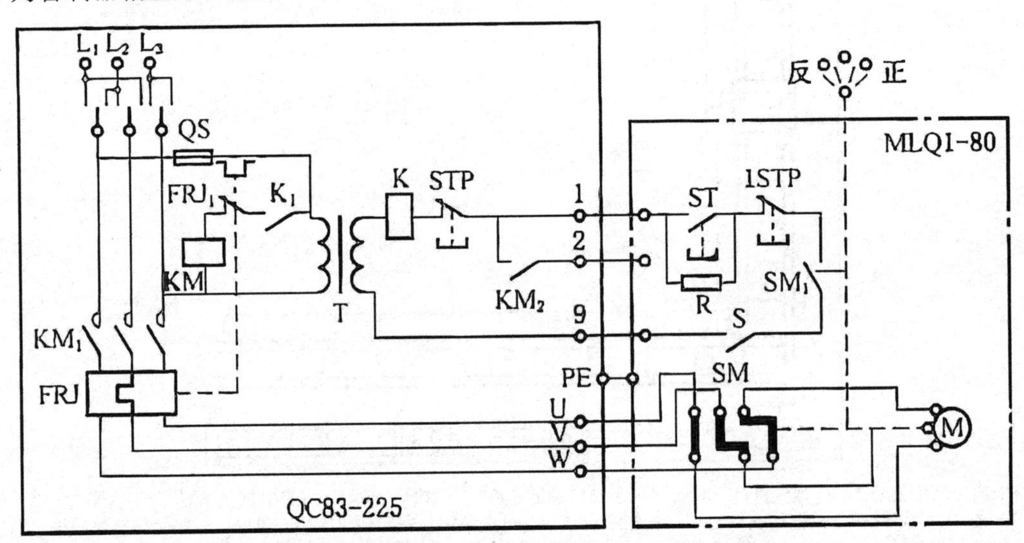

图 5-14　MLQI-80 型采煤机组的控制系统

MLQ1-80 型采煤机组的控制过程如下。

(一) 准备启动

将管制器 SM 的手把拨到正转或反转位置，接点闭合，接通如下控制电路：T（上）→ K → STP → 1 → R → 1STP → SM → S → T（下）。

这时，虽然中间继电器 K 有电流，但由于 R 串在电路里，限制了电流的数值，继电器 K 不动作。

(二) 启动

按启动按钮 1ST 接通如下电路：T（上）→ K → STP → 1 → 1ST → 1STP → SM → S → T（下）。由于启动按钮 1ST 将电阻 R 旁路，中间继电器 K 由于电流增加而动作，K1 闭合，接触器线圈 KM 有电动作，KM1 闭合，电动机启动。松开 1ST，通过自保持电阻 R 继续维持继电器的通路，保证采煤机正常运行。

（三）停止

用1STP进行正常停止。意外情况下，也可以用启动器上的停止按钮STP停车。有时会出现接触器主接点熔接或灭弧罩卡在接点不能断开的问题，这时也可以用管制器的手把切断电路，实现停止。在出现短路、过载或电源电压突然消失时能自动停止。

四、采煤机组与工作面输送机的联合控制

在实际生产中，为了使工作协调一致，防止事故发生，采煤机组与工作面的输送机总是采取联合控制的方式。如图5-16所示为采煤机组与工作面输送机的联合控制系统。在图5-16中，QC83-225型隔爆磁力启动器用来控制采煤机组；QC83-120型隔爆磁力启动器用来控制工作面输送机。两台启动器均放在工作面配电点，控制输送机的按钮放在输送机的机头附近。在采煤机上通常设置3个按钮，其中1ST用来启动采煤机；1STP用来停止采煤机；3STP来停止输送机并能实现闭锁（采用带自锁的停止按钮），若输送机停车后，此按钮不解锁，输送机就不能再启动。

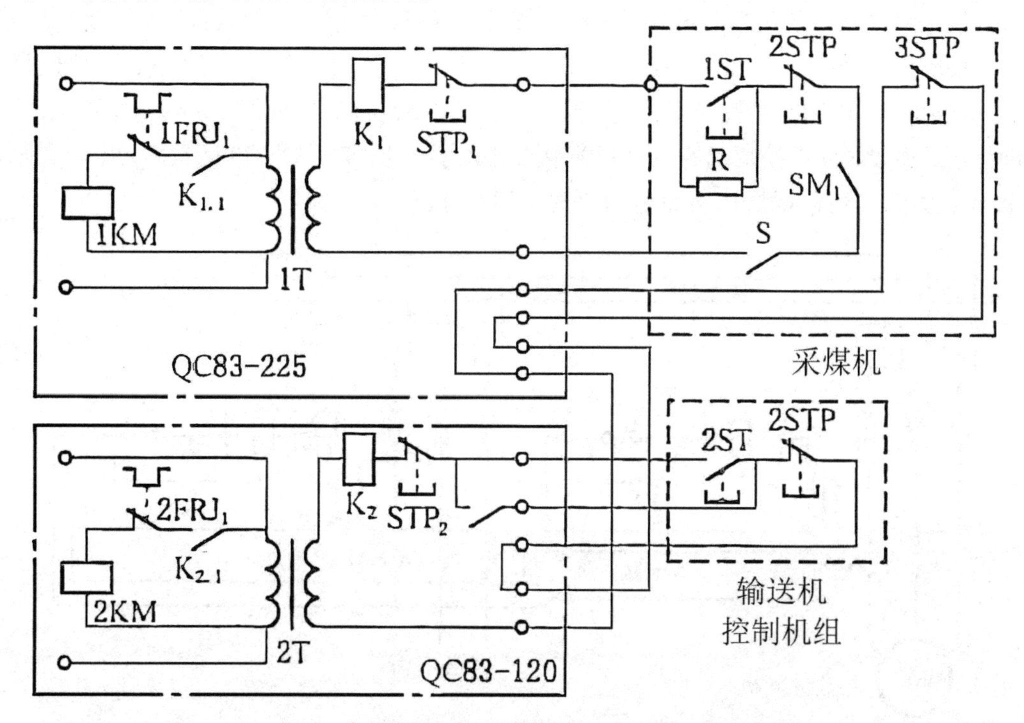

图5-15 采煤机组与工作面输送机的联合控制系统

如图5-15所示，采煤机组采用8芯电缆，其中3根主芯线用于电动机的主回路；2芯用于采煤机的控制芯线；2芯用于输送机的停止线；1芯用于接地线。

第五节 掘进机械的电气控制

一、掘进工作面的风电闭锁装置

《煤矿安全规程》规定，使用局部通风机供风的地点，必须实行风电闭锁，保证停风

后切断停风区内全部非本质安全型电气设备的电源。使用 2 台局部通风机供风的，2 台局部通风机必须同时实现风电闭锁。

（一）对风电闭锁装置的要求

（1）正常情况下，应先停掘进巷道中电源，再停止局部通风机运转；事故情况下，局部通风机停止运转，掘进工作面电源也同时被切断。

（2）掘进工作面必须先送风，后送电；严禁先送电，后送风或风电一起送。

（3）启动、停止掘进工作面电气设备，不影响局部通风机正常运转。

（4）风电闭锁系统的组成、接线、操作简单。

（二）风电闭锁系统的电气控制线路

如图 5-16 所示为局部通风机与掘进电源的闭锁接线图。图中局部通风机及掘进工作面电源总开关均为 QC83-80 型磁力起动器的开关。其中局部通风机开关采用就地控制，但其控制回路中串入了局部通风机开关的连锁接点 KM。其接线方法是：2-5 连接，2- 地和 9- 地断开，2 与 9 分别引两根控制线和局部通风机开关的 8 点、13 点连接。这样就保证了先送风、后送电的次序；同时也保证了紧急情况下局部通风机停止运转，掘进工作面立即停电。需要说明的是局部通风机开关中的 KM_3 接点原接在 8 与 13 两点，为安全起见，将地一端改接至 8 接线柱，8 接线柱原来的接线甩开。

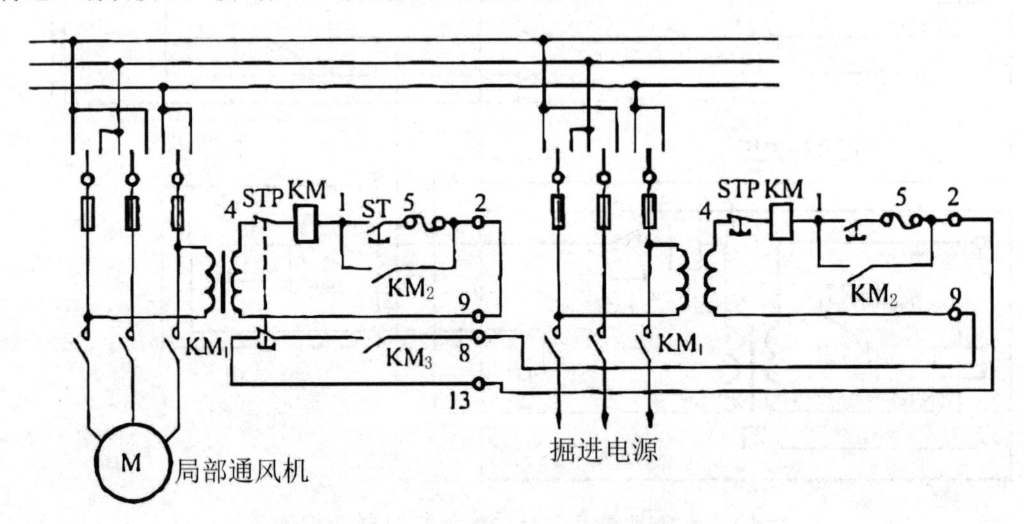

图 5-16　掘进工作面风电闭锁接线

上述线路中，送风后延时送掘进电源的开关靠人工操作实现。如图 5-17 所示提供了一个风电自动延时闭锁环节，从而自动达到风电延时闭锁的目的。

当局部通风机启动时，其磁力开关中的 KM_3 闭合，掘进电源开关中延时闭锁环节得到 36V 交流电源。经二极管 V_1 半波整流、R_1C_1 滤波，稳压管 V_2 稳压（16V）向单结晶体管 VT 电路供电；此时 C_2 经 R_4 充电，经一定延时（例如 10min），C_2 两端电压升至单结管 VT 的峰点电压，单结管 VT 导通，继电器 K、K_1 接点闭合，掘进电源总开关送电。

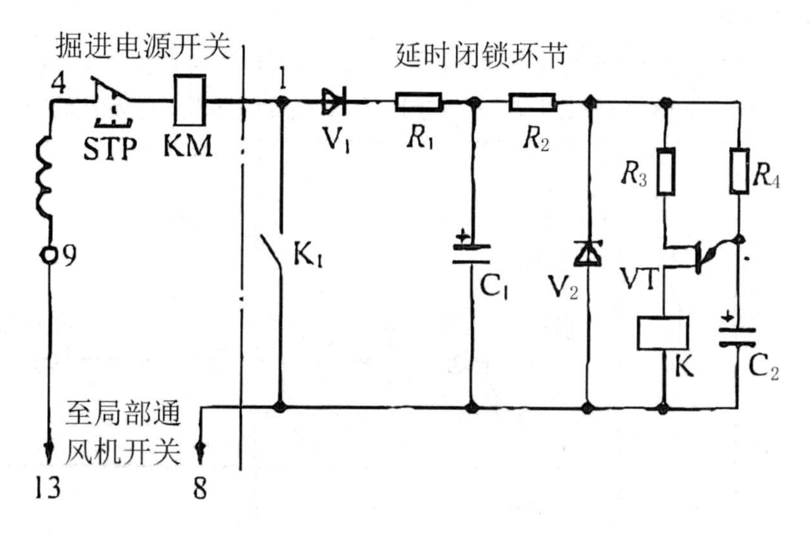

图 5-17　风电延时闭锁环节

二、ZYC-21 型装岩机的电气控制

（一）构造特点

ZYC-21 型装岩机的电气控制由行走部、回转部、翻斗部、左右操纵箱构成。

1. 行走部

行走部由行走电动机、减速器及行走车轮组成，负责行走电动机的正、反转，驱动装岩机的前进与后退。行走电动机为 TBI 型高滑差、高启动转距、大过载能力的专用隔爆电动机，结构紧凑、坚固，能承受较强机械振动和冲击。由于电动机通过减速机减速后，驱动前后轮旋转，前后轴均为主轴，故传动能力较大。

2. 回转部

回转部安装在行走部上，是一回转平台，上面装有提升铲斗用的电动机、减速器、自动回转器，在回转平台两侧装有配重和控制行走及提升的电气控制箱，回转台前部装有铲斗。回转部由人工操纵，由纵向中心线向两侧各转动分，可使装岩机装载面宽达 2. 2m。回转后，回转部在铲斗提升卸载时，能自动返回中间位置，保证铲斗在中间位置卸载。铲斗的提升由 JBL 隔爆电动机（10. 5kW）实现。

3. 操纵箱

操纵箱装在装岩机左侧，控制行走及提升电动机，使装岩机实现前进、后退及铲斗提升动作。

操纵箱盖板与控制电路间有闭锁按钮 LA，盖板盖不严时电源送不到控制箱内。箱内有 3 个交流接触器，1kM 控制提升电动机，1kM、2kM、3kM 分别控制行走电动机的正、反转。箱内还有一个照明变压器，供装岩机前后防爆照明灯用电。盖板上有 4 个按钮，UP_1 控制提升电动机 1M；FW_1、BW_1 控制行走电动机的正、反转，使装岩机向前、向后移动；OFF_1 为切断装岩机电源用按钮。为操作方便，在装岩机右侧还装有 2 个防爆按钮盒，其中有 UP_2 为提升按钮，FW_1、BW_1 为向前、向后按钮，OFF_2 为断电按钮。

(二)控制原理

装岩机的控制原理电路图如图 5-18 所示。它的电源开关为 QC83-80 型磁力起动器。通过 UC3×16＋3×6 电缆(3 根主芯、1 根接地芯、2 根控制芯线)与装岩机控制箱相联系。

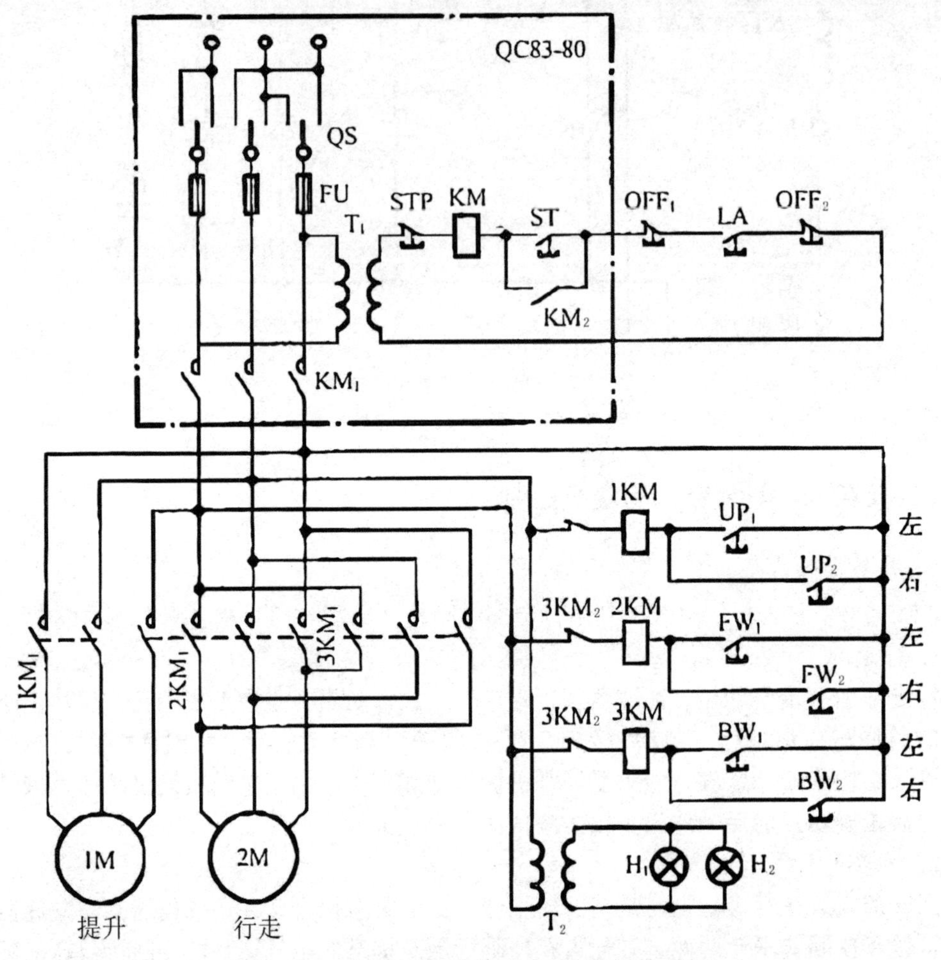

图 5-18 ZYC-21 型装岩机控制电路原理

本控制电路主要有 3 个特点，一是在装岩机上不能接通供电的磁力起动器，但能远方停电；二是接触器 1kM、2kM、3kM 线圈回路中，提升按钮(UP_1、UP_2)前进按钮(FW_1、FW_2)、后退按钮(BW_1、BW_2)均无自保接点，故按钮按下启动、松开电动机停车；三是行走电动机正、反转电路中，有防止两个方向接触器同时闭合的电气闭锁接点，以免电源短路。

装岩机的控制过程包括送电、铲斗提升、装岩机行走。

(1)送电

合 QC83-80 中隔离开关 QS，按启动按钮 ST，KM 有电，控制箱电源接通。

(2)铲斗提升

按提升按钮 UP_1(UP_2)，1KM 有电，$1KM_1$ 闭合，提升电动机 IM 启动，铲斗提升。铲斗到位即松开 UP_1(UP_2)按钮，铲斗卸载后借助于弹簧反力和铲斗本身的惯性自动放下。

（3）装岩机行走

①前进（装岩）。按前进按钮 FW_1（FW_2），2KM 有电，$2KM_1$ 闭合，行走电动机正转（前进）；同时 $2KM_2$ 断开，切断反转接触器线圈回路。铲斗装好岩石后即可松开前进按钮。②后退（提升卸载）。铲斗装好岩石后，按后退按钮 BW_1（BW_2），3KM 有电，$3KM_1$ 闭合，行走电动机反转（后退）；同时 $3KM_2$ 断开，切断正转接触器线圈回路。在装岩机后退的同时，按提升按钮 UP_1（UP_2），使装岩机后退到矿车时铲斗正好到位，将岩石卸到矿车中，此时松开提升按钮和向后按钮。

第六节　重型输送机的电气控制

随着我国煤炭生产能力的不断提高，长距离、大运量、高速度、大功率的输送机日益增多，由于其启动力矩、电流大，所以大功率输送机对电网的冲击增大。为了解决上述问题，可采用双速电动机拖动，即低速启动，高速运行，由双速控制电磁起动器或组合开关控制；也可采用软启动器控制电动机启动过程。软启动装置是一种具有软启动功能的电磁起动器，用于限制电动机的启动力矩，降低加速度，延长启动时间，可以就地或远距离控制三相鼠笼型电动机，也可以联机控制。但软启动装置在使用中的维护要求更高，只有加强平时的维护，才能发挥其更大的效率。

一、KXJ5-1140S/TH5 型 CST 带式输送机电控系统的组成及工作原理

（一）电机控制及电源部分

如图 5-19 所示为电机控制及电源部分示意图。系统电源来自前方供电开关，经隔离开关、熔断器、接触器主触点、热继电器分别向 1 ～ 3 号闸或加热器等电机提供动力回路，控制电源经变压器、断路器、不间断电源电池组提供五路本安工作电源，DC24V/0. 5A 的两路，DC12V/1. 0A 的三路，一路 AC220V 用于 PLC 供电及 CST 控制。

（二）操作控制部分

操作控制系统分为自动与手动两种，自动回路为操作员→ PLC →继电器→启动器→电动机；手动回路为操作员→继电器→启动器→电动机。

GOT 操作按钮用于将控制部分与监测显示屏幕相连接，利用操作员控制按钮（屏幕上翻、屏幕下翻、修改设定、选择参数、复位、急停）进行不同状态的选择等。

（三）自动方式下系统操作

对于自动方式下就地、集控、慢速控制情况基本类同。操作员确认带式输送机处于安全自锁状态下，向 CST 控制箱发出带式输送机运行信号。

1. CST 处于待机状态

CST 控制系统在检测到系统完好后，发出允许“备车”信号。

2. 启动状态

按下信号按钮，电铃或蜂鸣器报警。按下系统启动按钮，PLC 控制程序将启动冷却泵和主电机，系统中三台主电机分别间隔 5s 顺序空载启动，同时离合器进行预压。

3. CST 预压状态（离合器加压）

预压结束后，在速度和功率 PID 闭环调节下，检测带式输送机启动状态。当带式输

送机具有独立制动单元时，在预压结束后，CST 控制系统输出开关量或模拟量信号至制动单元以释放制动闸；利用制动闸返回开关检测闸松紧程度。

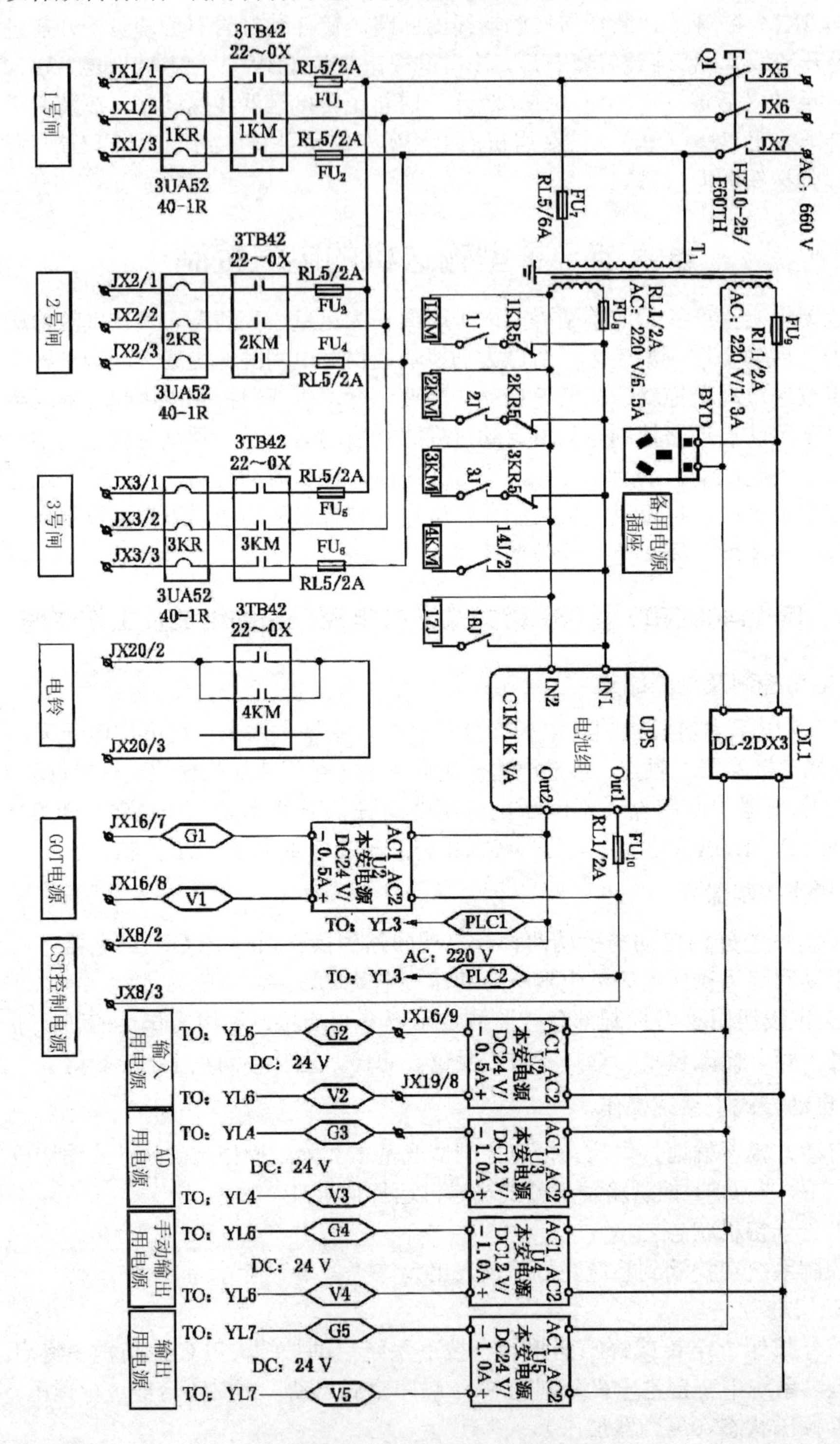

图 5-19　电机控制及电源部分示意图

4. 啮合、加速、满速状态

在检测到带式输送机速度大于3%时，带式输送机进入啮合状态。在此期间，功率PID程序控制实现启动缓冲（延迟）。

缓冲结束后，速度PID程序控制实现“S”形曲线上升加速。在检测到速度大于95%时，系统进入满速状态。

5. 运行与监控

在系统正式运行后，利用各继电器、接触器辅助触点及变送器或传感器返回信号给PLC，用以监测各电机或装置运行状态。若运行中出现故障，系统自动停车或人为紧急停车。

应当注意如下3方面内容，一是自动方式下手动控制主要用于单台分别运行及检修，检修方式仅用于检修，此时系统是在无保护状态下工作，闭锁方式为一种禁止工作方式；二是系统中制动闸和加热器所用电机或装置，需根据现场实际情况进行设置；三是与GOT连接需使用25芯插头专用通信电缆，CC-LINK总线需用专用通信电缆。

二、带式输送机监测保护装置

本书选用的带式输送机监测保护装置是KJ50型PROMOS监控系统的配套产品，同时也可作为CST带式输送机电控系统应用。

（一）速度传感器

KGS2型速度传感器安装在带式输送机的下皮带处，用链条吊挂在带式输送机架的两侧，使测速轮与下皮带接触，通过皮带运行带动测速轮转动来测定其运行速度。

KGS2型速度传感器主要由测速轮和KJP1型接近开关组成。在测速轮的前面装有两块（或四块）磁铁，而接近开关一般由振荡器和放大器组成。测速轮旋转时，其面上的磁铁周期性与接近开关接近、分离，使振荡器周期性停振、起振，输出端连续出现高电平、低电平，即输出随之呈现4. 7kΩ和51. 7kΩ两种不同状态，PROMOS系统利用检测接近开关的通断频率来测定皮带速度。

（二）烟雾（感烟）传感器

烟雾（感烟）传感器安装在被保护设备、皮带等处的下风口5～50m内，安装间距般在50～100m内。它能对火灾现场出现的烟雾进行遥测、就地监测和集中监测。

煤矿井下所用烟雾（感烟）传感器主要有光电式和电离式两种。光电式采用光散射原理，检测火灾初期阶段产生的可见烟雾粒子，当火灾烟雾粒子浓度超限时，传感器接收烟雾粒子散射量增加而产生报警。PROMOS系统配套的KGV1型感烟传感器采用电离式，当火灾现场所发生的烟雾进入到电离室，位于电离室的检测源Am241放射α射线，使电离室内的空气离子成为正负离子。当无火灾烟雾进入时，检测、补偿电离室因串接成互补双电离室，极性相反，所产生的离子电流保持相对稳定，处于平衡状态。火灾发生初期，燃烧急剧氧化阶段所释放的气溶胶亚微粒子及可见烟雾大量进入检测电离室，吸附并中和正负离子，使电离电流急剧减少，改变电离平衡状态而输出检测信号，经过后接电路处理发出灯光报警信号。

传感器用四芯电缆与监控系统连接，四芯电缆一端为853插头直接与传感器相连。外壳上设有检测按钮和复位按钮。使用过程中应注意对检测电离室进行维护，通常每3个月应对电离室进行清洗，拆下外罩，用棉花蘸上酒精擦洗去电离室上的粉尘。

（三）纵撕传感器

KPJIB 型纵撕传感器是一种磁感应式接近开关，通常安装在带式输送机尾部装载物料处，探头位置在皮带下方，从而检测是否有铁钎穿透皮带、皮带搭角、漏煤等故障。由于可将传感器输出部分视为 4. 7Ω 电阻和 47Ω 电阻与开关接点并接后的串联电路，如果发生上述故障，接近开关将短接其并联的 47Ω 电阻上接点，以返回给智能 I/O 不同的电压，反映开关动作，控制器接收相应的信息。

（四）堆煤开关

KGU3B 型堆煤开关采用吊挂式，安装在皮带搭接处或检测物料的上方。如图 5-20（a）所示。当带式输送机发生堆煤时，开关动作，PROMOS 系统发出指令，停止皮带机。同时也可将其作为煤仓煤位、水仓水位的检测装置。

其工作原理如图 5-20（b）所示，其核心是一个施密特触发器，1 线为接地极，2 线为电极，4 线和 5 线为输出线。当 1 线和 2 线之间电阻大于临界值（煤尚未触及电极）时，4 线和 5 线之间电阻值约 52kΩ；当 1 线和 2 线之间电阻小于临界值（煤触及电极）时，4 线和 5 线之间电阻值约 4. 7kΩ，系统根据其输出电阻的变化进行测量，从而确定是否出现堆煤情况。

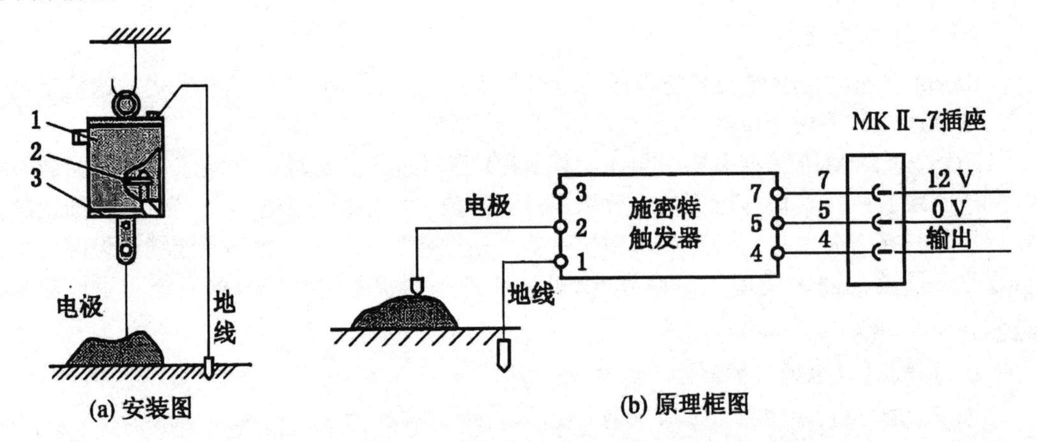

图 5-20 KGU3B 型堆煤开关工作原理框图

使用时，金属杆或吊挂链的长短应按检测要求调节。另外，考虑电极外壳与电极间常因存有煤尘或潮湿引起绝缘不良产生漏电流，造成输出电阻不准确（误动作），在电极座设有防漏环，故应定期清除电极座上过多煤尘，尤其在喷水后应将煤尘和水擦干净。

（五）跑偏开关

KGE9A 型跑偏开关安装在带式输送机的头尾两端（或沿线）带式输送机架的两侧。当皮带与皮带架的相对偏移大于某一设定值时，PROMOS 系统控制器根据跑偏开关的输出状态可发出警报或停止带式输送机运行。

跑偏开关由受皮带推力作用的摆杆和开关板组件的干簧管构成。干簧管是密封在玻璃管中的一组富有弹性的常开接点，当摆杆受皮带的推力向左或向右摆动，使开关板组件的干簧管逐次动作，跑偏开关的输出状态发生变化。PROMOS 系统可根据其变化情况判定皮带跑偏的程度，进而对带式输送机进行报警或停止。

摆杆的有效摆动范围如下，一级跑偏 15°　±5°，二级跑偏 30°　±5°。当摆杆未受力（正常）时，输出电阻为 4. 7kΩ；一级跑偏时，输出电阻为 29. 3（1±0. 1）kΩ；二级跑偏时，输出电阻为 89. 7（1±0. 1）kΩ。

（六）温度传感器

PE3423 型 PT100 温度传感器接口是 KJ50 型 PROMOS 系统中配套产品。通过它可以把外部温度信息转换成 PROMOS 系统能够接收的频率量，从而对外部设备温度进行监测。该接口的输入输出必须是本质安全型信号。

PE3423 型 PT100 温度传感器接口是利用 PT100 电阻随温度变化的特性进行电阻采样，把这些采样电阻信号转换为电压信号，再把电压信号转换为频率信号输入到 PROMOS 系统。该传感器电阻为正温度系数，测量范围 0°　～ 200°，输出频率 5 ～ 15Hz。

使用时将其设置在输入输出口和外围设备间，将本接口同 I/O 智能部件输入输出口用 M24 螺母固定在一起，用电缆连接好。本接口与 PT100 相连，可选用矿用橡套四芯电缆或厂家提供的四芯电缆。电缆最大外径 Φ14。应用时按图 5-21 所示方法连接 PT100 温度电阻。

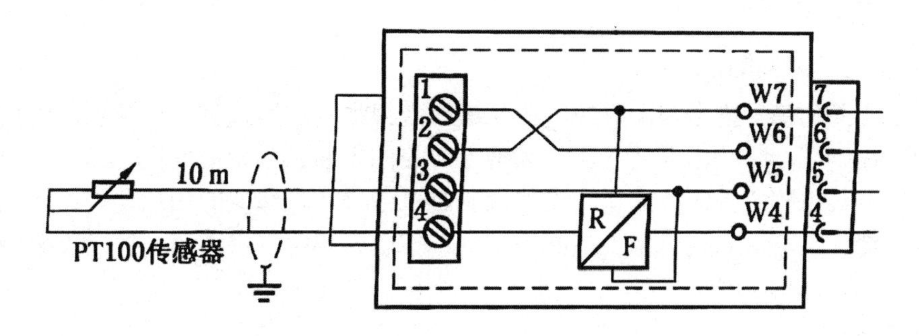

图 5-21　PT100 温度电阻连接图

第七节　液压支架的电液控制系统

一、液压支架电控制系统的发展及应用

国外最早在 20 世纪 70 年代开始开发研制液压支架用的电控系统，20 世纪 80 年代开发研究工作进入实质性应用的阶段。到了 20 世纪 90 年代，液压支架电液自动控制技术已经成熟，工作性能和可靠性已能满足使用要求，因而其发展十分迅速，成为发达产煤国家综采工作面液压支架的标准控制装备。

据不完全统计，目前已有 200 多个综采工作面使用电液控制液压支架，主要集中在美国、澳大利亚、德国、中国、斯洛文尼亚、南非、俄罗斯、波兰、墨西哥、加拿大等国家。2002 年 11 月 25 日，中国神东煤炭集团公司的大柳塔矿井（平硐）创造了“一井一面”年原煤产量 1001. 04 万 t 的纪录，工作面采用 DBT 的 PM4 支架电液控制系统、WS117 两柱液压支架、JOY 公司的 6LS-5 型采煤机及 38mm 工作面刮板输送机。

2002 年 1 月，兖州矿业集团公司兴隆庄煤矿（立井）创造了综放工作面月 63. 21 万 t 的纪录，工作面采用新增自动放顶煤功能的 PM31 型电液控制系统、国产 ZFS6800 液压支架、德国艾柯夫公司 SL300 采煤机、国产工作面输送机（进口减速箱、电动机）；2002 年 3 月，铁法煤业集团小青煤矿（立井）创造了薄煤层工作面月产 14.2 万 t 的纪录，工作面采用德国 DBT 公司 PM4 型电液控制系统、国产液压支架（推移千斤顶德国进口）、德国 DBT 公司的刨煤机。

二、液压支架电液控制系统的组成

液压支架电液控制系统由地面计算机、井下主控计算机、支架控制器、电源箱、压力传感器、位移传感器、电磁阀等组成。

三、支架电液控制系统的工作原理

支架电液控制系统的工作原理为，主控计算机、支架控制器根据预先编制的程序或支架工人操作键盘发出的命令，使电磁先导阀“打开”或“关闭”，先导阀发出的命令控制压力驱动主控阀，进而推动支架的立柱和千斤顶动作，而支架的状态（压力、位移）由立柱下腔的压力传感器和推移千斤顶测出，反馈到支架控制器，控制器再根据传感器提供的信号来决定支架的下一个动作。

（一）双向邻架控制系统

综采工作面的每一支架都配有控制器，操作者根据控制器选择邻架控制，然后根据指令发出相应控制指令，给出电信号，使邻架上对应的电磁铁或微电动机动作，让电信号转化为液压信号，控制主控阀开启，向支架液压缸供液，实现邻架的相应动作。支架的工作状态由位移传感器和压力传感器反馈回控制器，控制器再根据反馈信号决定支架的下一个动作。

（二）双向成组控制系统

将工作面的支架编为若干组，在本组内首架上由操作人员按动控制器的启动键，发出一个指令，邻架就按预定程序动作，移架完成后自动发出控制信号给下一控制器，下一支架开始动作。依此类推，实现组内支架的自动控制。

（三）全工作面自动控制系统

功能完善的电液控制系统设有主控制台、红外线装置，能实现支架与采煤机联动的全工作面自动化控制。其原理为，每一支架上的控制器均与主控制器联网，当支架红外线接收装置收到采煤机红外线发射器发出的位置信号后，反馈给主控制器，主控制器根据反馈信号发出指令，使相应的支架动作。

四、PM31 型电液控制系统的主要功能

（1）用按键对单个支架（邻架）动作的非自动控制。

（2）对单个支架（邻架）的降柱－移架－升柱动作施行自动顺序联动。

（3）成组自动控制。

（4）以采煤机位置为依据的支架自动控制。

（5）支柱在工作中发生卸载时的自动补压功能。

（6）闭锁及紧急停止功能。

（7）信息功能。

五、控制器操作面板

支架控制器操作面板如图 5-22 所示。

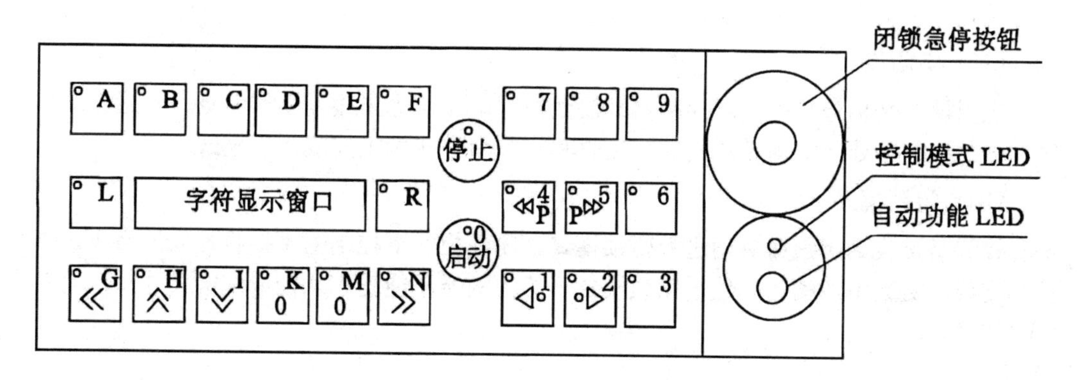

图 5-22　支架控制器操作面板示意图

六、控制器插接口的配置

如图 5-23 所示，控制器后面共有 12 个插口供电缆插入，通过电缆使控制器和整个系统连接起来。

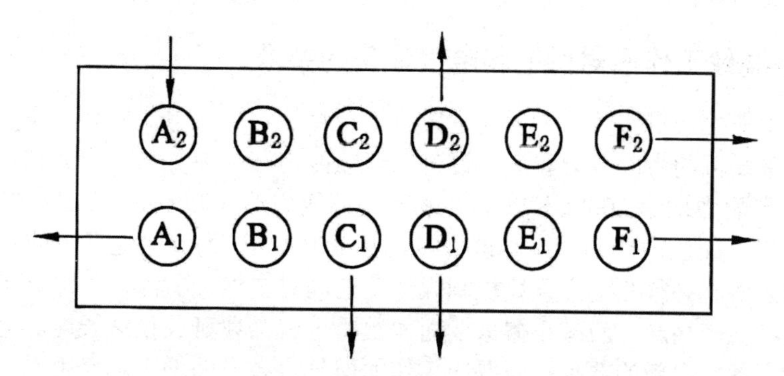

图 5-23　支架控制器后排插口布置

七、控制器的工作模式

控制器的工作模式有主控模式、从控模式、空闲模式、闭锁模式 4 种。

（一）主控模式

主控模式可理解为操作者进行操作的模式。在控制器上按下一个有效键，该控制器就进入主控模式。进入该模式的控制器不接收别的控制器发来的命令。处于主控模式的时间是一个设定的值，此值在菜单的总体参数列的主模式时间项中输入。主控模式时间过后转入空模式的命令可能直接来自本架或邻架在主控模式下所进行的操作，也可能是来自邻架运行着的“自动”功能程序。

（二）从控模式

从控模式指控制器正运行某个控制程序，控制本架执行某一功能动作的工作模式，是某一主控模式所做操作的结果，在从控模式下控制器不应做任何键操作。从控模式可被主控模式、紧急停止或就地闭锁打断而终止，转入其他相应的工作模式。STOP 键也能终止从控模式使控制器回到空闲模式。

（三）空闲模式

空闲模式又称等待模式。控制器既没做按键操作，也未接到动作命令，不运行动作程序，这时控制器处于空闲模式，等待接收和执行命令转为主控或从控模式。

（四）闭锁模式

控制器接收到闭锁命令则进入闭锁模式。闭锁模式下控制器不接收外来的命令，不能控制支架，支架不能动作。处于闭锁模式下的控制器不能变为从控或空闲模式，但可转变为主控模式。

第八节　高产高效工作面的电气控制

煤炭工业向高产高效、集约化生产的方向发展，促进了煤矿电气设备的更新和高新技术的应用。工作面大容量、大功率、新型高效高可靠性的自动化机电设备的不断出现，计算机控制、工况监测等自动化技术和现代通信技术的广泛应用，也加快了工作面供电和电气设备技术进步的步伐。

一、高产高效工作面对供电和电气设备的要求

提高煤矿生产的产量和效益，主要是采用大功率的综采机组，提高工作面单产和劳动效率，即提高采煤机的生产能力和运输设备的运输能力。目前美国、澳大利亚等国家的高产综采面的生产能力均达 2000t/h 以上，最大运输能力达 3500t/h。我国神华集团神东公司的高产高效工作面生产能力和运输能力也已达 3500t/h。为满足这样大的生产能力和适应高产高效的需要，必须在提高采煤机割煤速度的同时，增加截深，并加大工作面长度。

为保持连续稳产高产，应减小搬家倒面次数，这就需要延长推进长度。这些都向工作面供电和电气设备提出新的要求，即要求工作面电气设备不断增大功率容量，提高供电电压等级，具备完善、可靠、灵敏的电气保护和监测、控制、信息传递功能。

从 20 世纪 60 年代初到 20 世纪 70 年代初，世界上各主要先进采煤国家已普遍采用 1100V 电压向工作面电气设备供电，工作面装机容量一般都在 500kW 左右。

到 20 世纪 70 年代后期，综采设备功率迅速增大。出现了双电动机采煤机，其产品有 AM-500 型（2×375kW）和 EDW-600L 型（2×300kW）采煤机，使单机功率较原先提高了一倍。随着采煤机功率的增大，工作面输送机的容量也相应增加到 225kW 以上，最大达到 600kW，工作面装机容量近 2000kW。

同时，由于采掘运输设备功率增大，使工作面推进速度加快，要求采区走向长度加长。在我国已有采区走向长 6000m，工作面长度达 350m 的高产高效工作面投入生产，从而使供电距离增大，这些特点也对采区供电提出了更高的要求。

这样，原有 1100V 供电系统已不能满足要求。通过分析计算表明，当工作面尺寸加大、

供电距离加长、电动机功率增大后，如果仍用1100V电压供电，则在工作面输送机电机功率达2×300kW以上时，方能保证有足够的启动力矩，严重时可能降低40%以上；采煤机功率进一步增大，将使控制开关和电缆等设备超过其合理电流极限，若采用双电缆或大截面电缆，将增加电缆拖移及弯曲的困难，同时造价、维修费用和损耗也较高；在工作面尺寸进一步增大，设备功率和生产能力不断增加的条件下，若采用旧系统增容，则会得不偿失，既不经济，也不合理；若采用大容量变压器，当电缆损伤时，可能产生很高的故障电流。

所以对1100V电压一般有效的使用上限应该是，采煤机单机最大功率为375kW（多电机装机功率为485kW），刮板输送机电机功率300kW。大于上述功率值的设备应选用更高一级电压供电，所以各主要先进采煤国已先将工作面的供电电压升至2kV以上，最高为5kV。

二、高产高效工作面供电及电气设备

（一）工作面装机容量和供电电压

目前，日产万吨的综采工作面已在主要的先进采煤国家大量涌现。随着对国外先进设备的引进和消化，这种高产高效工作面也在我国许多煤炭企业出现，这使得综采设备的装机功率不断提高。采煤机最大装机功率已达1530kW（6LS-05），驱动电机最大功率达610kW（6LS-05）；工作面输送机最大装机功率达1125kW，驱动电机最大功率达525kW，最大的工作面输送机功率将达3×522＝1566kW；运输巷带式输送机最大装机功率达1350kW，驱动电机最大功率为420kW；乳化液泵站最大装机功率为3×190kW；转载机和破碎机最大装机功率均达200kW以上。这样，现代化高产高效工作面的装机总功率一般均在3000kW以上，已有装机总功率超过4000kW的工作面出现。

随着工作面装机容量的增大，高产高效工作面还要求加大工作面长度和延长推进长度（走向长度），我国正在工作中的“超级”工作面长度达6000m，这些又都要求增加输电距离，提高工作面设备的供电电压。

20世纪80年代开始，美国、德国等国的大型矿井已经采用10～12.5kV电压向井下供电。随后，由于综采设备功率日益增大，南非、美国、澳大利亚、德国、法国、英国等国煤矿先后采用2kV以上的高压向工作面机械供电，均取得了改善供电质量、高产高效、安全可靠的效果。法国是目前世界上在工作面设备使用电压最高（5kV）的国家。

我国使用中高压向综采工作面设备供电的工作正处在起步阶段，到目前为止，已有神华集团神府精煤公司大柳塔矿、大同矿务局燕子山矿、晋煤集团古书院矿、华煤集团砚北矿等在工作面移动设备上采用3.3kV电压。

（二）工作面供电方式和主要设备

向高产高效工作面供电的方式一般有两种，一种是典型的常规供电方式，即由地面变电所用两趟电缆线路供至井下中央变电所，再由中央变电所用电缆送至设在工作面巷道的移动变电站（移动变电站的数量根据工作面总负荷而定，一般为2～3台），通过启动器、负荷中心等分别向采煤机、刮板输送机、转载机、破碎机和带式输送机供电。另一种供电方式是以美国为代表的，由地面变电所以6～12.5kV电压下井，入井电缆直接送至采区移动式供电中心（Power Center）。该移动式供电中心是一台大型多回路出线移动变电装置，一个工作面装一台即可分别向多台不同电压的机电设备供电。

随着工作面装机容量的增大和供电电压的升高，移动变电站和开关装置也继续向大容量、高电压组合化方向发展。目前最大容量移动变电站已超过3000kV·A，一次侧电压为6～12.5kV，二次侧电压有5kV、4.16kV、3.3kV、2.3kV、1.1kV等。

美国的大型移动式供电中心则是将高压开关、多线圈变压器和低压控制开关组合在一起，容量为1000～3000kV·A。因法国采用的是5kV电压入井，且工作面设备也用5kV供电，所以工作面装设的是防爆干式隔离变压器，一次侧电压为（5000±500）V，二次侧空载电压为5250V，变压器容量均在1000kV·A以上，其主要作用是将工作面5kV电网与矿井供电系统隔离开，以有效限制其相对地短路电流（一般应降到3A以下）的危害。

移动变电站的一次侧均装有六氟化硫或真空断路器，还有的为标准旋弧式六氟化硫断路器（其定电流一般在500A以上，断路器容量在150MV·A以上），一次侧带有过流保护、短路保护、接地保护、漏电监测装置及低气压保护，有些还有浪涌分流电阻器，以防止浪涌电压和开关瞬变的冲击；二次侧也均用六氟化硫或真空断路器（额定电流在500A以上，分断能力在20MV·A以上），带有完善的过流、短路、断相、失压、接地和漏电保护、低气压保护，以及故障查询、闭锁和先导保护等功能，有些还带有相敏短路保护和浪涌吸收器。中性点一般通过电抗器或电阻接地，以限制流过中性点的接地电流，并设有漏电监测和闭锁装置。

为减少工作面停工时间，有些移动变电站还带有自动重合闸装置。矿用开关用的真空接触器的寿命已达100×10^4次以上。

在一、二次侧开关箱上，设有观察窗口，用以查看断路器和其他设备的工作状态，以及各种保护的动作情况。

连接负荷用的电缆截面多在95mm^{2}以下，一般均为六芯或七芯。如法国制造的矿用5kV软电缆为六芯线，各芯线导体用直径0.3mm的紫铜丝扭成，外包聚氯乙烯绝缘，再用0.3mm的镀锡铜丝编织层和半导电橡胶作成分相芯线及外套双屏蔽结构，最外面是几层镀锡钢丝和人造纤维加强的橡胶护套、氯丁胶护套。用于工作面输送机等非经常卷动的半固定电缆，还在橡胶护套内加钢丝铠装编织层。

英国煤矿规范标准中规定，用于向工作面机械设备馈电的电缆一般为柔性橡胶电缆，其芯线为柔性或镀锡铜导线，芯线间绝缘用EPR标准的中粒度乙烯丙烯橡胶或氯丁磺化聚乙烯挤压而成。

常用的屏蔽类型有TAC带半导体层、半导电橡胶、铜丝尼龙编织带和普通软铜丝编织带，还可用易弯曲的钢丝铠装来保证电缆的机械强度和柔韧性。衬垫和护套用重型聚氯丁烯（PCP）制成，这种材料阻燃、柔软，而且耐磨、耐渗、耐冲击。

三、高产高效工作面供电系统的特点

（1）变压器容量大。最大的移动变电站变压器容量已超过3000kV·A。

（2）电压等级高。入井电压最高已达12.5kV，向工作面供电的电压最高已达5kV。

（3）变压器中性点接地的方式。向工作面供电的变压器中性点采用经电抗器或经电阻接地的方式，并与保护装置配合，以减小单相接地时的故障电流。

（4）采用六氟化硫或真空断路器。变压器一次侧和二次侧均采用六氟化硫（SF）或真空断路器，并带有可靠、灵敏的保护，如反时限过流、短路、断相、失压、接地、浪涌、漏气保护、漏电保护和漏电闭锁等功能。有些还带有自动重合闸装置，并且可以指示、观察断路器的工作状态及各种保护的动作情况。

（5）采用组合开关。控制负荷的各种开关可同时控制多台电机，最多可配有 8 个出线模块，每个出线模块包括真空接触器和控制、保护装置。

（6）全面使用微机控制技术。如在各控制开关和采煤机上广泛采用可编程控制器（PLC）等进行控制和通信，增强了这些设备的功能。

第六章　自动化概述

第一节　自动化内涵及其应用

一、自动化内涵

自动化（Automation）是指机器设备或者是生产过程、管理过程，在没有人直接参与的情况下，经过自动检测、信息处理、分析判断、操纵控制，实现预期的目标、目的或完成某种过程。简而言之，自动化是指机器或装置在无人干预的情况下按规定的程序、指令自动地进行操作或运行。广义地讲，自动化还包括模拟或再现人的智能活动。

自动化是新的技术革命的一个重要方面。自动化是自动化技术和自动化过程的简称。自动化技术主要有两个方面，第一，用自动化机械代替人工的动力方面的自动化技术；第二，在生产过程和业务处理过程中，进行测量、计算、控制等，这是信息处理方面的自动化技术。自动化有两个支柱技术，其一是自动控制；其二是信息处理。它们是相互渗透、相互促进的。自动控制（Automatic Control）是与自动化密切相关的一个术语，两者既有联系，也有一定的区别。自动控制是关于受控系统的分析、设计和运行的理论和技术。一般来说，自动化主要研究的是人造系统的控制问题，自动控制则除了上述研究外，还研究社会、经济、生物、环境等非人造系统的控制问题，如生物控制、经济控制、社会控制及人口控制等，显然这些都不能归入自动化的研究领域。人们提到的自动控制通常是指工程系统的控制，在这个意义上自动化和自动控制是相近的。

社会的需要是自动化技术发展的动力。自动化技术是紧密围绕着生产、生活、军事设备控制、航空航天工业等的需要而形成，以及在科学探索中发展起来的一种高技术。美国发明家斯托特在读书时，为了不交房费而替房东看管锅炉，每天清晨 4 点钟闹钟一响，他就要从睡梦中醒来，爬出被窝，跑到地下室，打开锅炉炉口，把锅炉烧旺。这当然是谁也不怎么爱干的苦差事。为了摆脱这份劳苦，他想出了一个办法，即用一根绳子，一头挂在锅炉门上，一头拉到卧室里，当闹钟一响，只要在被窝中拉一下绳子就行了。后来，他干脆把闹钟放到地下室锅炉边上，做了一个类似老鼠夹子的东西。当闹钟一响，与发条相连的夹子就动作，夹子带动一根木棍，木棍倒下，炉门便自动打开了。后来，他在此基础上发明了钟控锅炉。这个小故事说明，自动化技术很多是从人们身边生活和生产中发展起来的，而这些技术发展之后又广泛地用于生活、生产的各个领域中。自动化技术发展至今，可以说已从人类手脚的延伸扩展到人类大脑的延伸。自动化技术时时在为人类“谋”福利，可谓无所不在。

二、自动化应用

自动化技术的应用范围非常广泛，可以应用于制造业、能源、交通、环保、医疗、农业等众多领域。下面将从应用领域、应用特点两方面进行阐述（由于后文中将详细介绍电气自动化技术及其应用，在此仅从概括角度做简要分析）。

（一）自动化技术的应用领域

1. 制造业领域

制造业是自动化技术应用最为广泛的领域之一。自动化技术可以应用于各种制造业，提高生产效率和产品质量，降低生产成本，增强产品竞争力。

自动化技术在制造业领域的具体应用如下。

（1）生产过程的自动化

自动化技术在制造业中的一个主要应用就是生产过程的自动化，即通过自动化设备和控制系统，实现生产过程的自动化和连续化。

①生产线的自动化

通过自动化设备和控制系统，可以实现生产线的自动化控制和管理，提高生产效率和产品质量。例如，通过自动化机器人进行组装、搬运和包装，可以实现生产过程的自动化，从而减少人工操作和生产周期，提高生产效率。

②机器的自动化

通过自动化技术，可以实现机器的自动化操作和控制，如机床、数控机床等，可以实现加工过程的自动化，从而提高加工精度和生产效率。

③流程的自动化

通过自动化技术，可以实现生产过程的全面自动化，包括加工、装配、测试、检验和包装等流程的自动化控制和管理。例如，在汽车制造业中，通过自动化生产线进行车身焊接、喷涂、装配等流程的自动化，可以提高生产效率和产品质量。

（2）生产过程的智能化

随着人工智能和物联网技术的不断发展，自动化技术在制造业中的应用已经不仅仅是生产过程的自动化，而是向智能化方向发展。

①生产过程的全面监控

通过物联网技术，可以实现生产过程的全面监控，包括机器运行状态、生产效率、产品质量等各个方面的实时监控，从而实现生产过程的全面管理和控制。

②生产过程的数据分析

通过人工智能技术，可以实现生产过程的数据分析和优化，如通过数据挖掘和分析，可以找到生产过程中存在的问题和瓶颈，从而优化生产过程和提高生产效率。

③生产过程的自主决策

通过人工智能技术，可以实现生产过程的自主决策和自适应控制，如当生产过程中出现异常情况时，自动化系统可以自主判断并采取相应的措施，从而保障生产的顺利进行。

（3）生产过程的柔性化

随着市场需求的不断变化和个性化的生产需求，自动化技术在制造业中的应用也向柔性化方向发展。

①生产线的柔性化

通过自动化技术，可以实现生产线的柔性化制造，即生产线可以根据市场需求和产品种类的变化，灵活调整生产流程和生产能力，从而满足不同的生产需求。

②机器的柔性化

通过自动化技术，可以实现机器的柔性化生产，即机器可以根据不同的生产需求和产品要求，灵活调整加工参数和加工路径，从而满足不同的加工需求和产品种类。

③流程的柔性化

通过自动化技术，可以实现生产流程的柔性化制造，即生产流程可以根据不同的生产需求和产品要求，灵活调整流程和控制参数，从而实现生产过程的灵活调整和优化。

（4）其他应用

除了生产过程的自动化、智能化和柔性化，自动化技术在制造业中还有其他的应用。

①产品质量检测

通过自动化检测设备和控制系统，可以实现产品质量的自动化检测和控制，从而提高产品的质量和稳定性。

②物流管理

通过自动化技术，可以实现物流管理的自动化，包括物流信息的采集和传输、仓库管理和物流配送等方面，从而提高物流效率和精准度。

③安全生产管理

通过自动化技术，可以实现安全生产管理的自动化，包括安全监测和预警、危险源识别和控制等方面，从而保障工人的生命财产安全。

2. 能源领域

能源领域也是自动化技术的应用领域之一。自动化技术可以应用于各种能源领域，如电力、石油化工等。自动化技术可以实现能源生产、输送、储存和利用的自动化控制和管理。

自动化技术在能源领域的具体应用如下。

（1）电力系统

自动化技术在电力系统中的应用非常广泛，主要应用于电力生产、输电和配电等方面。

①发电机组控制系统

通过自动化技术，可以实现发电机组的自动化控制和管理，包括发电机组的启动、停止、负荷调节和同步控制等方面，从而提高发电效率和稳定性。

②输电线路监测系统

通过自动化监测设备和控制系统，可以实现输电线路的实时监测和控制，包括输电线路的电压、电流、功率和温度等参数的实时监测，从而保证输电线路的安全运行。

③配电自动化系统

通过自动化技术，可以实现配电自动化系统的建设和运行，包括配电变压器的自动控制、开关柜的自动控制和电能计量等方面，从而提高配电系统的效率和精确度。

④智能电网建设

通过自动化技术，可以实现智能电网的建设和运行，包括电力系统的远程监控和控制、分布式发电和储能技术的应用，以及新能源和电动汽车的接入等方面，从而提高电力系统的可靠性和安全性。

（2）石油化工

自动化技术在石油化工领域中的应用也非常广泛，主要应用于石油加工、化学工艺和炼油厂等方面，具体包括生产过程的自动化控制、智能化监测和预警系统、能源利用和节能减排、生产过程的柔性化等。

①生产过程的自动化控制

通过自动化技术，可以实现生产过程的自动化控制和管理，包括炼油过程的自动化控制、化学反应过程的自动化控制、管道输送过程的自动化控制等方面，从而提高生产效率和产品质量。

②智能化监测和预警系统

通过自动化监测设备和控制系统，可以实现石油化工过程的智能化监测和预警，包括化学品的检测和分析、工艺参数的监测和预测、危险源的识别和预警等方面，从而保障生产过程的安全稳定。

③能源利用和节能减排

通过自动化技术，可以实现能源的智能利用和节能减排，包括石油化工过程中的废气、废水和废渣的回收和处理，能源消耗的监测和管理等方面，从而提高能源利用效率、减少污染排放。

④生产过程的柔性化

通过自动化技术，可以实现生产过程的柔性化制造，包括石油化工产品种类的变化和市场需求的变化，从而灵活调整生产流程和生产能力，满足不同的生产需求。

（3）其他应用

除了电力系统和石油化工领域，自动化技术在能源领域中还有其他的应用。

①新能源的利用

通过自动化技术，可以实现新能源的智能利用和管理，包括太阳能、风能、水能和生物能等方面，从而提高新能源利用效率，减少对传统能源的依赖。

②智能能源交互系统

通过自动化技术，可以实现智能能源交互系统的建设和运行，包括不同能源之间的交互和共享、能源供需平衡的优化和调节等方面，从而提高能源的利用效率和环境友好型。

③能源安全监管

通过自动化技术，可以实现能源安全监管的自动化和智能化，包括能源生产、储存、运输和使用过程的监测和控制，能源供应安全的预警和处理等方面，从而保障能源安全和稳定供应。

3. 交通运输领域

交通运输领域也是自动化技术应用广泛的领域之一。自动化技术可以应用于铁路、航空等交通运输领域。自动化技术可以提高交通运输效率和安全性，降低能源消耗和环境污染。

自动化技术在交通运输领域的具体应用如下。

（1）航空领域

自动化技术在航空领域中的应用非常广泛，主要应用于飞行控制、导航和机载通信等方面。

①自动驾驶技术

通过自动驾驶技术，可以实现飞机在起飞、巡航、降落等阶段的自动化控制和管理，从而提高飞行的安全性和准确性。

②自动导航系统

通过自动导航系统，可以实现飞机的自动导航和定位，包括航向、高度、速度和位置等参数的自动控制和管理，从而保证飞机的飞行安全和准确性。

③机载通信系统

通过自动化技术，可以实现机载通信系统的自动化控制和管理，包括通信频率、通信方式和通信内容的自动控制和管理，从而提高机载通信的效率和精确度。

（2）铁路领域

自动化技术在铁路领域中的应用也非常广泛，主要应用于列车控制、信号和调度等方面。

①自动驾驶技术

通过自动驾驶技术，可以实现列车在启动、行驶和停车等阶段的自动化控制和管理，从而提高列车的运行安全性和准确性。

②自动信号系统

通过自动信号系统，可以实现列车的自动信号控制和管理，包括信号灯的自动控制、道岔的自动切换和安全防护等方面，从而保证列车运行的安全和准确性。

③调度自动化系统

通过自动化技术，可以实现列车调度自动化系统的建设和运行，包括列车的运行计划、车次管理和调度决策等方面，从而提高列车运行的效率和精确度。

（3）其他应用

除了航空和铁路领域，自动化技术在交通运输领域中还有其他的应用。

①智能交通管理系统

通过自动化技术，可以实现智能交通管理系统的建设和运行，包括交通流量的自动监测和控制、交通信号的智能控制和优化、交通事件的智能预测和处理等方面，从而提高交通运输的效率和安全性。

②智能车辆技术

通过自动化技术，可以实现智能车辆技术的应用和发展，包括自动驾驶、车辆通信和车辆电子化等方面，从而提高车辆的安全性和智能化水平。

③港口自动化系统

通过自动化技术，可以实现港口自动化系统的建设和运行，包括港口作业的自动化控制、集装箱堆场的自动化管理和码头设备的自动化控制等方面，从而提高港口作业的效率和精确度。

4. 环保领域

环保领域是自动化技术应用的新兴领域之一。自动化技术可以应用于环境监测、环境污染治理、环境保护等领域。自动化技术可以提高环保设施的效率和稳定性，减少环境污染。

自动化技术在环保领域的具体应用如下。

（1）环境监测

环境监测是环境保护的重要组成部分，通过自动化技术可以实现环境监测的自动化和智能化，包括大气、水质、土壤等方面。

①大气自动监测系统

通过自动化技术，可以实现大气自动监测系统的建设和运行，包括大气污染物的自动监测和数据处理、大气质量的自动预测和预警等方面，从而提高大气环境监测的效率和准确性。

②水质自动监测系统

通过自动化技术，可以实现水质自动监测系统的建设和运行，包括水质参数的自动监测和数据处理、水质污染源的自动识别和处理等方面，从而保证水质环境监测的准确性和可靠性。

③土壤自动监测系统

通过自动化技术，可以实现土壤自动监测系统的建设和运行，包括土壤污染物的自动监测和数据处理、土壤质量的自动评估和治理等方面，从而保护土壤环境和农产品的安全性。

（2）环境污染治理

环境污染治理是环境保护的核心任务之一，通过自动化技术可以实现环境污染治理的自动化和智能化，包括空气污染、水污染和噪声污染等方面。

①智能废气处理系统

通过自动化技术，可以实现智能废气处理系统的建设和运行，包括废气处理设备的自动控制和调节、废气污染物的自动监测和处理等方面，从而实现废气排放的减少和净化。

②智能污水处理系统

通过自动化技术，可以实现智能污水处理系统的建设和运行，包括污水处理设备的自动控制和调节、污水污染物的自动监测和处理等方面，从而实现污水排放的减少和净化。

③智能噪声治理系统

通过自动化技术，可以实现智能噪声治理系统的建设和运行，包括噪声源的自动监测和识别、噪声的自动控制和减少等方面，从而实现城市噪声治理的智能化和准确性。

（3）环境保护

环境保护是环境保护的最终目标之一，通过自动化技术可以实现环境保护的自动化和智能化，包括生态保护、自然资源保护和生态建设等方面。

①生态监测和保护系统

通过自动化技术，可以实现生态监测和保护系统的建设和运行，包括生态环境的自动监测和评估、生态系统的自动调节和管理等方面，从而保护和恢复生态环境的稳定性和健康性。

②自然资源保护系统

通过自动化技术，可以实现自然资源保护系统的建设和运行，包括土地资源的自动监测和评估、水资源的自动调节和管理等方面，从而实现自然资源的合理开发和利用。

③生态建设和修复系统

通过自动化技术，可以实现生态建设和修复系统的建设和运行，包括植被的自动管理和养护、土地的自动修复和重建等方面，从而保护和恢复生态系统的平衡和健康。

5. 医疗领域

医疗领域也是自动化技术应用广泛的领域之一。自动化技术可以应用于医疗设备、医疗信息化、医疗服务等领域。自动化技术可以提高医疗服务的效率和质量，降低医疗成本。

自动化技术在医疗领域的具体应用如下。

（1）医疗设备的自动化控制

医疗设备是医院中必不可少的一部分，通过自动化技术可以实现医疗设备的自动化控制，包括医疗影像设备、手术机器人、床位等方面。

①医疗影像设备

通过自动化技术，可以实现医疗影像设备的自动化控制和处理，包括 CT、MRI、X 光等设备的自动调节和运行，从而提高医疗影像的质量和效率。

②手术机器人

通过自动化技术，可以实现手术机器人的自动化控制和操作，包括手术机器人的自动定位和操作，从而提高手术的精确性和安全性。

③床位管理系统

通过自动化技术，可以实现床位管理系统的自动化控制和管理，包括床位的自动分配和调度、患者的自动识别和管理等方面，从而提高医院床位利用率和管理效率。

（2）医疗信息的自动化处理

医疗信息是医院中必不可少的一部分，通过自动化技术可以实现医疗信息的自动化处理，包括电子病历、医疗数据分析等方面。

①电子病历

通过自动化技术，可以实现电子病历的自动化管理和处理，包括病历的自动记录和整理、医生和患者的自动交流等方面，从而提高医疗信息的准确性和及时性。

②医疗数据分析

通过自动化技术，可以实现医疗数据的自动化分析和处理，包括医疗数据的自动收集和整理、医疗数据的自动分析和预测等方面，从而提高医疗决策的准确性和科学性。

（3）医疗服务的自动化实现

医疗服务是医院中重要的一部分，通过自动化技术可以实现医疗服务的自动化实现，包括医疗排队、药品配送等方面。

①医疗排队系统

通过自动化技术，可以实现医疗排队系统的自动化管理和处理，包括患者的自动排队、医生的自动叫号等方面，从而提高患者的就诊效率和体验。

②药品配送系统

通过自动化技术，可以实现药品配送系统的自动化管理和处理，包括药品的自动分拣和配送、药品库存的自动管理和补充等方面，从而提高医疗药品的配送效率和准确性。

6. 农业领域

农业领域也是自动化技术应用的新兴领域之一。自动化技术可以应用于农业机械化和智能化，提高农业生产效率和产品质量，减少人工操作和成本。

自动化技术在农业领域的具体应用如下。

（1）农业机械化

农业机械化是自动化技术在农业领域中最早得到应用的领域之一，主要是通过自动化技术来实现农业生产的自动化和智能化，包括耕作、种植、收割等方面。

①农业机械化作业

通过自动化技术，可以实现农业机械化作业的自动化和智能化，包括耕作、种植、收割等方面的机器人作业和自动化控制等方面，从而提高农业生产的效率和质量。

②智能农机

通过自动化技术，可以实现智能农机的研发和应用，包括自动驾驶农机、智能化植保无人机等方面，从而提高农业生产的自动化和智能化程度。

（2）智能农业

智能农业是自动化技术在农业领域中新兴的应用方向之一，主要是通过自动化技术来实现农业生产的智能化和精准化，包括农业生产的各个环节。

①农业生产管理系统

通过自动化技术，可以实现农业生产管理系统的建设和运行，包括种植计划的自动化管理、生产数据的自动采集和分析等方面，从而提高农业生产的精准化和效率。

②智能灌溉系统

通过自动化技术，可以实现智能灌溉系统的建设和运行，包括土壤水分的自动监测和控制、灌溉系统的自动调节和管理等方面，从而提高农业生产的水资源利用率和效率。

③智能化植保系统

通过自动化技术，可以实现智能化植保系统的建设和运行，包括植保机器人的自动化作业和精准施药等方面，从而提高农业生产的质量和效率。

（3）农产品加工

除了农业生产的自动化和智能化，自动化技术也可以应用于农产品的加工和处理过程中，包括收获后的处理、贮存和包装等方面。

①自动化收获和处理

通过自动化技术，可以实现农产品的自动化收获和处理，包括水果和蔬菜的自动化采摘和分类、畜禽的自动化屠宰和分割等方面，从而提高农产品的质量和效率。

②农产品贮存和包装

通过自动化技术，可以实现农产品的自动化贮存和包装，包括自动化的仓储管理、自动化的包装和标识等方面，从而提高农产品的质量和保鲜期。

（二）自动化技术的应用特点

1. 生产效率高

自动化技术可以实现高效、高速的生产，提高生产效率，缩短生产周期。通过自动化技术的应用，能够实现生产过程的连续化、自动化、智能化和高效化，从而提高生产效率。

2. 生产成本低

自动化技术可以大幅度降低生产成本，减少人力、物力和能源等资源消耗。通过自动化技术的应用，能够减少生产中的人工操作和能源消耗，降低生产成本。

3. 生产质量高

自动化技术可以提高产品的质量和稳定性，减少人为误差和质量问题，增加产品的可靠性和稳定性。通过自动化技术的应用，能够实现对生产过程的全面监控和控制，从而提高产品的质量和稳定性。

4. 生产灵活性强

自动化技术可以实现生产过程的灵活调节和控制，使得生产能够根据需求快速转换，提高企业的生产适应性和竞争力。通过自动化技术的应用，能够实现生产线的柔性制造和生产流程的灵活调整，提高生产适应性。

5. 管理水平高

自动化技术可以提高企业的管理水平，通过监控和控制生产过程，实现生产过程的精细化管理和优化。通过自动化技术的应用，能够实现对生产过程的全面监控和控制，从而提高企业的管理水平。

第二节　自动化及控制技术发展历程

自古以来，人类就有创造自动装置以减轻人类劳动负担或代替人类劳动的想法。自动化技术的产生和发展经历了漫长的历史过程。

自动化技术的发展经历了 4 个典型的历史时期，分别为 18 世纪以前的自动装置的出现和应用、18 世纪末至 20 世纪 30 年代的自动化技术形成时期、20 世纪四五十年代的局部自动化时期和 20 世纪 50 年代至今的综合自动化时期。

一、自动装置的出现和应用时期

古代人类在长期的生产和生活中，为了减轻自己的劳动，逐渐利用自然界的风力或水力代替人力、畜力，以及用自动装置代替人的部分繁难的脑力活动和对自然界动力的控制，经过漫长岁月的探索，他们造出了一些原始的自动装置。

公元前 14 世纪至公元前 11 世纪，中国和巴比伦出现了自动计时装置——刻漏，为人类研制和使用自动装置之始。

国外最早的自动化装置，是公元 1 世纪古希腊人希罗发明的神殿自动门和铜祭司自动洒圣水、投币式圣水箱等自动装置。2000 年前的古希腊，有一名非常出色的技师叫希罗，他经常向阿基米德等科学家请教、学习，制造出了许多机器，有神殿自动门、神水自动出售机、里程表等。神殿自动门的动作过程是，当有人拜神时，点燃祭坛上的油火，油火产生的热量就会使一个箱子里的空气膨胀，膨胀的空气会推动大门，使大门打开；当拜神的人把油火熄灭后，空气受冷缩小，大门就会关闭。

公元 2 世纪，东汉时期的张衡利用齿轮、连杆和齿轮机构制成浑天仪。它能完成一定系列有序的动作，显示星辰升落，可以把它看成古代的程序控制装置。

公元 220—280 年，中国出现计里鼓车。公元 235 年，三国时期的马钧研制出用齿轮传动的自动指示方向的指南车，依照现在观点看，指南车属于自动定向装置。公元 1088 年，中国苏颂等把浑仪（天文观测仪器）、浑象（天文表现仪器）和自动计时装置结合在一起，建成了具有“天衡”自动调节机构和自动报时机构的水运仪象台。公元 1135 年，中国的燕肃在“莲华漏”中采用三级漏壶并用浮子式阀门自动装置调节液位。公元 1637 年，中国明代的《天工开物》一书记载了有程序控制思想萌芽的提花织机结构图。

17 世纪以来，随着生产的发展，在欧洲的一些国家相继出现了多种自动装置。例如，1642 年法国物理学家帕斯卡发明能自动进位的加法器；1657 年荷兰机械师惠更斯发明钟表，利用锥形摆作调速器；1681 年帕潘发明了带安全阀的压力釜，实现压力自动控制；1694 年德国莱布尼茨发明能进行加减乘除的机械计算机；1745 年英国机械师 E. 李发明带有风向控制的风磨；1765 年俄国机械师波尔祖诺夫发明浮子阀门式水位调节器，用于蒸汽锅炉水位的自动控制。

二、自动化技术形成时期

1660年意大利人发明了温度计。1680年法国人巴本在压力锅上安装了自动调节机构。1784年瓦特在改进的蒸汽机上采用离心式调速装置，构成蒸汽机转速的闭环自动调速系统（图6-1），瓦特的这项发明开创了近代自动调节装置应用的新纪元，对第一次工业革命及后来控制理论的发展有重要影响。

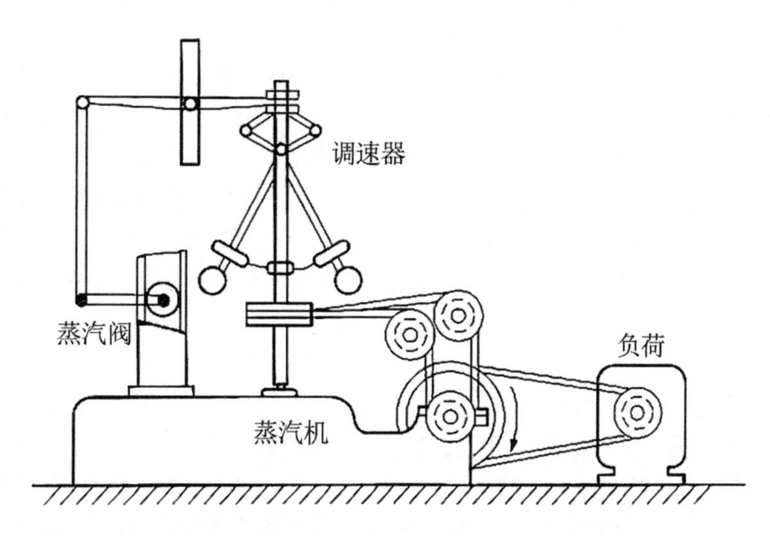

图6-1　瓦特离心式调速器对蒸汽机转速的控制

在这一时期中，由于第一次工业革命的需要，人们开始采用自动调节装置，来对付工业生产中提出的控制问题。这些调节器都是一些跟踪给定值的装置，使一些物理量保持在给定值附近。自动调节器的应用标志着自动化技术进入新的历史时期。

1830年英国人尤尔制造出温度自动调节装置。1854年俄国机械学家和电工学家康斯坦丁诺夫发明电磁调速器。1868年法国工程师法尔科发明反馈调节器，并把它与蒸汽阀连接起来，操纵蒸汽船的舵。他把这种自动控制的气动船舵称为伺服机构。20世纪二三十年代，美国开始采用PID调节器。PID调节器是一种模拟式调节器，现在还有许多工厂采用这种调节器。

具有离心式调速系统的蒸汽机，经过70多年的改进，反而产生了“晃动”现象（即现在所说的不稳定）。英国的物理学家麦克斯韦（创立电磁波理论的伟大科学家）用高等数学的理论研究分析了这种“晃动”现象。

1876年，俄国机械学家维什涅格拉茨基进一步总结了调节器的理论。他用线性微分方程来描述整个系统，问题变成只要研究齐次方程的通解所决定的运动情况，使调节系统的动态特性仅仅取决于两个参量，由此推导出系统的稳定条件，把参量平面划分成稳定域和不稳定域（后称维什涅格拉茨基图）。

1877年英国的劳斯，1885年德国的赫尔维茨分别提出判别系统是否会产生“晃动”的准则（称为稳定判据），为设计研究自动系统提供了可靠的理论依据，这一准则至今尚在使用。

1892年，俄国数学家李雅普诺夫提出稳定性的严格数学定义并发表了专著。李雅普诺夫第一法又称一次近似法，明确了用线性微分方程分析稳定性的确切适用范围。李雅普诺夫第二法又称直接法，不仅可以用来研究无穷小偏移时的稳定性（小范围内的稳定性），还可以用来研究一定限度偏移下的稳定性（大范围内的稳定性）。他的稳定性理论至今还是研究分析线性和非线性系统稳定性的重要方法。

进入 20 世纪以后，工业生产中广泛应用各种自动调节装置，促进了对调节系统的分析和综合研究工作。这一时期虽然在自动调节器中已广泛应用反馈控制的结构，但从理论上研究反馈控制的原理则是从 20 世纪 20 年代开始的。

1927 年，美国贝尔电话实验室的电气工程师布莱克在解决电子管放大器失真问题时首先引入反馈的概念。1925 年，英国电气工程师亥维赛把拉普拉斯变换应用到求解电网络的问题上，提出了运算微积。此后在拉普拉斯变换的基础上，传递函数的观念被引入分析自动调节系统或元件上，成为重要工具。1932 年，美国电信工程师奈奎斯特提出著名的稳定判据（称为奈奎斯特稳定判据），可以根据开环传递函数绘制或测量出的频率响应判定反馈系统的稳定性。1938 年前，苏联电气工程师米哈伊洛夫提出根据闭环（反馈）系统频率特性判定反馈系统稳定性的判据。

1833 年，英国数学家巴贝奇在设计分析机时首先提出程序控制的原理。他想用法国发明家雅卡尔设计的编织地毯花样用的穿孔卡方法来实现分析机的程序控制。1936 年，英国数学家图灵提出著名的图灵机，用来定义可计算函数类，建立了算法理论和自动机理论。1938 年，美国电气工程师香农和日本数学家中岛，以及 1941 年苏联科学家舍斯塔科夫，分别独立地建立了逻辑自动机理论，用仅有两种工作状态的继电器组成了逻辑自动机，实现了逻辑控制。

1922 年米诺尔斯基发表《关于船舶自动操舵的稳定性》，1934 年美国科学家黑曾发表《关于伺服机构理论》，1934 年苏联科学家沃兹涅先斯基发表《自动调节理论》，1938 年苏联电气工程师米哈伊洛夫发表《频率法》，这些论文标志着经典控制理论的诞生。

三、局部自动化时期

在第二次世界大战期间，德国的空军优势和英国的防御地位，迫使美国、英国等国科学家集中精力解决了防空火力控制系统和飞机自动导航系统等军事技术问题。在解决这些问题的过程中形成了经典控制理论，设计出各种精密的自动调节装置，开创了系统和控制这一新的科学领域。这些经典控制理论对战后发展局部自动化起了重要的促进作用，使自动化技术得到飞速的发展。为提高自动控制系统的性能，维纳创立了控制论，提出了反馈控制原理。

直到今天，反馈控制仍是十分重要的控制原理。这一时期出现了自动防空火炮、自动飞向目标的 V-2 导弹等自动化系统和装置。

1945 年，美国数学家维纳把反馈的概念推广到生物等一切控制系统；1948 年，他出版了名著《控制论》一书，为控制论奠定了基础。1954 年，中国科学家钱学森全面地总结和提高了经典控制理论，在美国出版了用英语撰写的、在世界上很有影响的《工程控制论》一书。

1948 年，埃文斯的根轨迹法，奠定了适宜用于单变量控制问题的经典控制理论的基础。频率法（或称频域法）成为分析和设计线性单变量自动控制系统的主要方法。

第二次世界大战后工业迅速发展，随着对非线性系统、时滞系统、脉冲及采样控制系统、时变系统、分布参数系统和有随机信号输入的系统控制问题的深入研究，经典控制理论在 20 世纪 50 年代有了新的发展。

战后在工业控制中已广泛应用 PID 调节器，并且使用电子模拟计算机设计自动控制系统。当时在工业上实现局部自动化，即单个过程或单个机器的自动化。

在工厂中可以看到各种各样的自动调节装置或自动控制装置。这些装置一般都可以分装两个机柜，一个机柜装各种 PID 调节器；另一个机柜则装许多继电器和接触器，作启动、停止、连锁和保护之用。

当时大部分 PID 调节器是电动的或机电的，也有气动的和液压的（直到 1958 年才引入第一代电子控制系统），在结构上显得相当复杂，控制速度和控制精度都有一定的局限性，可靠性也不是很理想。

生产自动化的发展促进了自动化仪表的进步，出现了测量生产过程的温度、压力、流量、物位、机械量等参数的测量仪表。最初的仪表大多属于机械式的测量仪表，一般只作为主机的附属部件被采用，其结构简单、功能单一。

20 世纪 30 年代末至 40 年代初，出现了气动仪表，统一了压力信号，研制出气动单元组合仪表。20 世纪 50 年代出现了电动式的动圈式毫伏计、电子电位差计和电子测量仪表、电动式和电子式的单元组合式仪表。

1943—1946 年，世界上第一台基于电子管的电子数字计算机电子数字积分和自动计数器（ENIAC）问世。1950 年，美国宾夕法尼亚大学莫尔（Moore）小组研制成功世界上第二台存储程序式电子数字计算机离散变量电子自动计算机（EDVAC）。

电子数字计算机内部元件和结构，经历了电子管、晶体管、集成电路和大规模集成电路的 4 个发展阶段。电子数字计算机的发明，为 20 世纪六七十年代开始的在控制系统广泛应用程序控制、逻辑控制，以及应用数字计算机直接控制生产过程奠定了基础。

我国也在 20 世纪 50 年代开始研制大型电子数字计算机国产巨型“银河”电子数字计算机系列。目前，小型电子数字计算机或单片计算机已成为复杂自动控制系统的组成部分，以实现复杂的控制和算法。

四、综合自动化时期

经典控制理论这个名称是 1960 年在第一届全美联合自动控制会议上提出来的。这次会议把系统与控制领域中研究单变量控制问题的学科称为经典控制理论，研究多变量控制问题的学科称为现代控制理论。

20 世纪 50 年代以后，经典控制理论有了许多新的发展。高速飞行、核反应堆、大电力网和大化工厂出现了新的控制问题，促使一些科学家对非线性系统、继电系统、时滞系统、时变系统、分布参数系统和有随机输入的系统的控制问题进行了深入的研究。20 世纪 50 年代末，科学家们发现把经典控制理论的方法推广到多变量系统时会得出错误的结论，即经典控制理论的方法有其局限性。

1957 年，苏联成功地发射了第一颗人造卫星，继而出现了很多复杂的系统问题，迫切需要加以解决。由于用古典控制理论很难解决其控制问题，于是现代控制理论产生了。通过对这些复杂工业过程和航天技术的自动控制问题多变量控制系统的分析和综合问题的深入研究，使得现代控制理论体系迅速发展，形成了系统辨识、建模与仿真、自适应控制和自校正控制器、遥测、遥控和遥感、大系统理论、模式识别和人工智能、智能控制等多个重要的分支。

系统辨识是根据系统输入、输出数据为系统建立数学模型的理论和方法。系统仿真是在仿真设备上建立、修改、复现系统的模型。

自适应控制是在对象数学模型变动和系统外界信息不完备的情况下改变反馈控制器的特性，以保持良好的工作品质。自校正控制器具有对被控对象的参数进行在线估计的能力，并借此对控制器参数进行校正，使闭环控制系统达到期望的指标。

遥测是对被测对象的某些参数进行远距离测量，一般是由传感器测出被测对象的某些参数并转变成电信号，然后应用多路通信和数据传输技术，将这些电信号传送到远处的遥测终端，进行处理、显示及记录。遥控是对被控对象进行远距离控制。遥控技术综合应用自动控制技术和通信技术来实现远距离控制，并对远距离被控对象进行监测。

遥感是利用装载在飞机或人造卫星等运载工具上的传感器，收集由地面目标物反射或发射出来的电磁波，再根据这些数据来获得关于目标物（如矿藏、森林、作物产量等）的信息。以飞机为主要运载工具的航空遥感发展到以地球卫星和航天飞机为主要运载工具的航天遥感以后，人们能从宇宙空间的高度上大范围地、周期性地、快速地观测地球上的各种现象及其变化，人类对地球资源的探测和对地球上一些自然现象的研究也进入了一个新的阶段，其现已应用在农业、林业、地质、地理、海洋、水文、气象、环境保护和军事侦察等领域。

20 世纪 60 年代末，生产过程自动化开始由局部自动化向综合自动化方向发展，出现了现代大型企业的多级计算机管理和控制系统（如大型钢铁联合企业），大型工程项目的计划协调与组织管理系统（如长江三峡施工组织管理系统），全国性或地区性的供电网络的调度、管理和优化运行系统，社会经济系统，大都市的交通管理与控制系统，环境生态系统，以及航天运载火箭、洲际导弹等典型的大系统。所谓大系统，就是规模宏大、结构复杂的系统。

对这类大系统的建模与仿真、优化和控制、分析和综合，以及稳定性、能控性、能观测性和鲁棒性等的研究，统称为大系统理论。大系统理论研究的对象是规模庞大、结构复杂的各种工程或非工程系统的自动化问题。大系统理论的重要作用在于对大系统进行调度优化和控制优化，通过分解、协调，以较短时间计算出优化结果，使需要在线及时求取大系统优化解并实施优化控制成为可能。目前在大系统的研究中，主要有 3 种控制结构方案，即多级（递阶）控制、多层控制和多段控制。

模式识别使用电子数字计算机，并使它能直接接受和处理各种自然的模式消息，如语言、文字、图像、景物等。早期的人工智能研究是从探索人的解题策略开始的，即从智力难题、弈棋、难度不大的定理证明入手，总结人类解决问题时的心理活动规律和思维规律，然后用计算机模拟，让计算机表现出某种智能。人工智能的研究领域涉及自然语言理解、自然语言生成、机器视觉、机器定理证明、自动程序设计、专家系统和智能机器人等方面。

20 世纪 60 年代末至 70 年代初，美、英等国的科学家们将人工智能的所有技术和机器人结合起来，研制出智能机器人。智能机器人会在工业生产、核电站设备检查及维修、海洋调查、水下石油开采、宇宙探测等方面大显身手。随着人工智能研究的发展，人们开始将人工智能引入自动控制系统，形成智能控制系统。

智能控制中常用的理论和技术包括专家控制系统、模糊控制系统、神经网络控制和学习控制。这些理论和技术已广泛应用于故障诊断、工业设计和过程控制，为解决复杂的非线性、不确定、不确知系统的控制问题开辟了新途径。另外，一般系统论、耗散结构理论、协同学和超循环理论等也对自动化技术的发展提供了新理论和新方法。

现代控制理论的形成和发展为综合自动化奠定了理论基础。在这一时期，微电子技术有了新的突破。1958 年出现晶体管计算机，1965 年出现集成电路计算机，1971 年出现单片微处理器。微处理器的出现对控制技术产生了重大影响，控制工程师可以很方便地利用微处理机来实现各种复杂的控制，使综合自动化成为现实。

20 世纪 70 年代以来，微电子技术、计算机技术和机器人技术的重大突破，促进了综合自动化的迅速发展。一批工业机器人、感应式无人搬运台车、自动化仓库和无人叉车成为综合自动化强有力的工具。

在过程控制方面，1975 年开始出现集散型控制系统，使过程自动化达到很高的水平。在制造工业方面，采用成组技术、数控机床、加工中心和群控的基础上发展起来的柔性制造系统（FMS）、计算机辅助设计（CAD）和计算机辅助制造（CAM）系统成为工厂自动化的基础。柔性制造系统是从 20 世纪 60 年代开始研制的，1972 年，美国第一套柔性制造系统正式投入生产。20 世纪 70 年代末至 80 年代初，柔性制造系统得到迅速的发展，普遍采用搬运机器人和装配机器人。20 世纪 80 年代初，出现了用柔性制造系统组成的无人工厂。

柔性制造系统是在生产对象有一定限制的条件下有灵活应变能力的系统，其着眼点主要放在具体的硬设备上。为了进一步实现生产的飞跃，自动机械上用的软件成为突出的问题。而最终的目标是要使整个生产过程软件化，这就要研究计算机集成制造系统（CIMS）。它是指在生产中应用自动化可编程序，把加工、处理、搬运、装配和仓库管理等真正结合成一个整体，只要变换一下程序，就可以适用于不同产品的全部加工过程。

第三节　自动控制系统类型及其构成

自动控制的目的是应用自动控制装置延伸和代替人的体力和脑力劳动。自动控制装置是由具有相当于人的大脑和手脚功能的装置组成的。它相当于人大脑的装置，在自动控制中的作用是对控制信息进行分析计算、推理判断、产生控制作用，通常是由计算机或控制装置来承担。它相当于人手脚的装置，其作用是执行控制信号，完成加工、操作和运动等。它通常由机械机构或机电机构构成，其中包括放大信息的装置、产生动力的驱动装置和完成运动的执行装置。没有控制就没有自动化，控制是自动化技术的核心，而反馈控制又是控制理论的最基本原理。

老鹰捕捉飞跑的兔子就是一个反馈控制的例子。鹰先用眼睛大致确定兔子的位置，就朝这个方向飞去。在飞行中，眼睛一直盯住兔子，测出自己与兔子的距离和兔子逃跑的方向，大脑根据与兔子的差距，不断作出决定，通过改变翅膀和尾部的姿态，改变飞行的速度和方向，使与兔子之间的距离越来越小，直到抓到兔子为止。

在这里，眼睛是测量机构，大脑是控制机构，驱动机构（执行机构）是翅膀，被控对象是老鹰的身体，目标是兔子。老鹰用眼睛盯住兔子的同时，把自己的位置与兔子的位置做比较，找出与兔子之间的距离差，这就是反馈作用。老鹰根据这个偏差来不断控制自己的身体，不断减小偏差，这称为反馈控制。这种反馈使误差不断减小，又称为负反馈控制。如图 6-2 所示为鹰捉兔子的飞行过程。

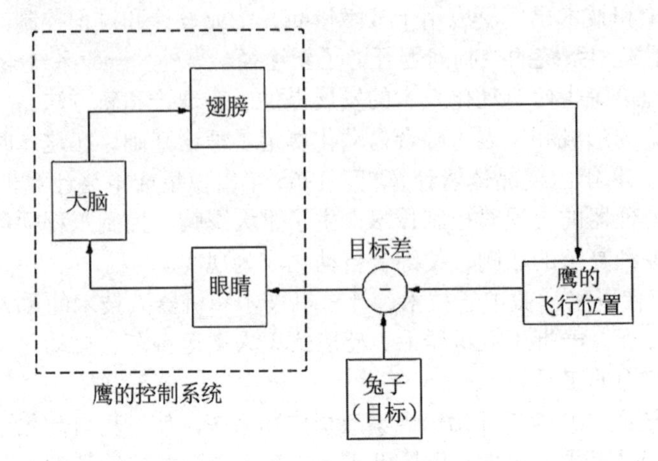

图 6-2　鹰捉兔子的飞行过程

反馈控制的最基本优点是不管偏差的来源，都可以利用这一控制方法，使偏差消除掉或基本消除掉，从而使被控制对象达到预定目标。用导弹击落飞机和鹰捉兔子完全相似，计算机是导弹的大脑，红外线导引装置就是它的眼睛，舵机及其调节机构能控制弹体运动的速度和方向，相当于鹰用翅膀控制老鹰的身体一样。导弹用负反馈控制跟踪目标，直到击中目标。当然，真正的反馈控制系统比这复杂多了，但基本原理是一样的。

任何一个自动控制系统都是由被控对象和控制器有机构成的。自动控制系统根据被控对象和具体用途不同，可以有各种不同的结构形式。除被控对象外，控制系统一般由给定环节、反馈环节、比较环节、控制器（调节器）、放大环节、执行环节（执行机构）组成。这些功能环节分别承担相应的职能，共同完成控制任务。

如图 6-3 所示为一个典型的自动控制系统，它由下列几部分组成。

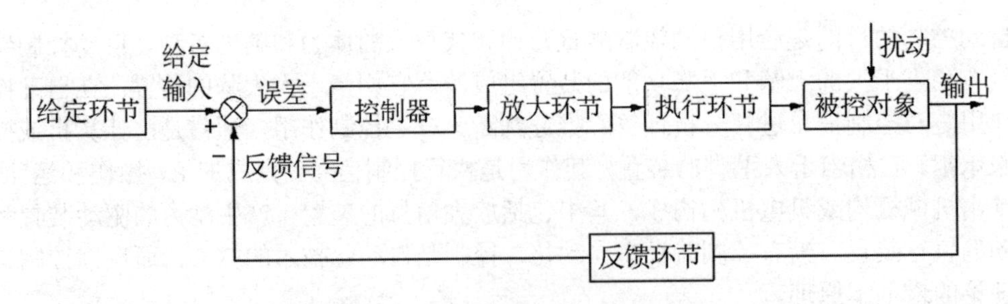

图 6-3　自动控制系统的各环节功能

（1）给定环节：用于产生给定信号或控制输入信号。

（2）反馈环节：对系统输出（被控制量）进行测量，将它转换成反馈信号。

（3）比较环节：用来比较输入信号和反馈信号之间的偏差，产生误差（Error）信号，它可以是一个差动电路，也可以是一个物理元件（如电桥电路、差动放大器、自整角机等）。

（4）控制器（调节器）：根据误差信号，按一定规律产生相应的控制信号。控制器是自动控制系统实现控制的核心部分。

（5）放大环节：用来放大偏差信号的幅值和功率，使之能够推动执行机构调节被控对象，如功率放大器、电液伺服阀等。

（6）执行环节（执行机构）：用于直接对被控对象进行操作，调节被控量，如阀门，伺服电动机等。

（7）被控对象：一般是指生产过程中需要进行控制的工作机械、装置或生产过程。描述被控对象工作状态的、需要进行控制的物理量就是被控量。

（8）扰动：是除输入信号外能使被控量偏离输入信号所要求的值或规律的控制系统内、外的物理量。

按照给定环节给出的输入信号的性质不同，可以将自动控制系统分为恒值自动调节系统、程序控制系统和随动系统（伺服系统）3 种类型的自动控制系统。

恒值自动调节系统的功能是克服各种对被调节量的扰动而保持被调节量为恒值。如图 6-4 所示为炉温自动控制系统。

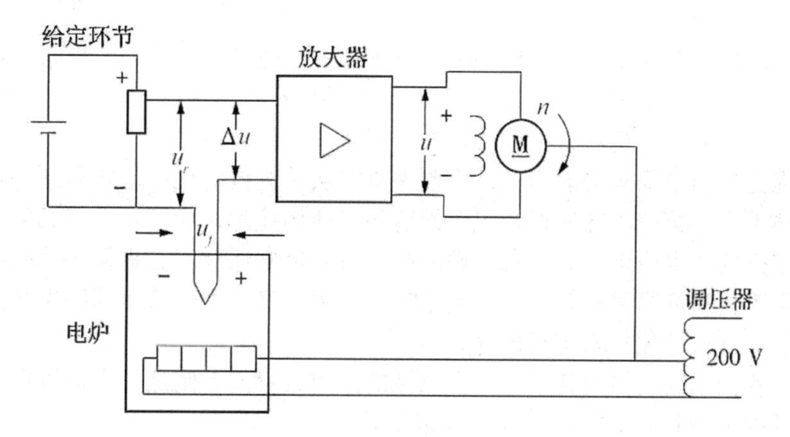

图 6-4　炉温自动控制系统

由给定环节给出的电压 u_r 代表所要求保持的炉温，它与表示实际炉温的测温热电偶的电压 u_f 相比较，产生误差电压 $\Delta u = u_r - u_f$，当 u_f 偏离给定炉温时，Δu 通过反馈控制环节的放大器，带动电动机 M 向一定方向旋转，使调节器提高或降低电压，使炉温保持恒定。

程序控制系统的功能是按照预定的程序来控制被控制量。自动控制系统的给定信号是已知的时间函数，即系统给定环节给出的给定作用为一个预定的程序，如铣床的加工过程，执行机构根据运算控制器送来的电脉冲信号，操作机床的运动，完成切削成型的要求。

在反馈控制系统中，若给定环节给出的输入信号是预先未知的随时间变化的函数，这种自动控制系统称为随动系统。国防上的火炮跟踪系统、雷达导引系统和天文望远镜的跟踪系统等都属于随动系统。随动系统的功能是按照预先未知的规律来控制被控制量，即自动控制系统给定环节给出的给定作用为一个预先未知的随时间变化的函数。

第四节　自动化当前审视及未来展望

自动化技术已渗透到人类社会生活的各个方面。自动化技术的发展水平是一个国家在高技术领域发展水平的重要标志之一，它涉及工农业生产、国防建设、商业、家用电器、个人生活诸多方面。

自动化技术在工业中的应用尤为重要，它是当今工业发达国家的立国之本。自动化技术更能体现先进的电子技术、现代化生产设备和先进管理技术相结合的综合优势。总之，自动化技术属于高新技术范畴，它发展迅速，更新很快。目前，国际上工业发达国家都在集中人力、物力，促使工业自动化技术不断向集成化、柔性化、智能化、网络化方向发展。随着科技的不断进步和自动化技术的应用不断拓展，自动化技术也在不断发展。

我国对自动化技术非常重视，前几个五年计划中对数控技术、CAD技术、工业机器人、柔性制造技术及工业过程自动化控制技术开展了研究，并取得了一定成果。但也应看到，我国是一个发展中国家，工业基础薄弱、投资强度低、人员素质差、工艺和生产设备落后，自动化技术的开发和应用与工业发达国家相比还有很大差距。例如，目前许多已取得的成果还只停留在样机和阶段性成果上，缺少商品化、系列化和标准化产品；前几个五年计划中攻关和技术引进的重点主要集中在单机自动化，以及部件和产品的国产化，效益不高。

今后一段时期，自动化技术的攻关应从以下几个方面考虑：第一，根据工业服务对象的特点，把过程自动化、电气自动化、机械制造自动化和批量生产自动化作为重点。第二，立足国内已取得的成绩，把着眼点放在提高我国企业的综合自动化水平、发挥企业整体综合效益和增强企业的市场应变能力上，将攻关重点从单机自动化技术转移到综合自动化技术和集成化技术上。第三，开发适合我国国情的自动化技术，加速对已有成果的商品化。对市场前景较好的技术成果，如信息管理系统、自动化立体仓库、机器人等应进一步研究开发，形成系列化和商品化。第四，开展战略性技术研究，对计算机辅助生产工程、并行工程、经济型综合自动化技术进行研究。

前文中，我们已经对自动化技术在多领域的应用进行简要阐述，下面以自动化技术在几个典型领域的现状和未来发展作进一步的介绍。

一、机械制造自动化

机械制造自动化技术自20世纪50年代至今，经历了自动化单机、刚性生产线，数控机床、加工中心和柔性生产线、柔性制造3个阶段，今后将向计算机集成制造（CIM）发展。微电子技术的引入，数控机床的问世及计算机的推广使用，促进了机械制造自动化向更深层次、更广泛的工艺领域发展。

（一）数控技术和数控系统

在市场经济的大潮中，产品的竞争日趋激烈，为在竞争中求得生存与发展，各企业纷纷在提高产品技术档次、增加产品品种、缩短试制与生产周期和提高产品质量上下功夫。即使是批量较大的产品，也不可能多年一成不变，必须经常开发新产品，频繁地更新换代。

这种情况使不易变化的“刚性”自动化生产线在现代市场经济中暴露出致命的弱点。在产品加工中，单件与小批量生产的零件约占机械加工总量的80%以上，对这些多品种、加工批量小、零件形状复杂、精度要求高的零件的加工，采用灵活、通用、高精度、高效率的数字控制技术就显现出其优越性。

数控技术是一门以数字的形式实现控制的技术。传统的数控系统，是由各种逻辑元件、记忆元件组成的随机逻辑电路，是采用固定接线的硬件结构，它是由硬件来实现数控功能的。随着半导体技术、计算机技术的发展，数字控制装置已经发展成为计算机数字控制装置。计算机数字控制系统由程序、输入/输出设备、计算机数字控制装置、可编程序控制器（PC）、主轴驱动装置和进给驱动装置等组成，由软件来实现部分或全部数控功能。

数控技术在近年来获得了极为迅速的发展，它不仅在机械加工中得到普遍的应用，而且在其他设备中也得到广泛的应用。值得一提的是，数字控制机床是一种机床，是综合应用了自动控制、精密测量、机床结构设计和工艺等各个技术领域里的最新技术成就而发展起来的一种具有广泛的通用性的高效自动化新型机床。数控机床的出现，标志着机床工业进入了一个新的发展阶段，也是当前工业自动化的主要发展方向之一。

（二）柔性制造系统

柔性制造系统（FMS）是在计算机直接数控基础上发展起来的一种高度自动化的加工系统。它是由统一的控制系统和输送系统连接起来的一组加工设备，包括数控机床、材料和工具自动运输设备、产品零件自动传输设备、自动检测和试验设备等。它不仅能进行自动化生产，而且还能在一定范围内完成不同工件的加工任务。

柔性制造系统一般包括以下 5 大要素。

（1）标准的数控机床或制造单元（制造单元是指具有自动上下料功能或多个工位的加工型及装配型的数控机床）。

（2）在机床和装卡工位之间运送零件和刀具的传送系统。

（3）发布指令，协调机床、工件和刀具传送装置的监控系统。

（4）中央刀具库及其管理系统。

（5）自动化仓库及其管理系统。

柔性制造系统是在成组技术、数控技术、计算机技术和自动检测与控制技术的迅速发展的基础上产生的综合技术产物，是当前机械制造技术发展的方向。它具有高效率、高柔性和高精度的优点，是比较理想的加工系统，能解决机械加工高度自动化和高度柔性化的矛盾。

（三）计算机集成制造系统

计算机集成制造系统（CIMS）是在计算机集成制造思想指导下，逐步实现企业生产经营全过程计算机化的综合自动化系统。

计算机集成制造的初始概念产生于 20 世纪 50 年代。数字计算机及其相关新技术的出现，对制造业产生了积极的影响，导致了数控机床的产生，也陆续出现了各种计算机辅助技术，如计算机辅助设计（CAD）、计算机辅助制造（CAM）等。

到 20 世纪 60 年代早期，现代控制理论与系统论概念和方法的迅速发展并运用于制造业中，产生了利用计算机不仅实现单元生产柔性自动化，并把制造过程（产品设计、生产计划与控制、生产过程等）集成为一个统一系统的设想，同时试图对整个系统的运行加以优化。这样，在 20 世纪 60 年代后期便产生了计算机集成制造的概念。

当前，我国的 CIMS 已经改变为现代集成制造系统，它已在广度与深度上拓展了原 CIMS 的内涵。

其中，“现代”的含义是计算机化、信息化、智能化。“集成”有更广泛的内容，包括信息集成、过程集成及企业间集成 3 个阶段的集成优化，企业活动中“三要素”及“三流”的集成优化，CIMS 有关技术的集成优化及各类人员的集成优化等。CIMS 不仅把技术系统和经营生产系统集成在一起，而且把人（人的思想、理念及智能）也集成在一起，使整个企业的工作流程、物流和信息流都保持通畅和相互有机联系。CIMS 是人、经营和技术三者集成的产物。

从功能层方面分析，CIMS 大致可以分为生产 / 制造系统、硬事务处理系统、技术设计系统、软事务处理系统、信息服务系统和决策管理系统 6 层。

CIMS 的技术构成包括先进制造技术（AMT）；敏捷制造（AM）；虚拟制造（VM）；并行工程（CE）。

计算机集成制造系统是多学科的交叉，涉及不同的技术领域。涉及的自动化技术包括数控技术；计算机辅助设计（CAD）与计算机辅助制造（CAM）；立体仓库与自动化物料运输系统；自动化装配与工业机器人；计算机辅助生产计划制订；计算机辅助生产作业调度；质量监测与故障诊断系统；办公自动化与经营辅助决策。

我国在 1987 年开始实施 863 计划的 CIMS 主题，这一时期国外 CIMS 技术强调计算机集成制造系统的核心是“集成系统体系结构”。我国在实施过程中不可避免地受其影响。实施计算机集成制造系统的企业需要具有相当好的技术基础和管理基础，需要有比较高的经济效益支持。另外，计算机集成制造系统的实施需要高的投入，而我国绝大多数企业在近期不具备这些条件。

经过数十年的努力实施，我国取得的主要成绩概括如下，在高校、企业已经培养了一大批掌握计算机集成制造系统技术及相关技术的人才；通过计算机集成制造系统计划示范项目的实施，推动了企业应用信息技术，提高了生产效率和经营管理水平，为探索我国大中型企业在现有条件下发展计算机集成制造系统高技术及其产业化道路提供了经验和教训；建立了计算机集成制造系统工程技术研究中心和一批实验网点与培训中心，为计算机集成制造系统技术的研究、试验、人员培训打下了良好的基础，如清华大学的 CIMS 中心、西安交通大学的 CIMS 中心等完成了一系列重点示范工程。但是，为了进一步发展和推广应用计算机集成制造系统技术，仍然存在一些值得思考的问题。

第一，基础研究与工程应用的关系问题。在未来实施计算机集成制造系统项目时，一定要把基础研究和工程应用严格区分开来。未经实验验证的基础研究成果不能直接应用于工程实际。

第二，局部集成与企业整体集成的关系问题。在实施计算机集成制造系统的企业中，不能单纯强调企业的整体集成，必须根据企业发展的实际状况，以及对计算机集成制造系统的需求，有步骤、有计划地实施单项技术的局部集成，条件成熟后再进行整体集成。

第三，做好试点与推广的问题。计算机集成制造系统本身属于多学科、多专业知识的高度综合，也是管理科学与技术科学的高度综合。开展计算机集成制造系统的研究与试点工作是必要的，等条件成熟后再大面积推广。

计算机集成制造系统是未来制造业的发展方向。其未来的发展趋势在自动化技术方面表现在以下 3 个方面。

一是以“数字化”为发展核心。“数字化”不仅是“信息化”发展的核心，也是先进制造技术发展的核心。数字化制造是指制造领域的数字化，它是制造技术、计算机技术、网络技术与管理科学交叉、融合、发展与应用的结果，也是制造企业、制造系统与生产过程、生产系统不断实现数字化的必然趋势。

二是以“自动化”技术为发展前提。“自动化”从自动控制、自动调节、自动补偿、自动辨识等发展到自学习、自组织、自维护、自修复等更高的自动化水平。目前自动控制的内涵与水平已今非昔比，控制理论、控制技术、控制系统、控制元件都有极大的发展。制造业发展的自动化不但极大地解放了人的体力劳动，而且有效地提高了脑力劳动效率，解放了人的部分脑力劳动。自动化是现代集成制造技术发展的前提条件。

三是“智能化”成为 CIMS 未来发展的美好前景。制造技术的智能化是制造技术发展的前景。智能化制造模式的基础是智能制造系统。智能制造系统既是智能和技术的集成而形成的应用环境，也是智能制造模式的载体。制造技术的智能化突出了在制造诸环节中，以一种高度柔性与集成的方式，借助计算机模拟的人类专家的智能活动，进行分析、判断、推理、构思和决策，取代或延伸制造环境中人的部分脑力劳动；同时，收集、存储、处理、完善、共享、继承和发展人类专家的制造智能。目前，尽管智能化制造道路还很漫长，但是必将成为未来制造业的主要生产模式之一。

二、工业过程自动化

工业过程自动化起步较早，比较成熟，经历了就地控制、控制室集中控制和综合控制 3 个阶段。采用分散型控制系统和计算机对生产进行综合控制管理，已成为工业自动化的主导控制方式。

现代工业包含许多内容，涉及面非常广。但从控制的角度出发，可以把现代工业分成离散型工业、连续型工业和混合型工业 3 类。在离散型工业中，主要对系统中的位移、速度、加速度等参数进行控制，如数控机床、机器人控制、飞行器控制等都是离散型工业中的典型控制问题。在连续型工业中，主要对系统的温度、压力、流量、液位（料位）、成分和物性 6 大参数进行控制。混合型工业则介于两者之间，往往是两种控制系统均被采用。

习惯上，把连续型工业称为过程工业，过程工业包括电力、石油化工、化工、造纸、冶金、制药、轻工等国民经济中举足轻重的许多工业，研究这些工业的控制和管理成为人们十分关注的领域。

人们一般把过程工业生产过程的自动控制称为过程控制，它是过程工业自动化的核心内容。过程控制研究过程工业生产过程的描述、模拟、仿真、设计、控制和管理，旨在进一步改善工艺操作，提高自动化水平，优化生产过程，加强生产管理，最终显著地增加经济效益。

虽然早期的过程控制系统采用的基地式仪表、气动单元组合式仪表、电动单元组合式仪表等工具在过程工业的多数工厂中还在应用，但随着微处理器和工业计算机技术的发展，目前广泛采用可编程单回路、多回路调节器，以及分布式计算机控制系统（DCS）。近年来迅速发展起来的现场总线网络控制系统，更是控制技术和计算机技术高度结合的产物。

正是计算机技术的高速发展，才使得在控制工程中研究和发展起来的许多新型控制理论和方法的应用成为可能，复杂控制系统的解耦控制、时滞补偿控制、预测控制、非线性控制、自适应控制、人工神经网络控制、模糊控制等理论和方法开始在过程控制中发挥越来越重要的作用。

典型的基于计算机控制技术的过程控制系统有直接数字控制系统、分布式计算机控制系统（又称集散控制系统）、两级优化控制系统和现场总线控制系统。

直接数字控制（DDC）在许多小型系统中还有一定的应用。大型工业普遍采用的分布式计算机控制系统（DCS）是在硬件上将控制回路分散化，而数据显示、实时监督等功能则集中化。两级优化控制系统采用上位机和分布式控制系统或电动单元组合式仪表相结合，构成两级计算机优化控制系统，实现高级过程控制和优化控制。这种过程控制系统在算法上将控制理论研究的新成果，如多变量解耦控制、多变量约束控制、预测控制、推断控制和估计、人工神经网络控制和估计，以及各种基于模型的控制和动态或稳态最优化等，应用于工业生产过程并取得成功。现场总线控制系统是近年来快速发展起来的一种数据总线技术，主要解决工业现场的智能化仪器仪表、控制器、执行器等现场设备间的数字通信问题，以及这些现场控制设备和高级控制系统间的信息传递问题。现场总线采用全数字化、双向传输、多变量的通信方式，用一对通信线连接多台数字智能仪表。现场总线正在改变传统分布式控制系统的结构模式，把分布式控制系统变革成现场总线控制系统。

与机械制造系统中的计算机集成制造系统（CIMS）类似，计算机集成生产系统（CIPS）将计划优化、生产调度、经营管理和决策引入计算机控制系统，使市场意识与优化控制相结合，管理与控制相结合，促使计算机控制系统更加完善，将产生更大的经济效益和技术进步。

为了强调与计算机集成制造系统的区别，人们常将计算机集成生产系统（CIPS）称为生产过程计算机集成控制系统。生产过程计算机集成控制系统是一种综合自动化系统，由信息、优化、控制和对象模型等组成，具体可分为决策层、管理层、调度层、监控层和控制层。分布式控制系统、先进过程控制、计算机网络技术、数据库技术是实现计算机集成生产系统的重要基础。

计算机集成控制系统是过程工业自动化的最新成就和发展方向，是未来自动控制与自动化技术非常重要的应用领域。

机器人作为人类20世纪最伟大的发明之一，已经成为先进制造业不可缺少的自动化装备，而且正以惊人的速度向海洋、航空、航天、军事、农业、服务、娱乐等各个领域渗透。

三、机器人技术

机器人主要分为两大类，一类是用于制造环境下的工业机器人，如用于焊接、装配、喷涂、搬运等的机器人；另一类是用于非制造环境下的特种机器人，如水下机器人、农业机器人、微操作机器人、医疗机器人、军用机器人、娱乐机器人等。

机器人是最典型的电子信息技术和经典的机构学结合的产物，按国际机器人联合会定义，用于制造环境的操作型工业机器人，为具有自动控制的、可编程的、多用途的三轴以上的操作机器。近年来，国际上将高级机器人泛指为具有一定程度感知、思维及作业的机器。这里的感知是指装上各种各样传感器，能处理各种参数；思维泛指一定信息综合处理能力及局部动作规划及决策；作业泛指各种操作及行走、游泳（水下机器人）及空间飞翔等。

按作业环境来划分，机器人可分为作业于结构环境的机器人及作业于非结构环境的机器人两大类。结构环境指作业环境是固定的，作业动作次序在相当一时期内也是固定的，工业机器人就是工作于这样一类环境中的，一旦编好程序后，即可全自动进行规定好的作业，当环境或作业方式变更时，只需改变相应的程序。非结构环境指作业环境事先是未知的或环境是变化的，作业总任务虽是事先规定的，但如何去执行则要视当时实际环境才能确定。非制造业用机器人，如建筑机器人、采油机器人、极限条件下的作业机器人、核辐射环境下的机器人、水下机器人等，其工作环境复杂，目前大都采用遥控加局部自治来操纵。

日本近20年来使用工业机器人的经验证明，随着社会经济的改变，需要柔性自动化及机器人化生产，特别是使用机器人化生产后可大大提高质量，提高劳动生产率。

机器人的应用在近年来有很大的变化，过去其主要用于汽车工业，主要作业于车身组装点焊及底盘弧焊等工序。1988年，用于电子电气工业的装配机器人总数第一次超过了用于汽车工业的点焊机器人。

21世纪工业生产大致可分为两种类型，一种是最终产品的生产；另一种是主要元部件的生产。由于产品更新的速度快，批量生产越来越小，因此对生产最终产品设备柔性的要求越来越高。一般来说，元部件的更新周期长，仍适宜于大规模生产，但也需具有一定的柔性。例如，汽车外形日新月异，目前一年一个新式样，但对于引擎而言要七八年才有一种新的产品出现；电冰箱的外形、功能变化繁多，但压缩机变化较慢。对这两类生产，前者将以发展机器人化柔性加工与装配生产线为主，这种生产装配设备易于重组；后者将以可变组合头的组合机床为主，配上机器人的快速实时检测及配装系统组成的高效生产设备。这两类设备都离不开机器人化生产概念。

机器人在这些系统中起着重要的作用，第一是保证产品的一致性，保证质量，做到固定节奏、均衡生产；第二是极大程度地提高劳动生产率；第三是随着技术的进步，产品越来越精巧，加工装配过程需要超净环境，有些情况下若不用机器人已到了无法进行的地步。机器人化生产、装配系统将是一个重要的发展方向。

20世纪70年代，日本知名的机器人学教授加藤一郎创造了“Mechatronie”一词，即把传统机构与电子技术相结合（中文翻译为“机电一体化”），作为今后机器进化的方向。最具代表性的是数控机床及机器人。经过数十年的发展，“Mechatronie”已不能完全概括当今的发展，机器人化的机器更能概括当前技术的发展与机器进化的方向。

所谓机器人化机器，即机器具有一定程度上的“感知、思维、动作”功能，通俗地说，机器人化机器是将传感技术、计算机技术、各种控制方法与传统机械相结合的新一代机器。另外，非结构环境产业，如采矿、运输、建筑等的自动化也是其一个重要的发展方向，它是在传统作业机器上加上传感器及信息处理功能实现机器人化。

随着机器人技术的发展，各式各样的机器人从工业到家庭服务方面的应用必将得到进一步普及。

四、飞行器的智能控制

在地球大气层内或大气层外的空间（太空）飞行的器械统称为飞行器。通常飞行器分为航空器、航天器及火箭和导弹3类。在大气层内飞行的飞行器称为航空器，如气球、滑翔机、飞艇、飞机、直升机等。在空间飞行的飞行器称为航天器，如人造地球卫星、载人飞船、空间探测器、航天飞机等。它们在运载火箭的推动下获得必要的速度进入太空，然后在引力作用下完成轨道运动。

火箭是以火箭发动机为动力的飞行器，可以在大气层内飞行，也可以在大气层外飞行。导弹是装有战斗部的可控制的火箭，有主要在大气层外飞行的弹道导弹和装有翼面在大气层内飞行的地空导弹、巡航导弹等。

飞行器是人类在征服自然、改造自然过程中发明的重要工具。任何一种飞行器均离不开自动控制系统。不同的飞行器其控制系统各不相同，系统的性能、功能和结构也可能截然不同。飞行器是自动控制最重要的应用领域，许多先进的、新型控制理论和技术正是为了适应飞行器工程的高要求而发展起来的。

飞行器控制的内容非常丰富，下面以导弹的控制问题为例，简要说明飞行器控制这一重要的应用领域。

导弹是依靠液体或固体推进剂的火箭发动机产生推进力，在控制系统的作用下，将有效载荷送至规定目标附近的飞行器。导弹的有效载荷一般是可爆炸的战斗部，有效载荷最终偏离目标的距离是导弹系统的关键指标（命中精度）。目标可以是固定的，也可以是活动的。导弹控制系统的主要任务是控制导弹有效载荷的投掷精度（命中精度）；对飞行器实施姿态控制，保证在各种条件下的飞行稳定性；在发射前对飞行器进行可靠、准确的检测和操纵发射。飞行器控制功能的实现涉及导航、制导、姿态控制等方面。

所谓导航，是指利用敏感器件测量飞行器的运动参数，并将测量的信息直接或经过变换、计算来表征飞行器在某种坐标系的角度、速度和位置等状态量。而由测量、传递、变换、计算几个环节组成并给出飞行器初始状态和飞行运动参数的系统则称为导航系统。对飞行器进行测速、定位的系统称为无线电导航系统。近几年发展和完善起来的全球卫星定位系统，如美国的GPS，就是无线电导航系统。GPS接收机的恰当组合还可以测量出飞行器的姿态角度、角速度等。

制导系统的主要功能是利用导航系统提供的飞行器运动参数，对质心运动进行控制，使飞行器从某一飞行状态达到期望的终端条件，保证飞行器以足够的精度命中目标。制导系统俗称大回路。

飞行器姿态控制系统又称稳定控制系统，俗称小回路。姿态控制系统的作用是控制飞行器姿态，保证飞行稳定性，同时实施制导系统（制导规律）产生的制导指令。

飞行控制电子综合系统是实现导航、制导、姿态控制等功能的电子系统，主要包括控制信息的传输、变换、综合，以及控制信号（指令）生成等涉及系统功能的综合实现、动作指令分配、电源配电、发射前飞行控制系统对准等。

测试与发射控制系统是导弹武器系统的重要组成部分，用以对导弹进行测试、监视和控制发射。为确保导弹准确无误地飞行，在发射前必须检查、测试飞行控制系统各个部分的功能和参数，以及各部分之间的匹配性及相关性能。发射控制在发射阵地进行，用于临射状态的过程监视、指挥决策、远距离对导弹的状态操纵、控制点火发射等。

20世纪80年代末以来，世界形势发生了巨大的变化，未来的战场将具有高度立体化（空间化）、信息化、电子化及智能化的特点，新武器也将投入战场。为了适应这种发展形势的需要，导弹控制方面正向精确制导化、机动化、智能化、微电子化的更高层次发展。

第七章　电气自动化技术

第一节　电气自动化技术基础理论

一、电气自动化技术的基本知识

（一）电气自动化技术概念

第六章中，我们对自动化技术进行了详细介绍，总的来说，其是指在没有人员参与的情况下，通过使用特殊的控制装置，使被控制的对象或者过程自行按照预定的规律运行的一门技术。

这一技术以数学理论知识为基础，利用反馈原理来自觉作用于动态系统，从而使系统的输出值接近或者达到人们的预定值。随着电气自动化产业的迅速发展，电气自动化技术成为扩大生产力的有力保障，也成为许多行业重要的设备技术。

电气自动化技术是由电子技术、网络通信技术和计算机技术共同构成的，其中，电子技术是核心技术。电气自动化技术是工业自动化的关键技术，其实用性非常强，应用范围将越来越广。

自动化生产的实现主要依靠工业生产工艺设施与电气自动化控制体系的有效融合，将许多优秀的技术作为基础，从而构成能够稳定运作、具备较多功能的电气自动化控制系统。

电气自动化控制系统为提高某一项工艺的产品品质，可以减少系统运作的对象，提升各类设施之间的契合度，从而有效增强该工艺的自动化生产效果。对此，目前的电气自动化控制系统将电子计算机技术和互联网技术作为运作基础，并配备了自动化工业生产所需的远程监控技术，利用工业产出的需求及时调节自动化生产参数，利用核心控制室监控不同的自动化生产运作状况。

综上所述，电气自动化技术主要将计算机技术、网络通信技术和电子技术高度集成于一体，因此对这三种技术有着很强的依赖性。与此同时，电气自动化技术充分结合了这三项技术的优势，使电气自动化控制系统具有更多功能，能够更好地服务于社会大众。此外，应用多项科学技术研发的电气自动化控制系统可以应用于多种设备，控制这些设备的工作过程。在实际应用中，电气自动化控制系统反应迅速、控制精度高，只需要控制相对较少的设备与仪器，就能使整个生产链具备较高的自动化程度，提高生产产品的质量。由此可见，电气自动化技术主要利用计算机技术和网络通信技术的优势，对整个工业生产的工艺流程进行监控，按照实际生产需要及时调整生产线参数，以满足生产的实际需求。

（二）电气自动化技术特征

1. 智能化

电气自动化技术实现了智能化控制和管理。通过各种传感器和控制器实现对生产过程和设备的实时监测和控制，可以根据生产过程和设备的状态进行自适应和智能化调整，从而提高生产效率和质量。

电气自动化技术的智能化特点主要表现在以下几个方面。

（1）自适应调节

电气自动化技术的智能化特点可以通过各种传感器和控制器实现对生产过程和设备的实时监测和控制，可以根据生产过程和设备的状态进行自适应和智能化调整，从而实现生产过程的优化调节。这种自适应调节的特点可以在不同的生产环境下自动调整参数，从而达到最优的生产效果。

（2）故障诊断

电气自动化技术的智能化特点可以通过各种传感器和控制器实现对设备的实时监测和故障诊断，可以通过对故障信息的收集、分析和处理，判断设备的故障类型和位置，实现快速修复设备故障，提高设备的可靠性和稳定性。

（3）预测性维护

电气自动化技术的智能化特点可以通过各种传感器和控制器实现对设备的实时监测和数据收集，可以通过对数据的分析和处理，预测设备的寿命和维护需求，实现预测性维护，延长设备的使用寿命，降低设备维护成本。

（4）人机交互

电气自动化技术的智能化特点可以通过图形化用户界面实现人机交互，使得操作员可以通过简单的操作界面完成复杂的生产过程控制和管理，降低了对操作员的技术要求，提高了操作员的生产效率和精度。

（5）自动化学习

电气自动化技术的智能化特点可以通过机器学习、深度学习等技术实现设备和系统的自动化学习，从而可以不断地对生产过程进行优化和改进，提高生产效率和质量。

2. 高精度

电气自动化技术具有高精度的特点。通过精密的传感器和控制器，可以实现对生产过程和设备的精确控制和管理，从而保证生产过程的稳定性和产品质量的稳定性。

电气自动化技术的高精度特点主要表现在以下 5 个方面。

（1）高精度的传感器和控制器

电气自动化技术使用高精度的传感器和控制器来实现对生产过程和设备的监测和控制。这些传感器和控制器可以在微观和宏观层面对生产过程进行高精度的监测和控制，从而保证了生产过程和产品的稳定性和精度。

（2）高精度的数据采集和处理

电气自动化技术可以对各种生产数据进行高精度的采集和处理。通过高精度的数据采集和处理，可以实时监测生产过程中的各项参数，实现对生产过程的精确控制和调节，从而保证生产过程的稳定性和精度。

（3）高精度的控制算法

电气自动化技术使用高精度的控制算法来实现对生产过程和设备的控制。这些算法可以对生产过程中的各个参数进行实时监测和调节，从而保证生产过程的稳定性和精度。

（4）高精度的产品检测和质量控制

电气自动化技术使用高精度的产品检测和质量控制技术来保证产品的精度和质量。这些技术可以对产品进行精确的检测和控制，从而保证产品的质量和稳定性。

（5）高精度的模拟仿真

电气自动化技术使用高精度的模拟仿真技术来对生产过程进行仿真分析。通过仿真分析，可以预测生产过程的各种可能性，从而提前采取措施，保证生产过程的稳定性和精度。

3. 高效率

电气自动化技术可以实现生产过程的自动化和智能化，从而提高生产效率。自动化设备可以实现连续生产，减少生产停机时间，提高生产效率和产能。

电气自动化技术的高效率特点主要表现在以下 5 个方面。

（1）高效的生产流程控制

电气自动化技术可以实现高效的生产流程控制，通过各种传感器和控制器实时监测生产过程中的各项参数，自动进行控制和调节，从而保证生产过程的高效率和稳定性。

（2）高效的设备控制和管理

电气自动化技术可以实现高效的设备控制和管理，通过各种传感器和控制器实时监测设备的运行状态，自动进行控制和调节，从而保证设备的高效率和稳定性。

（3）高效的生产计划和排产。

电气自动化技术可以实现高效的生产计划和排产，通过各种信息系统和自动化设备，实现生产计划的自动化编制和排产，从而保证生产过程的高效率和稳定性。

（4）高效的数据处理和分析

电气自动化技术可以实现高效的数据处理和分析，通过各种信息系统和自动化设备，实现对生产过程中的各项数据进行实时处理和分析，从而提高生产效率和决策能力。

（5）高效的生产资源利用

电气自动化技术可以实现高效的生产资源利用，通过各种传感器和控制器实时监测生产过程中的各项资源使用情况，自动进行控制和调节，从而提高生产效率和节约资源成本。

4. 高安全性

电气自动化技术具有高安全性的特点。通过自动化控制和管理，可以避免人为操作的误操作和危险操作，从而保证生产过程的安全性和可靠性。

电气自动化技术的高安全性特点主要表现在以下 5 个方面。

（1）高安全性的传感器和控制器

电气自动化技术使用高安全性的传感器和控制器来实现对生产过程和设备的监测和控制。这些传感器和控制器具有高可靠性、高精度性和高稳定性，能够有效地保证生产过程和设备的安全性。

（2）高安全性的监测和控制算法

电气自动化技术使用高安全性的监测和控制算法来实现对生产过程和设备的控制。这些算法具有高可靠性、高安全性和高精度性，能够有效地保证生产过程和设备的安全性。

（3）高安全性的应急措施

电气自动化技术在设计时充分考虑了安全问题，并且设置了各种应急措施，如设备故障自动停机、设备过载自动断电等，可以在发生紧急情况时迅速停止设备运行，保证生产过程和人员的安全。

（4）高安全性的数据管理和备份

电气自动化技术使用高安全性的数据管理和备份技术，可以对生产数据进行实时备份和存储，保证数据的安全性和完整性，防止数据丢失和泄漏。

（5）高安全性的培训和管理

电气自动化技术在使用过程中需要严格的培训和管理，确保使用人员能够正确操作设备和系统，遵守相关的安全规定和操作流程，保证生产过程和人员的安全。

5. 易于维护和管理

电气自动化技术可以实现远程监控和管理，减少人力资源和设备成本。通过智能化设备的状态监测和故障诊断，可以实现对设备的及时维护和管理，从而延长设备寿命，降低设备维护成本。

电气自动化技术的易于管理和维护特点主要表现在以下 5 个方面。

（1）高可靠性和可维护性的设备

电气自动化技术使用高可靠性和可维护性的设备，这些设备具有良好的品质和稳定性，能够有效地避免因设备故障而导致的生产停滞。此外，这些设备易于维护，使用方便，维修简单，可以极大地提高设备的可用性和运行效率。

（2）远程监测和诊断功能

电气自动化技术可以实现对设备的远程监测和诊断，可以在设备出现故障时及时进行诊断和维护，减少因故障导致的停机时间和维修成本，提高设备的可用性和运行效率。

（3）标准化和模块化设计

电气自动化技术的设备通常采用标准化和模块化设计，设备之间的接口和连接方式都是统一的，易于维护和管理。此外，模块化设计也使得设备更易于升级和扩展，从而提高了设备的可用性和生产效率。

（4）可视化的监控和管理系统

电气自动化技术通常使用可视化的监控和管理系统，可以实时监测和控制生产过程中的各项参数，方便进行管理和调节。这种系统易于操作和维护，可以提高设备的运行效率和生产效率。

（5）专业的维护和管理团队

电气自动化技术的维护和管理需要专业的团队进行操作和管理。这些团队具有专业的知识和技能，能够有效地保障设备的正常运行和生产的高效率。

6. 可拓展性强

电气自动化技术具有可拓展性强的特点。随着生产规模和需求的变化，可以通过增加或替换设备实现生产过程的升级和改善，从而适应不同的生产需求和生产环境。

电气自动化技术的可拓展性强特点主要表现在以下 5 个方面。

（1）灵活性

电气自动化技术具有灵活性，可以根据生产需要进行调整和改变。如果需要增加生产能力，可以通过增加设备或改变设备的工作方式来实现。此外，电气自动化技术还可以通过升级或更换设备来提高生产效率和可用性。

（2）可扩展性

电气自动化技术具有可扩展性，可以根据生产需求进行扩展。例如，可以增加新的设备或模块，或者添加新的传感器和控制器来扩展设备的功能。此外，电气自动化技术还可以通过使用网络技术来实现不同设备之间的连接和协调，从而实现设备的扩展和升级。

（3）数据管理和分析

电气自动化技术可以通过数据管理和分析来优化生产过程。通过收集和分析生产数据，可以找出生产过程中存在的问题和瓶颈，并采取相应的措施来提高生产效率和质量。此外，电气自动化技术还可以通过数据管理和分析来预测未来的生产需求，从而调整设备的配置和生产计划。

（4）模块化设计

电气自动化技术通常采用模块化设计，不同的模块之间可以进行灵活组合，从而实现不同的功能和应用。此外，模块化设计也使得设备更易于升级和扩展，从而提高了设备的可用性和生产效率。

（5）开放性

电气自动化技术通常采用开放式的技术和标准，可以方便地与其他系统进行集成和交互。这种开放性使得电气自动化技术更易于扩展和升级，能够满足不同生产需求和应用场景的要求。

二、电气自动化技术要点分析

电气自动化技术应用过程中的要点主要包括以下 4 个方面。

（一）电气自动化控制系统的构建

从 1950 年初我国开始发展电气自动化专业，到现在，电气自动化专业依然焕发着勃勃生机，究其原因是该专业覆盖领域广、适应性强，加之全国各大高校陆续开设同类专业，使这一专业历经多年，发展态势仍强劲。

电气自动化专业的开设使得该专业的大学生和研究生不断增多，电气自动化专业就业人员的人数也飞速增长。我国对电气自动化专业技术人员的需求越来越多，供求关系随着需求量的增长而增长，如今，培养电气自动化专业顶尖技术人才是我国亟须解决的重要问题。为此，我国政府发布了许多有利于培养此类专业型人才的政策，为此类人才的培养创造了便利的条件，使得电气自动化专业及其培养出的人才都可以得到更好的发展。

由此可见，我国高校电气自动化专业具备优越的发展条件，属于稳步上升且急需相关人才的新型技术行业。就目前情况来看，我国电气自动化专业发展将会更加迅速，而要想有效地应用电气自动化技术，首要任务就是构建电气自动化控制系统。

1. 电气自动化控制系统的组成

（1）传感器和执行器

传感器和执行器是电气自动化控制系统的基础设备，用于采集和输出各种物理量和控制信号。传感器可以检测物理量，如温度、压力、流量、速度、位置等，而执行器可以接收控制信号并执行相应的动作。这些设备通常使用数字化信号进行通信，方便系统对其进行控制和监测。

（2）控制器

控制器是电气自动化控制系统的核心，用于对生产过程进行控制和调节。控制器可以接收传感器的信号并进行处理，然后向执行器发送控制信号。控制器通常采用单片机、PLC（可编程逻辑控制器）或 DCS（分布式控制系统）等控制设备，具有较高的可编程性和灵活性，能够实现复杂的控制和调节。

（3）通信设备

通信设备是电气自动化控制系统的重要组成部分，用于实现设备之间的通信和信息交换。通信设备通常使用局域网、无线通信、互联网等通信方式进行通信，方便设备之间的数据交换和共享，以及实现设备的远程控制和监测。

（4）监测和管理系统

监测和管理系统是电气自动化控制系统的重要组成部分，用于实时监测和管理生产过程中的各种参数和设备状态。这些系统通常采用可视化的监测和管理界面，方便操作和管理人员进行实时监测和调节。此外，这些系统还可以采用数据管理和分析技术，对生产数据进行收集和分析，找出生产过程中存在的问题和瓶颈，以及预测未来的生产需求，从而调整设备的配置和生产计划。

（5）安全保护系统

安全保护系统是电气自动化控制系统的重要组成部分，用于保障设备和生产过程的安全。这些系统通常采用安全传感器、安全开关、急停按钮等设备，对设备和生产过程进行安全监测和保护。此外，这些系统还可以采用安全控制器、安全网络等技术，实现对生产过程的实时控制和安全保护。

（6）人机界面

人机界面是电气自动化控制系统的重要组成部分，用于实现操作，实现管理人员与控制系统之间的交互。人机界面通常采用触摸屏、显示屏等设备，提供直观、易于操作的界面，方便操作，也方便管理人员进行设备的控制和监测。

（7）软件系统

软件系统是电气自动化控制系统的重要组成部分，用于实现设备的程序设计和控制。软件系统通常包括操作系统、编程软件、通信协议等组件，能够支持各种编程语言和控制算法。软件系统还可以通过模拟和仿真技术，对设备的控制程序进行测试和优化。

2. 电气自动化控制系统的构建措施

（1）明确需求和目标

在构建电气自动化控制系统之前，必须明确企业的需求和目标。这需要对生产过程进行深入的了解和分析，确定哪些方面需要进行自动化控制，哪些方面需要进行提升和改进。同时，还要明确企业的发展战略和目标，以便将电气自动化控制系统与企业的战略和目标相匹配。

（2）选用适合的设备和技术

在构建电气自动化控制系统时，需要选用适合的设备和技术。这需要根据企业的需求和目标，选用可靠、高效、易于维护的设备和技术。同时，还需要考虑设备和技术的可扩展性，以满足企业未来的需求和发展。

（3）建立完善的数据管理和分析系统

在电气自动化控制系统中，数据管理和分析是至关重要的。企业需要建立完善的数据管理和分析系统，对生产数据进行收集和分析，找出生产过程中存在的问题和瓶颈，预测未来的生产需求，从而优化设备的配置和生产计划。同时，数据管理和分析系统还可以提供实时监测和报警功能，方便操作和管理人员对生产过程进行调节和管理。

（4）实施逐步改进

电气自动化控制系统的构建是一个逐步改进的过程。企业需要先从一些关键的生产环节开始进行自动化控制，然后逐步扩大范围，直到覆盖整个生产过程。这需要制订合理的实施计划和策略，以确保企业的生产过程不受干扰和中断。

（5）培训和管理人员

在构建电气自动化控制系统时，培训和管理人员是至关重要的。企业需要对操作和管理人员进行培训，使他们能够熟练掌握电气自动化控制系统的操作和管理技术。同时，企业还需要建立完善的管理体系和流程，对电气自动化控制系统进行管理和维护，确保其正常运行和高效率。

（6）注意安全保护和风险评估

在构建电气自动化控制系统时，必须注意安全保护和风险评估。电气自动化控制系统涉及高压电力、运动控制、数据传输等多个方面，存在一定的安全风险。因此，企业需要对电气自动化控制系统进行风险评估，并采取相应的措施进行风险控制和安全保护。

（7）积极采用新技术和新设备

随着科技的不断发展和进步，新技术和新设备不断涌现，可以帮助企业更加高效地进行电气自动化控制。因此，企业需要积极采用新技术和新设备，以提高生产效率和质量。

（8）与供应商和服务提供商合作

在构建电气自动化控制系统时，企业可以与供应商和服务提供商合作。供应商可以提供优质的设备和技术支持，服务提供商可以提供专业的服务和技术支持，为企业的电气自动化控制系统提供全面的支持和服务。

（9）持续改进和优化

电气自动化控制系统的构建不是一次性的过程，而是一个持续改进和优化的过程。企业需要不断进行改进和优化，以适应市场需求和生产变化。同时，企业还需要保持对新技术和新设备的关注和学习，以不断提升电气自动化控制系统的性能和效率。

目前，我国构建的电气自动化控制系统过于复杂，不利于实际的运用，并且在资金、环境、人力，以及技术水准等方面存在一定的问题，使其无法有效地促进电气自动化技术的发展。为此，我国必须提升构建电气自动化控制系统的水平，降低构建系统的成本，减少不良因素对该系统造成的负面影响，从而构建出具备中国特色的电气自动化控制系统。除上述措施外，电气自动化控制系统的构建还应从以下两方面入手。

一方面，要提高电气自动化专业人才的数量和质量，培养电气自动化专业高端、精英型人才。虽然当前我国创办的电气企业非常多，电气从业人员和维修人员众多，从业人员的收入也不断上涨，但是我国精通电气自动化专业的优秀人才少之又少，高端、精英、顶尖的专业技能型人才更是稀缺。为此，基于发展前景良好的电气自动化专业的现状和我国社会的迫切需求，各大高校应提高电气自动化专业人才的数量和质量，培养电气自动化专业高端、精英型人才。

另一方面，要大批量培养电气自动化专业的科研人才。研发顶尖科学技术产品需要技术能力高、创新能力强的科研人才，为此，全国各地陆续建立了越来越多的科研机构，专业科研人员团队的数量和实力不断增强。与此同时，随着电气自动化市场的迅速发展，电气自动化技术成为促进社会经济发展的重要力量，电气自动化专业科研人才的发展前景十分乐观。为此，各大高校和科研机构还应该培养一大批技术能力高、创新能力强的电气自动化专业科研人才。

（二）实现数据传输接口的标准化

数据传输接口的标准化建设是数据得以安全、快速传输和电气工程自动化得以有效实现的重要因素。数据传输设备是由电缆、自动化功能系统、设备控制系统，以及一系列智能设备组成的，实现数据传输接口的标准化能够使各个设备之间实现互相联通和资源共享，建设标准化的传输系统。

1. 常用的数据传输接口标准

（1）Modbus 协议

Modbus 是一种通信协议，用于串行通信和以太网通信。该协议规定了通信数据的格式、传输方式、传输速率和数据帧结构。Modbus 协议常用于自动化控制系统中的设备和系统之间的数据通信和控制，如 PLC、传感器、变频器等设备之间的通信和控制。

（2）Profibus 协议

Profibus 是一种开放式工业网络协议，用于自动化控制系统中的数据传输和控制。该协议规定了通信数据的格式、传输速率、帧结构、物理层和数据链路层等方面的规范。Profibus 协议广泛应用于自动化控制系统中的传感器、执行器、变频器、PLC 等设备之间的通信和控制。

（3）CAN 总线协议

CAN 总线是一种工业网络协议，用于自动化控制系统中的数据传输和控制。CAN 总线协议规定了通信数据的格式、传输速率、帧结构、物理层和数据链路层等方面的规范。CAN 总线协议广泛应用于汽车电子、机器人控制、航空航天等领域中的数据传输和控制。

（4）Ethernet 协议

Ethernet 是一种广泛应用于局域网和广域网的数据传输协议和接口标准。Ethernet 标准定义了数据传输速率、帧结构、MAC 地址、拓扑结构、电缆类型和接口等方面的规范。Ethernet 协议广泛应用于自动化控制系统中的远程监控、数据传输和控制等领域。

（5）TCP/IP 协议

TCP/IP 议是一种广泛应用于互联网和局域网的数据传输协议。TCP/IP 协议规定了数据的格式、传输方式、网络层和传输层等方面的规范。TCP/IP 协议广泛应用于自动化控制系统中的远程监控、数据传输和控制等领域。

2. 实现数据传输接口标准化的措施

（1）制订标准化规范

制订标准化规范是实现数据传输接口标准化的第一步。制订标准化规范应该从制订通用的数据传输协议开始，包括数据传输速率、数据格式、数据帧结构、数据校验等方面的规范。此外，还需要制订接口的物理形态、尺寸等规范。

（2）推广通用标准

制订标准化规范后，需要推广和普及通用标准。推广通用标准可以让不同的设备和系统之间进行数据交互和共享，降低系统集成和开发的难度，提高数据传输的安全性、稳定性和可靠性。通用标准的推广可以通过行业组织、标准化机构、行业展览等多种途径实现。

（3）建立标准化测试和认证机制

建立标准化测试和认证机制是实现数据传输接口标准化的重要手段。通过测试和认证可以确保不同设备和系统之间能够正确地进行数据传输和交互，并确保数据的准确性和安全性。标准化测试和认证机制的建立可以通过国际标准化组织、行业协会和第三方认证机构等方式实现。

（4）制订行业标准

在实际应用中，不同行业和领域可能需要针对自身的特殊需求制订专门的行业标准。制订行业标准可以更好地满足行业内的特定需求，并提高行业的竞争力和技术水平。行业标准的制订可以由行业组织、行业协会、企业联盟等机构来完成。

（5）加强安全保障

在数据传输过程中，安全是至关重要的。因此，在实现数据传输接口标准化的过程中，必须加强安全保障措施。这包括数据加密、身份认证、访问控制、漏洞修补等多种安全保障措施。安全保障措施的加强可以通过安全评估、安全培训、安全监测等方式实现。

（三）建立专业的技术团队

目前，许多电气企业的员工存在技术水平低、整体素养低等问题，实际电气工程的安全隐患较大，设备故障和设施损坏的概率较高，严重时还会导致重大安全事故的发生。因此，电气企业在经营过程中应该招募具备高水准、高品质的人才，利用专业人才提供的电气自动化技术为社会建设提供坚实的保障，降低因人为因素造成的电气设施故障的概率；还应该使用有效的策略对企业中的工作人员进行专业的技术培训，如入职培训等，丰富工作人员电气自动化技术的知识和技能。

建立专业的技术团队是电气自动化技术成功实施的重要因素。以下是建立专业的技术团队的一些措施和建议。

1. 招聘合适的人才

要建立专业的技术团队，首先需要招聘合适的人才。这些人才应该具备相关的学历和技能，并且具有良好的沟通和团队合作能力。在招聘人才时，可以通过广泛的招聘渠道、招聘网站和招聘会等方式来寻找合适的人才。

2. 提供专业的培训和教育

为了建立专业的技术团队，需要提供专业的培训和教育。培训和教育应该涵盖电气自动化技术的各个方面，包括理论知识、实践技能、团队合作等方面。可以通过内部培训、外部培训和在线教育等方式来提供培训和教育。

3. 设立专业的职业发展通道

建立专业的技术团队还需要设立专业的职业发展通道。职业发展通道应该清晰明确，包括晋升通道、职业规划、薪酬体系等方面。通过设立专业的职业发展通道，可以吸引和留住高素质的人才，并激励团队成员不断提升自己的技能和能力。

4. 建立开放式创新机制

为了激发团队成员的创新能力，建立开放式创新机制非常重要。开放式创新机制可以鼓励团队成员积极参与项目研发和创新，提供创新资源和创新平台，并给予适当的奖励和鼓励。这样可以增强团队成员的自主创新能力，提高项目研发的效率和质量。

5. 加强团队建设

团队建设是建立专业的技术团队的关键。加强团队建设可以通过多种方式实现，如组织团队活动、提高团队凝聚力、鼓励团队成员互相学习和交流等。团队成员之间的良好互动和团队合作可以促进知识和技能的共享和传承，提高团队的整体水平。

(四) 计算机技术的充分应用

计算机技术的良好发展不仅促进了不同行业的发展，也为人们的日常生活带来了便利。由于当前社会处于快速发展的网络时代，为了构建系统化和集成化的电气自动化控制体系，可以将计算机技术融入电气自动化控制体系中，以此促进该体系朝着智能化的方向发展。将计算机技术融入电气自动化控制体系，不仅可以实现工业产出的自动化，提升工业生产控制的准确度，还可以达到提升工作效率和节约人力、物力等目的。

三、电气自动化技术基本原理

电气自动化技术得以实现的基础在于具备一个完善的电气自动化控制体系，主要设计思路集中于监控手段，具体包括现场总线监控和远程监控。整体来看，电气自动化控制体系中核心计算机的功能是处理、分析体系接受的所有信息，并对所有数据进行动态协调，完成相关数据的分类、处理和存储。由此可见，保证电气自动化控制体系正常运行的关键在于计算机系统正常运行。在实际操作过程中，计算机系统通过迅速处理大批量数据来完成电气自动化控制体系设定的目标。

启动电气自动化控制体系的方式有很多，具体操作时，需要根据实际情况进行选择。当电气自动化控制体系的功率较小时，可以采用直接启用的方式，以保证体系正常地启动和运行；当电气自动化控制体系的功率较大时，必须采用星形或三角形启用的方式，只有这样才能保证体系正常地启动和运行。此外，有时还可以采用变频调速的方式来启动电气自动化控制体系。实际上，无论采用哪种启动方式，只要能够确保电气自动化控制体系中的生产设施稳定、安全运行即可。

为了对不同的设备进行开关控制和操作，电气自动化控制体系将对厂用电源、发电机和变压器组等不同电气系统的控制纳入 ECS 监控的范畴，并构成了 220kV/500kV 的发变组断路器出口。该断路器出口不仅支持手动控制电气自动化控制体系，还支持自动控制电气自动化控制体系。此外，电气自动化控制体系在调控系统的同时，还可以对高压厂用变压器、励磁变压器和发电组等保护程序加以控制。

四、电气自动化技术的优缺点

(一) 电气自动化技术的优点

电气自动化技术能够提高电气工程工作的效率和质量，并且使电气设备在发生故障时可以立刻发出报警信号，自动切断线路，增加电气工程的精确性和安全性。由此可见，电气自动化技术具有安全性、稳定性、可信赖性的优点。与此同时，电气自动化技术可以使电气设备自动运行，相对于人工操作来说，这一技术大大节约了人力资本，减轻了工作人员的工作量。此外，电气自动化控制体系中还安装了 GPS 技术，能够准确定位故障所在处，以此保护电气设备的使用和电气自动化控制体系的正常运行，减少了不必要的损失。

(二) 电气自动化技术的缺点

虽然电气自动化技术的优点有很多，但我们也不能忽视其存在的缺点，电气自动化技术主要有如下 10 种缺点。

1. 成本较高

电气自动化技术所需的设备、仪器和系统较为复杂，且需要配备大量的传感器、控制器等设备，因此成本相对较高。对于小型企业和个体工厂而言，电气自动化技术可能会给他们带来更高的经济负担。

2. 能源消耗现象严重

能源是电气自动化技术得以在各领域应用的基础。目前，能源消耗量过大是电气自动化技术表现出的主要缺点，造成这一缺点的主要原因有两方面。

一方面，在电气自动化控制体系运行的过程中，相关部门对其监管的力度不够，使得电气自动化技术应用时缺少具体的能源使用标准，造成了极大的能源浪费；另一方面，大部分电气企业在选择电气设备时，仅仅追求电气设备的效率和产量，并未分析电气设备的能耗情况，导致生产过程中使用了能源消耗量极大的电气设备，并造成了能源的浪费。

能源消耗现象严重显然不符合我国节能减排的号召，长此以往，还将对工业的可持续性发展造成影响。因此，为了确保电气自动化技术的良好发展，必须提高相关人员的节能减排意识，从而提高电气自动化控制体系的能源使用效率。

3. 复杂性较高

电气自动化技术需要将多种设备、仪器和系统集成到一个完整的自动化系统中，使得整个系统的复杂性较高。此外，控制算法、逻辑程序等的编写和调试也需要专业的知识和技能。因此，实施电气自动化技术需要投入大量的人力、物力和财力。

4. 可靠性不足

电气自动化系统的可靠性受到很多因素的影响，如控制器的故障、电气干扰、电力波动等。一旦出现故障，就可能导致生产过程中断，造成经济损失。为了提高可靠性，需要采取一系列的措施，如备份控制器、过滤电源等。

5. 质量存在隐患

纵使当前电气自动化技术已发展得较为成熟，但该技术的质量管理水平方面依旧处于较低的水平。造成这一现象的主要原因在于，我国电气自动化技术的起步较晚，缺乏较为完善、合理的管理程序，导致大部分电气企业在应用电气自动化技术时，只侧重于对生产结果及生产效率的关注，忽视了该技术应用时的质量问题。

众所周知，一切有关电器、电力方面的技术和设备，其质量方面必须严格把关。如果此类技术和设备的质量控制水平较低，就极有可能会引发多种用电安全问题，如漏电、火灾等，从而造成严重的后果。由此可见，电气自动化技术和设备的质量问题值得社会各界重点关注。

6. 维护和修理困难

由于电气自动化系统的复杂性和多样性，对于设备的维护和修理也需要专业的知识和技能。而且由于各个设备之间存在复杂的耦合关系，一旦出现故障，需要进行系统性的维修和调试。这对维修人员的能力和技能提出了很高的要求。

7. 存在数据安全风险

电气自动化技术中涉及很多敏感的数据和信息，如设备状态、生产数据、企业机密等。如果这些数据和信息泄露或被恶意攻击，将会使企业的生产和经济造成极大的损失。因此，必须采取有效的措施保障数据安全。

8. 灵活性受限

电气自动化系统的设计和建立，都会受到其硬件和软件的限制。系统的改变和扩展，也需要相应的硬件和软件更新，这将增加成本和时间。因此，系统的灵活性受到一定程度的限制。

9. 工作效率偏低

企业生产效率的高低取决于生产力水平的高低，因此我们必须对我国电气企业工作效率过低的问题予以高度重视。自改革开放至今，虽然我国电气自动化技术和电气工程取得了良好的成效，但是电气企业的整体经济收益与电气技术的长期稳定发展、企业熟练地运用电气自动化技术及电气工程技术存在直接关系，目前电气企业中存在电气自动化技术的使用范围较小、生产力水准较低，以及使用方式不当等问题，这些都是导致我国电气企业工作效率过低的重要因素。

10. 网络架构分散

除了以上缺点之外，电气自动化技术还具有网络架构较为分散的显著缺点。电气自动化技术不够统一的网络架构，使得电气自动化控制体系内各项技术的衔接不流畅，无法与商家生产的电气设备接口进行连接，从而影响了电气自动化技术在各领域的应用及发展。

实际上，如果不及时对电气自动化技术网络架构分散的缺点进行改善，很可能导致该技术止步于目前的发展状况，无法取得长远的发展。与此同时，由于我国电气企业在生产软硬件电气设备时，缺乏标准的程序接口设置，导致各个企业间生产的设置接口存在较大的差异，彼此无法共享信息数据，进而阻碍了电气自动化技术的发展。由此可见，我国电气企业要想进一步发展和提高自身生产的精确度和生产效率，就要基于当前的社会发展状况，构建统一的电气工程网络构架及规范该构架的标准。

五、电气自动化技术的革新措施

（一）改善能源消费过剩问题

针对电气自动化技术能耗高的问题，本书认为可以从以下 3 个方面着力解决，一是大力支持新能源技术的发展，新能源回收技术将在实践中得到检验；二是在电气自动化技术的设计过程中，根据技术设计标准，合理地引入节能设计，使电气自动化技术的应用不仅可以满足实际的技术要求，而且可以达到降低能耗的目的，真正实现节能减排；三是企业在采购电气设备时，应按照可持续发展的理念来选择新型节能电气设备，尽量减少生产过程中的能耗。

（二）加强质量控制

从前述电气自动化技术的缺点可以看出，电气自动化控制技术质量不高的主要原因是缺乏完善的质量管理体系。因此，电气企业在生产活动中应用电气自动化控制技术时，应按照相关的质量管理标准建立统一、完善的技术管理体系，并针对本企业的各项电气自动化控制技术，建立相应的质检部门，提高电气自动化控制技术在应用过程中的质量管理水平。

（三）建立兼容的网络结构

针对电气自动化技术网络架构不足的问题，电气企业应充分利用现有网络技术的优势，规范、完善电气自动化技术的网络结构。虽然因电气自动化技术的不兼容性，使得该技术的网络架构难以统一，但这并不意味着这个缺点不能改进。在这一方面，建立兼容的网络架构可以弥补电气自动化控制技术中通信的不足，实现系统中存储数据的自由交换，从而促进电气自动化技术的发展和提高。

（四）实现自身优化

1. 优化硬件设备

通过选择性能更好、价格更低的硬件设备，可以有效地减少电气自动化技术的成本。同时，优化硬件设备也可以提高系统的稳定性和可靠性，减少故障率和维护成本。例如，采用高精度、高效率的传感器，可以提高系统的精度和响应速度，减少误差和延迟。

2. 优化软件系统

通过优化软件系统的设计和开发，可以提高系统的可维护性和可扩展性，减少系统升级和更新的成本。例如，采用模块化的设计思想，将系统分解成若干独立的模块，可以方便地对系统进行更新和升级，同时也可以减少系统的复杂度，提高开发效率。

3. 优化人员培训

通过加强对相关人员的培训，提高其技术和知识水平，可以减少系统维护和管理的成本。例如，通过对操作人员进行系统的培训，可以提高其操作技能和操作规范，减少人为因素导致的故障和损坏。

4. 优化系统运行管理

通过加强对系统运行管理的监控和控制，可以减少系统故障和损坏的发生。例如，建立完善的系统监控和报警机制，及时发现和处理系统故障和异常，减少系统维护和修理的成本。

5. 优化系统性能评估

通过对系统的性能评估和优化，可以进一步提高系统的性能和效率，减少能源消耗和资源浪费。例如，采用能源管理系统对系统的能耗进行监测和控制，及时发现和处理能源浪费的问题，减少能源成本。

六、电气自动化控制系统的革新措施

针对前文提出的电气自动化技术的缺点，本书试提出改进电气自动化控制系统的建议。

（一）电气自动化技术与地球数字化相结合的设想

在科学技术水平持续增长、经济飞速发展的今天，电气自动化技术得到了普及化的应用。随着国民经济的不断发展和改革开放的不断深入，我国工业化进程的步伐进一步加快，电气自动化控制系统在这一过程中扮演着不可忽视的角色。为了加强电气自动化控制系统的建设，本书提出了电气自动化技术与地球数字化相结合的设想。

地球数字化中包括自动化的创新经验，可以将与地球有关的、动态表现的、大批量的、多维空间的、高分辨率的信息数据整理成为坐标，并将整理的内容纳入计算机中，再与网络相结合，最终形成电气自动化的数字地球，使人们足不出户也可以了解到电气自动化技术的相关信息。这样一来，人们若想要知道某个地区的数据信息，就可以按照地理坐标去寻找对应的数据。这也是实现信息技术结合电气自动化技术的最佳方式。

要想实现电气自动化技术与地球数字化互相结合的设想，就要实现电气自动化控制系统的统一化、市场化，以及安全防范技术的集成化，为此，电气企业需要提升自己的创新能力，政府也要对此予以支持。下面将从电气企业的角度出发，分析其实现电气自动化技术与地球数字化相结合设想应采取的措施。

首先，电气自动化控制系统的统一化不仅对电气自动化产品的周期性设计、安装与调试、维护与运行等功能的实现有着非常重要的影响，而且可以减少电气自动化控制系统投入使用时的时间和成本。要想实现电气自动化控制系统的统一化，电气企业就需要将开发系统从电气自动化控制系统的运行系统中分离出来。这样一来，不仅达到了客户的要求，还进一步升级了电气自动化控制系统。值得注意的是，电气工程接口标准化也是电气自动化控制体系的统一化的重要内容之一，接口标准化对于资源的合理配置、数字化建设效果的优化都有较为积极的意义。

其次，电气企业要运用现代科学技术深入改革企业内部的体制，在保障电气自动化控制系统作为一种工业产品发挥其作用的同时，还要确保电气产品进入市场后可以适应市场发展的需求。由此可见，电气企业要密切关注产品市场化所带来的后果，确保电气自动化技术与地球数字化可以有效结合。另外，电气企业研发投入的不单单是开发的技术和集成的系统，还要采取社会化和分工外包的方式，使得零部件的配套生产工艺逐渐朝着生产市场化、专业化方向发展，打造能够实现资源高效配置的电气自动化控制系统产业链条，实际上，产业发展的必然趋势就是产业市场化，实现电气自动化控制系统的市场化发展对于提升电气自动化控制系统来说具有非常重要的作用。

再次，安全防范技术的集成化是电气企业改进电气自动化技术的战略目标之一，其关键在于如何确定电气自动化控制系统的安全性，实现人、机、环境三者的安全。当电气自动化控制系统安全性不高时，电气企业要用最少的费用制订最安全的方案。具体流程为，电气企业要先探究市场发展和延伸的特征，考虑安全性最高的方案，然后对安全性较低的方案不断调整，从硬件设备到软件设备，从公共设施层到网络层，全方位地研究电气自动化控制系统的安全与防范设计。

最后，电气企业需要不断提升自身的技术创新能力，加大对具备自主知识产权的电气自动化控制系统的科研投入，将引进的新型技术产业进行及时的理解—吸收—再创新，以便在电气自动化技术的创新过程中提供更为先进的技术支持。与此同时，鉴于电气自动化控制系统已成为推动社会经济发展的主导力量，政府应当对此予以重视，完善、健全相关的创新机制，在政策上对其加大扶持力度。

此外，电气自动化控制系统采用了微软公司的标准化接口技术后，大大降低了工程的成本。同时，程序标准化接口解决了不同接口之间通信难的问题，保证了不同厂家之间的数据交换，成功实现了共享数据资源的目标，为实现与地球数字化互相结合的设想提供了条件。

（二）创新使用现场总线技术

现场总线技术是一种现代化的工业自动化控制技术，它将传感器、执行器、控制器、计算机等设备通过总线互联起来，实现数据的实时传输和控制指令的实时调度。现场总线技术的创新使用，可以实现以下 5 个方面的优化。

1. 数据共享

现场总线技术可以实现多个设备之间的数据共享，避免了传统的点对点连接方式下设备之间数据共享困难的问题。通过现场总线技术，可以将所有设备连接在一个共同的总线上，实现设备之间的数据共享和通信。

2. 系统扩展

现场总线技术可以实现系统的可扩展性，可以方便地增加、减少设备，使得系统更加灵活和适应变化的需求。此外，现场总线技术还可以通过连接不同的传感器和执行器，实现多种不同类型的设备之间的互联和通信。

3. 系统可靠性

现场总线技术可以提高系统的可靠性和稳定性，通过集中控制和管理，避免了传统的点对点连接方式下设备之间因为互相干扰而导致的数据丢失或控制失败的问题。此外，现场总线技术还可以通过对数据传输的多重校验、纠错等机制，进一步提高系统的可靠性。

4. 节约成本

现场总线技术可以减少系统的硬件设备数量和维护成本，通过共享总线，可以避免了传统的点对点连接方式下所需的大量传感器、控制器和数据线，从而降低系统的硬件成本。同时，现场总线技术还可以通过集中控制和管理，减少系统维护和管理的成本。

5. 系统可视化

现场总线技术可以实现系统的可视化，通过现场总线系统可以实时监测和控制设备的状态，并通过系统界面实现对设备的可视化管理。此外，现场总线技术还可以通过云端数据传输，实现远程监控和管理，提高系统的可视化程度。

将现场总线技术创新应用于电气企业的底层设施中，不仅能够满足网络向工业提供服务的需求，还初步达成了政府管理部门获取电气企业数据的目的，节省政府搜集信息的成本。因此，我们应在这一方面多加探索。

（三）加强电气企业与相关专业院校之间的合作

电气企业与相关专业院校之间的合作是建立在产学研合作的基础之上的，旨在促进电气行业的发展和提高电气工程人才的素质。在这种合作中，企业为学校提供实践平台和经验指导，同时学校也可以为企业提供优秀的电气工程人才。以下是电气企业与相关专业院校之间合作的详细阐述。

1. 实习基地

电气企业与相关专业院校可以合作建立实习基地，为学生提供实践机会和专业指导。企业可以向学校提供先进的设备和工具，帮助学生了解电气行业的实际工作，并指导学生如何解决实际问题。这样的合作可以使学生更好地理解理论知识，并提高实践能力。

2. 人才培养

电气企业与相关专业院校可以合作开展人才培养计划，为电气行业培养优秀的工程人才。企业可以为学校提供经验指导、实际项目和工作机会，帮助学生更好地了解电气行业的发展方向和市场需求，培养学生的创新意识和实践能力。

3. 课程设计

电气企业与相关专业院校可以合作设计课程，使课程更贴近电气行业的需求和实际工作。企业可以向学校提供实际案例和行业数据，帮助学生更好地了解电气行业的现状和趋势，并将这些信息应用到课程设计中。这样的合作可以提高学生的学习兴趣和学习效果，使他们更好地适应电气行业的发展。

4. 人才引进

电气企业与相关专业院校可以合作引进优秀的电气工程人才。企业可以通过学校招聘优秀的毕业生，也可以通过学校推荐优秀的研究人员和教师。这样的合作可以让企业更快速地获得适合自己需求的人才，同时也为学生提供更广阔的就业机会。

5. 项目合作

电气企业与相关专业院校可以合作开展科研项目和工程项目，共同探索新的电气技术和应用。企业可以向学校提供项目资金和技术支持，同时学校也可以为企业提供技术指导和研发支持。这样的合作可以加速电气行业的创新和发展，同时也能够提高企业的核心竞争力和市场份额。

6. 产学研合作

电气企业与相关专业院校可以合作开展产学研合作，将理论研究和实际应用相结合。企业可以向学校提供技术需求和实际应用场景，同时学校也可以为企业提供科研成果和技术支持。这样的合作可以帮助学校更好地发挥科研优势，同时也可以让企业更好地应对市场挑战。

7. 人才交流

电气企业与相关专业院校可以合作开展人才交流，让企业和学校之间的人才互通有无。企业可以邀请学校的教师和学生参观企业，了解企业的工作环境和文化，同时也可以让企业员工到学校进行交流和讲座，分享企业的经验和技术。这样的合作可以促进企业和学校之间的沟通和交流，增强双方的合作意识和信心。

8. 产业联盟

电气企业与相关专业院校可以合作成立产业联盟，共同推动电气行业的发展和创新。产业联盟可以集合企业、学校、科研机构和政府部门等多方力量，开展产学研合作、人才培养、项目合作和技术转移等活动，促进电气行业的跨越式发展。

总之，高校应该在学生在校期间就开始培养学生的电气自动化技术，并强化与电气企业间的合作，确保学生在校期间就已经具备高超的专业技术，并能够将自身掌握的知识合理地运用于电气自动化技术的实践中，从而促进电气自动化行业的快速发展。电气企业也要积极与高校联系，针对特定的岗位需求，培养出订单式电气自动化专业人才。

（四）改革电气自动化专业的培训体系

电气自动化专业的培养是工业现代化和信息化的重要支撑，也是我国实现高质量发展的关键之一。因此，电气自动化专业的培训体系改革非常必要。

1. 传统电气自动化专业的教学模式存在的问题

（1）教学内容陈旧

由于传统电气自动化专业的教学模式相对固化，教学内容无法及时更新。教学内容陈旧，不能够满足工业发展的需求，与实际工作存在较大差距。

（2）实践环节薄弱

电气自动化专业的培养需要有较强的实践能力，但传统教学模式下，实践环节薄弱，不能够满足工业领域的需求。学生缺乏实际操作经验，无法独立完成工作。

（3）师资队伍不足

传统教学模式下，电气自动化专业的师资队伍相对薄弱。教师缺乏实际工作经验，无法深入了解工业领域的需求，教学质量无法得到保障。

（4）学生素质不高

传统电气自动化专业的教学模式下，学生的学习方式单一，缺乏学习动力和自主性。同时，缺乏跨学科的知识，无法适应未来工业领域的需求。

2. 电气自动化专业的培训体系改革的主要内容

（1）课程设置的创新

为了满足未来工业发展的需求，需要对电气自动化专业的课程设置进行创新。应该加强基础课程的教学，同时加强跨学科的知识。为了满足工业领域的需求，需要增加实践课程的比例。并且，应该及时更新教材，让教学内容与实际工作相适应。

（2）实践教学的加强

电气自动化专业的实践教学是非常重要的，需要加强实践环节。学生需要通过实践学习掌握操作技能和实际应用能力。为了满足实际工作的需求，应该加强与工业领域的合作，引进实践项目，增加实践课程的数量和难度。同时，应该建立实习制度，让学生在工业企业中实习，了解实际工作情况，提高实践能力和实际应用能力。

（3）师资队伍建设的加强

电气自动化专业的教师队伍是培养优秀人才的重要保障，应该加强师资队伍的建设。引进有实际工作经验和专业知识的教师，加强教师的培训和培养。同时，应该鼓励教师参与工业领域的研究，了解工业的需求，提高教学质量。

（4）学生素质的提高

电气自动化专业的学生应该具备跨学科的知识和实践能力，为此，需要加强学生素质的培养。在课程设置上加强跨学科的教学，鼓励学生参加实践项目和竞赛活动，提高实际操作能力和创新能力。同时，加强学生自主学习的能力，鼓励学生积极探索和实践。

（5）教学手段和评估方式的创新

为了适应新的教学模式和实践需求，电气自动化专业的教学手段和评估方式需要创新。应该采用多种教学手段，如网络教学、实验教学、课堂讲解等，以提高教学效果。评估方式也需要创新，除了传统的考试外，还应该加强实践评估，评估学生的实际应用能力和实践能力。

3. 电气自动化专业的培训体系改革的实施建议

（1）加强产学研合作，引进实际项目，提高实践教学比例。

（2）建立实习制度，鼓励学生参加工业企业的实习。

（3）加强师资队伍建设，引进实际工作经验和专业知识的教师，加强教师的培训和培养。

（4）增加跨学科的教学内容，提高学生的跨学科能力。

（5）采用多种教学手段，创新教学模式，提高教学效果。

（6）加强实践评估，评估学生的实际应用能力和实践能力。

总之，为了使电气自动化专业的人才运用自身的知识，推动电气自动化行业的发展，高校应该对在校大学生进行电气自动化技能培养，改革陈旧的电气自动化专业的培训体系，强化学校和电气企业间的合作。

二、电气自动化技术的影响因素

为了有效地发挥电气自动化技术在各个行业的作用，我们必须探寻与分析影响电气自动化技术发展的因素，此处主要阐述电气自动化控制技术的三个影响因素，即电子信息技术、物理科学技术和其他科学技术。

（一）电子信息技术发展产生的影响

信息技术是指人们管理和处理信息时采用的各类技术的总称，具体包含通信技术和计算机技术等，其主要目标是对有关技术和信息等方面进行显现、处理、存储和传感。现代信息技术，又称“现代电子信息技术”，是指为了获取不同内容的信息，运用计算机自动控制技术、通信技术等现代技术，对信息内容进行传输、控制、获取、处理等的技术。

如今，电子信息技术早已被人们熟知，它与电气自动化技术的关系十分紧密，相应的软件在电气自动化技术中得到了良好的应用，能够使电气自动化技术更加安全、可靠。此处主要针对以下 5 方面的影响进行阐述。

1. 控制器技术的发展

电子信息技术的发展促进了控制器技术的发展，如微控制器技术、嵌入式系统技术等，这些技术使得控制器更加小巧、高效、稳定，控制系统更加稳定可靠，控制精度得到了大幅提高。

2. 通信技术的进步

通信技术的进步使得电气自动化技术能够远程控制，减少了人工干预，使得自动化控制更加精准和高效。例如，通过互联网、局域网和无线通信技术等，可以远程监控和控制机器设备的运行，大大提高了自动化生产线的效率和可靠性。

3. 人机交互技术的应用

人机交互技术的应用，使得电气自动化技术更加智能化，方便了人与机器之间的交互。例如，利用人机界面技术，可以通过显示器、触摸屏等设备直观地进行操作，对设备进行控制、监视和管理。

4. 数据处理技术的应用

数据处理技术的应用，使得电气自动化技术更加高效和智能。例如，利用数据挖掘和数据分析技术，可以实现对大量数据的自动分析和处理，从而提高自动化控制系统的精度和效率。

5. 人工智能技术的应用

人工智能技术的应用，使得电气自动化技术更加高效和智能。例如，利用人工智能技术，可以实现智能控制、自适应控制等，从而提高自动化控制系统的效率和准确性。

当前，人们处于一个信息爆炸的时代，我们需要尽可能地构建出一套完整、有效的信息收集与处理体系，否则可能无法紧跟时代的步伐，与时代脱节。对此，电气自动化技术要想取得突破性的发展，就需要融入最新的电子信息技术，探寻电气自动化技术的可持续发展的路径，扩展其发展前景与发展空间。

总之，电子信息技术主要是在社会经济的不同范畴内运用的信息技术的总称，对于电气自动化技术而言，电子信息技术的发展可以为其提供优秀的工具基础，电子信息技术的创新可以推动电气自动化技术的发展；同时，不同学科范畴的电气自动化技术也可以反作用于电子信息技术的发展。

（二）物理科学技术发展产生的影响

20 世纪下半叶，物理科学技术的发展有效地促进了电气自动化技术的发展。之后，物理科学技术与电气自动化技术的联系日益密切。总的来说，在电气自动化技术运用和发展的过程中，物理科学技术的发展起到了至关重要的作用，此处主要针对以下 4 方面的影响进行阐述。

1. 传感器技术的发展

传感器是电气自动化技术的重要组成部分，它可以将物理量转换成电信号，从而实现自动化控制。随着传感器技术的发展，传感器的种类越来越多，传感器的测量精度和可靠性也得到了显著提高。例如，红外传感器、激光传感器、声波传感器等可以测量非常小的物体或者物体的形状，使得自动化控制更加精细和高效。

2. 电子技术的进步

电子技术是电气自动化技术的基础，它的进步直接推动了电气自动化技术的发展。如集成电路技术的发展，使得控制系统的规模越来越大、精度越来越高，控制精度得到了大幅提高。同时，数字信号处理技术的应用使得自动化控制更加稳定、精准和可靠。

3. 机器学习技术的应用

机器学习技术是近年来快速发展的技术领域之一，它的应用也对电气自动化技术的发展产生了重要影响。利用机器学习技术可以实现自适应控制，通过对过去的数据进行学习，自动地调整控制参数，从而提高自动化控制系统的效率和准确性。

4. 纳米技术的进步

纳米技术的进步也对电气自动化技术的发展产生了重要影响。通过纳米技术可以制造出微小的电子元件，使得电气自动化系统的控制精度和效率都得到了大幅提高。例如，在微纳制造领域，人们已经可以制造出微型机械装置，通过微小的电信号实现微型控制和微小机械装置的自动化控制。

基于此，政府和电气企业应该密切关注物理科学技术的发展，以避免电气自动化技术在发展的过程中出现违反现阶段物理科学技术的产物，阻碍电气自动化技术的良性发展。

（三）其他科学技术的进步所产生的影响

除了物理科学技术和电子信息技术的发展外，其他科学技术也对电气自动化技术的发展产生了影响，此处主要针对 5 方面的影响进行阐述。

1. 材料科学技术的发展

材料科学技术的发展使得电气自动化技术更加先进和高效。例如，新材料的应用可以提高电气自动化产品的稳定性、寿命和使用性能，从而提高电气自动化系统的整体效率和可靠性。

2. 机械工程技术的发展

机械工程技术的发展使得电气自动化技术更加精密和高效。例如，机器人技术的应用可以实现工厂自动化，自动化生产线的效率得到了大幅提高。

3. 光学技术的应用

光学技术的应用可以提高电气自动化系统的精度和可靠性。例如，利用激光和光纤等技术可以实现对物体的精准检测和测量，从而提高电气自动化系统的检测精度和可靠性。

4. 生物科学技术的应用

生物科学技术的应用可以提高电气自动化系统的生产效率和安全性。例如，利用生物科学技术可以实现对食品和药品等产品的快速检测和质量控制，从而提高电气自动化系统的生产效率和安全性。

5. 化学科学技术的应用

化学科学技术的应用可以提高电气自动化系统的生产效率和安全性。例如，利用化学科学技术可以实现对化学反应过程的监测和控制，从而提高电气自动化系统的生产效率和安全性。

总之，除了物理科学技术和电子信息技术的发展外，其他科学技术也对电气自动化技术的发展产生了影响，其中材料科学技术、机械工程技术、光学技术、生物科学技术和化学科学技术的发展尤为重要。这些技术的应用使得电气自动化技术更加先进、高效、精密和安全。

三、电气自动化技术发展的意义和趋势

随着电气自动化技术的发展，人们的生产和生活越来越便利，人们对电气自动化控制体系的关注日益增强。电气自动化技术具有的信息化、智能化、节约化等主要优势，可以持续促进社会经济的发展。基于此，政府部门和电气企业为满足市场发展过程中的相关需求，为促进电气自动化控制体系的智能化、开放化发展，应该加大对电气自动化控制体系的投入力度，有效促进电气自动化控制体系功能的提升。

（一）电气自动化技术发展的意义

随着电气自动化技术的不断发展，电气自动化控制设备已经走向成熟阶段，我国消费群体及用户对电气自动化控制设备在性能与可靠性方面的要求越来越高。其中，提高电气自动化控制设备运行的可靠性是人们最基本的要求，这是因为具有可靠性的电气自动化控制设备可以将设备出现故障的概率控制在较小范围内，不仅提高了该设备的使用效率，还降低了使用单位在维护与管理方面的成本投入。所以，如何提高电气自动化控制设备的可靠性成为人们亟待解决的问题。

电气自动化控制设备的可靠性主要体现在设备自身的经济性、安全性与实用性方面。按照实际生产经验来看，电气自动化控制设备的可靠性与产品生产、加工质量都有十分密切的关系，而电气产品生产和加工质量与电气自动化技术有关。由此可见，发展电气自动化技术对提高电气自动化控制设备的可靠性具有重要的意义。

（二）电气自动化技术的发展趋势

IEC 61131 的颁布，以及 Microsoft 的 windows 平台的广泛应用，使得计算机技术在当前和未来电气自动化技术的发展过程中都将发挥十分重要的作用。IEC 61131 标准是国际电工委员会（IEC）提出的国际化电气自动化技术标准，目前被各种电气企业普遍运用。

IT 平台与电气自动化 PC 以太网和 Internet 技术、服务器架构引发了电气自动化的一次又一次革命。自动化和 IT 平台的融合是当前市场需求的必然趋势，而范围不断扩大的电子商务也促进了这种结合。为了对自身的生产信息进行全方位的切实掌握，电气企业的管理者可以利用浏览器存储和调用企业内部的主要管理数据，还可以监控现有生产过程的动态画面。

与此同时，Internet 技术和多媒体技术在目前的信息时代和自动化发展过程中具备广阔的应用前景，使得电气自动化技术正在逐步由以往单一设施转化为集成化系统。

此外，在未来的电气自动化产业中，虚拟现实技术和视频处理技术也会对其产生重大影响，如软件、组态环境、通信能力和软件结构在电气自动化控制体系中表现出重要性。为了便于读者理解，下面主要从 5 个方面介绍电气自动化技术的发展趋势，分别为开放化发展、智能化发展、安全化发展、通用化发展及通用变频器的数量逐渐增多的发展。

1. 开放化发展

在研究人员将自动化技术与计算机技术融合后，计算机软件的研发项目获得了显著发展，企业资源计划（ERP 体系）集成管理理念随着电气企业自动化管理的发展，受到了民众的普遍重视。ERP 体系集成管理理念，是指对整个供应链的人、财、物等所有资源及其流程进行管理。

现阶段，我国电气自动化技术正在朝着集成化方向发展。对此，研究电气自动化技术的工作人员应该加强对开放化发展趋势的重视。

电气自动化技术的开放化发展促进了电气企业工作效率的提升和信息资源的共享。与此同时，以太网技术的出现进一步推动电气自动化技术向开放化方向发展，使电气自动化控制体系在互联网和多媒体技术的协同参与中得到了升级。

2. 智能化发展

电气自动化技术的应用给人们的生产和生活带来了极大的便利。当前，电气自动化技术因以太网输送效率的提升面临着重大的发展机会和挑战。对此，相关研究人员应该重视电气自动化技术智能化发展的研究，以满足市场对电气自动化技术提出的发展要求，从而促使电气自动化技术在智能化发展的道路上走得更远，促进电气自动化技术的可持续发展。

目前，大部分电气企业着重研究和开发电气设备故障检测的智能化技术，这样做不仅可以提升电气自动化控制体系的安全性和可靠性，而且可以降低电气设备发生故障的概率。

此外，大部分电气企业已经对电气自动化技术的智能化发展有了一定的认识和看法，有些甚至已经取得了阶段性的研究成果，如与人工智能技术进行了结合，这些都有效地促进了电气自动化技术朝着智能化方向发展。

3. 安全化发展

安全化是电气自动化技术得以在各个领域广泛应用的立足之本。为了确保电气自动化控制体系的安全运转，相关研究人员应该在降低电气自动化控制体系成本的基础上，对非安全型与安全型的电气自动化控制体系进行统一集成，确保用户可以在安全的状况下使用电气设备。

为了确保网络技术的稳定性和安全性，相关研究人员应该站在我国当前电气自动化控制体系安全化发展的角度上，对电气设备硬件设施转化成软件设施的内容进行重点研究，使现有的安全级别向危险程度低的级别转化。

4. 通用化发展

目前，电气自动化技术正在朝着通用化的方向发展，越来越多的领域开始应用电气自动化技术。为了真正实现电气自动化技术的通用化，相关研究人员应该对电气设备进行科学的设计、适当的调试，并不断提高电气设备的日常维护水平，从而满足用户多方面的需求。

与此同时，当前越来越多的电气自动化控制体系开始普遍使用标准化的接口，这种做法有力地推动了多个企业和多个电气自动化控制体系资源数据的共享，实现了电气自动化技术和电气自动化控制体系的通用化发展，为用户带来更大的便利。

在未来计算机技术与电气自动化技术结合的过程中，可以预知，windows 平台、OPC

技术和 IEC 61131 标准将发挥重要的作用，应用广泛的电子商务可以使 IT 平台与电气自动化技术的融合进步加快。

在电气自动化的发展过程中，电气自动化技术的集成化和智能化发展得较为顺利，通用化发展存在些许障碍。为了强化工作人员对电气自动化控制体系的认知，电气企业应该就电气自动化控制体系中的安装、工作人员的操作等内容进行培训，使工作人员可以充分掌握体系中的各个设备和安装环节。

需要重点关注的是，电气企业需要对没有接触过新技术、新设施的工作人员进行培训。与此同时，电气企业应该对可能会降低电气自动化控制体系可靠性和安全性的因素进行预防，重视员工技术操作水准的提升，务必保证员工充分掌握体系中的硬件操作、保养维修软件等有关技术，以此推动电气自动化技术朝着通用化的方向发展。

5. 通用变频器的数量逐渐增多的发展

本书所说的通用变频器是指在市场中占比相对较大的中、小功率的变频器，此类变频器可以批量生产。通过对各种类型的变频器进行分析后，不难发现，U/F 控制器逐渐从普通功能型转变为高功能型，到现在已经发展成为动态性能非常强的矢量控制型变频器。通用变频器的主要零部件是绝缘栅双极型晶体管（IGBT），这一零部件在实际应用过程中具有非常强的可靠性和操作性，维修也相对比较简单。在这些优势的推动之下，电气自动化控制体系中通用变频器的数量逐渐增多，单片机控制电气设备得以发展和被广泛应用。具体表现在以下两个方面。

（1）变频器电路从低频发展成高频

高频变频器电路在实际运行的过程中，不仅不会对逆变器的运行稳定性和安全性造成任何影响，还可以大幅提升逆变器的运行效率，有效地减少其对开关的伤害。在此背景下，逆变器的尺寸就会逐渐缩小，逆变器生产环节中消耗的成本自然可以得到有效的控制。此外，逆变器功率的提升使其朝着集成化的方向发展，但必须将逆变器应用于高频电路才可以凸显其优势。由此可见，在电气自动化技术发展的过程中，变频器电路必定会朝着高频的方向发展。

（3）计算机技术及电子技术推动了电气自动化技术的发展

20 世纪 80 年代，单片机技术的发展和应用使我国电气设备实现了全面的更新，再结合计算机技术的应用，促使企业实际运行的过程中实现了实时动态监控及自动化调度等目标，并以此为基础促使企业生产朝着自动化的方向发展。这些举措都有效地推动了电气自动化技术的发展。在此基础上研发出来的电气自动化应用系统的应用软件可以实现企业对实时、动态的数据开展采集、汇总等工作。但是，在此过程中，仍然存在一些问题。例如，不同厂家提供的电气设备实际上不可以相互连接；电气设备和计算机之间采用的是星形连接模式，导致数据信息传输的实时性比较弱，无法及时调动各种类型的设备执行指令，进而导致企业运行的安全性及稳定性受到一定的威胁。随着计算机技术及电子技术的发展，这些问题得到一定程度上的缓解，推动了电气自动化技术的发展，也促使企业运行的安全性及稳定性得到了大幅度的提升。

第二节　电气自动化技术的衍生与应用

随着科学技术的飞速发展和全球化进程的不断深入，世界各个国家（地区）都意识到科学技术的重要性，各个国家（地区）都加大了对科技研发的力度，目前，越来越多的科技成果已经被应用到人们的生产、生活中，并极大地促进了人们生产和生活质量的提升，电气自动化技术就是其中之一。为了使读者了解电气自动化技术的应用理念，本节从电气自动化控制技术、电气自动化节能技术和电气自动化监控技术三个方面展开介绍电气自动化技术的衍生技术。

一、电气自动化控制技术的应用

电气自动化控制技术作为一种现代化技术，在电力、家居、交通、农业等多个领域中都发挥着不可替代的作用，充分优化了人们的居住场所，为人们的生产和生活提供了极大的便利，使人们的生产和生活更加丰富多彩。基于此，本节将从电气自动化控制技术的发展历程和发展特点出发，并在此基础上介绍我国电气自动化控制技术的应用现状，最终引出电气自动化控制技术未来的发展方向。

（一）我国电气自动化控制技术的发展历程

电气工程是一门综合性学科，计算机技术、电子技术、电工技术等都是与电气工程相关的技术。随着计算机技术的飞速发展，电气自动化控制技术得到了高度优化。现阶段，大型铁路、工业区、客运车站、大型商场等场所普遍应用电气自动化控制技术。这一技术不仅可以确保电气企业经营、生产活动的顺利进行，提升电气设备检测的精确度，有效强化信息传送的有效性、实时性，充分减轻人工劳动的工作强度，还可以保障电气设备的顺利运作，降低其发生安全事故的概率。下面分析我国电气自动化控制技术的发展历程。

实际上，与日本、欧洲、美国等发达国家和地区相比，我国研究电气自动化控制技术的时间相对较短。我国初期研究电气自动化控制技术时，主要将其应用于工业领域，后来随着这一技术水平的不断提高，其应用范畴逐步拓展到手工业、农业领域。

电气自动化控制技术的不断发展使我国综合实力得以全面提升，我国不同行业的生产成本得以有效调节，人们的生活水平得以有效提升，人们的经济收益与其生产、生活得到了合理的协调。与此同时，迅速发展的电气自动化控制技术还提升了电气自动化控制系统的稳定性，促进该系统朝着自动化和智能化方向发展，加强了电气自动化技术与计算机技术、电子技术、智能仿真技术之间的紧密联系，并对以上技术的优势进行了高度整合，有效地优化了电气自动化控制技术和电气自动化控制系统。在实际生活中，工厂的机械手搬运货物、码堆货物、运输货物等都是常见的应用电气自动化控制技术的例子。

纵观电气自动化控制技术的发展历程，可以发现，正是由于电气自动化技术与信息技术、电子技术、计算机技术的有效融合才形成了电气自动化控制技术。通过几十年的快速发展，电气自动化控制技术已经趋向成熟，成为工业生产过程中最为主要的工业技术。

20 世纪 50 年代，电力技术的应用与发展不仅推动了第三次工业革命，也促使人们的生产和生活模式产生了重大变化。而后，随着接触器、继电器的产生，相关的专家、学者提出了“自动化”这一专业名词，民众逐渐掌握了电气自动化控制技术知识和电气设备的运行方法。

20 世纪 60 年代，计算机技术与现代信息技术相继出现，这两项技术进一步提升了电气自动化控制系统将信息处理与自动化控制相结合的能力。这样一来，人们可以利用电气自动化控制系统自动控制电气设备，优化生产的控制和管理过程，电气自动化控制技术也开始步入急速发展阶段。在这一时期，机械自动控制是电气自动化控制技术的主要表现形式，由此推动了一大批电力、电机产品的产生，虽然当时人们尚未意识到电气自动化控制的本质，但这是工业生产中首次出现自动化的设备。之后，电气自动化控制技术的发展为电气自动化控制系统的研究提供了基本的发展路径和思路。

20世纪80年代，出现了运用计算机技术对部分电气设备进行有效控制的技术，这也丰富了电气自动化控制技术。虽然计算机技术的发展对构成电气自动化控制系统的基础结构与组成部分提供了技术支持，但是将计算机技术应用于复杂的管理体系时容易产生障碍，如将计算机技术应用于繁杂的电网体系极易产生系统故障。

20世纪七八十年代至21世纪初，随着微电子技术、IT技术等新型技术的快速发展，电气自动化控制技术的应用范畴越来越广。此时，电气自动化控制系统不仅充分融合了人工智能技术、电气工程技术、通信技术和计算机技术，还在各个领域不断推行自动控制的理论，使电气自动化控制技术得到了充分的发展，也越来越成熟。智能自动化控制技术采用人工智能技术，利用模糊控制、神经网络、遗传算法等技术，从而实现了自动化控制系统的智能化。例如，智能机器人、智能制造系统、智能家居系统等都是智能自动化时代的典型代表，它们不仅能够自主学习和适应环境，还能够进行自主决策和自我修复，实现了智能化和自主化的自动化控制。此外，智能自动化控制技术还具有高度的可编程性和灵活性，能够根据用户需求进行定制化的开发和应用。

自迈入21世纪以后，电气自动化控制技术广泛应用于服务产业、工业生产、农业、国防、医药等领域，成为现代国民经济的支柱技术。

21世纪初，信息技术的飞速发展，使得信息化自动化控制技术成为当今工业自动化控制技术的主流。信息化自动化控制技术采用计算机网络技术和互联网技术，实现了不同设备之间的联网通信，使得整个自动化控制系统更加智能化、高效化、可靠化和安全化。例如，工业物联网、云制造、数字化工厂等都是信息化自动化技术的典型应用。

随着工业4.0时代的到来，智能制造已经成为未来工业发展的趋势。智能制造是在信息化自动化技术基础上，融合了物联网、大数据、人工智能等新兴技术，实现了全生命周期的智能化制造，包括智能化设计、智能化生产、智能化服务等。智能制造不仅可以实现高效、灵活的生产，还能够实现生产过程的可持续发展和资源的可循环利用。

不难看出，电气自动化控制技术随着信息时代的迅速发展得到了更为广泛的应用。实际上，电气自动化控制系统的信息化特征是在信息技术与电气自动化控制技术逐渐融合的过程中得以体现的，而后通过将信息技术融入系统的管理层面，以此提升电气自动化控制系统处理信息和处理业务的效率。为了提升处理信息的准确率，电气自动化控制系统加大了监控力度，不仅促进了网络技术的推行，还保障了电气自动化控制系统和各个设施的安全性。

（二）电气自动化控制技术的发展特点

电气自动化控制技术是工业步入现代化的重要标志，是现代先进科学的核心技术。电气自动化控制技术可以大大降低人工劳动的强度，提高测量测试的准确性，增强信息传递的实时性，为生产过程提供技术支持，有效避免安全事故的发生，保证设备的安全运行。

经过几十年的发展，电气自动化控制技术在我国取得了卓越的成效。目前，我国已形成中低档的电气自动化产品以国内企业为主，高中档的电气自动化产品以国外企业为主；大中型项目依靠国外电气自动化产品，中小型项目选择国内电气自动化产品的市场格局。

为了弥补电气自动化控制技术的不足与缺点，当前我国在电气自动化控制技术的发展过程中，应该重视通过这一技术的应用来较好地完成工作任务，即提升任务的完成度。

现阶段，社会上的众多工作已经通过利用和开发电气自动化控制技术得到了全方位的优化。如果能够在工厂中全面实施电气自动化控制技术，那么工厂就可以实现在无人照看的状况下处理问题、生产产品、监督生产过程等环节，大大节省劳动力，有效地促进国民经济的发展。为了使电气自动化控制技术的发展更加多元化，我们应该站在长远发展的角度来促进电气自动化控制技术的发展。

电气自动化控制技术的发展有其自身特点，主要体现在以下 6 个方面。

1. 平台呈开放式发展

计算机系统对电气自动化控制技术的发展产生了重要的影响，而后 Microsoft 的 windows 平台的广泛应用，OPC 标准的产生（OLE for Process Control，是指用于过程控制的 OLE 工业标准），以及 IEC 61131 标准的颁布，均促进了电气自动化技术与控制技术的有效融合，促进了电气自动化控制系统的开放式发展。

实际上，电气自动化控制系统开放式发展的主要推动力是编程接口的标准化，而编程接口的标准化取决于 IEC6 1131 标准的广泛应用。IEC 61131 标准使全世界 2000 余家 PLC 厂家、400 种 PLC 产品的编程接口趋于标准化，虽然使这些厂家和产品使用不同的编程语言和表达方式，但 IEC 61131 标准也能对它们的语义和语法作出明确的规定。由此，IEC 61131 标准成为国际化的标准，被各个电气自动化控制系统的生产厂家广泛应用。

目前，windows 平台逐步成为控制工业自动化生产的标准平台，Internet Explore、windows NT、windows Embedded 等平台也逐渐成为控制工业自动化生产的标准语言、规范和平台。PC 和网络技术已经在企业管理和商业管理方面得到普及，基于 PC 的人机界面在电气自动化范畴中成为主流，越来越多的用户正在将 PC 作为电气自动化控制体系外化的基础。利用 windows 平台作为操作电气自动化控制系统控制层的平台具备众多的优势，如简单集成自身与办公平台、方便维护运用等。

2. 通过现场总线技术连接

如前所述，现场总线技术是指将智能设备和自动化系统的分支架构进行串联的通信总线，该总线具有数字化、双向传输的特点。在实际的应用过程中，现场总线技术可以利用串行电缆，将现场的马达启动器、低压断路器、远程 I/O 站、智能仪表、变频器和中央控制室中的控制 / 监控软件、工业计算机、PLC 的 CPU 等设施相连接，并将现场设施的信息汇入中央控制器中。

3. IT 技术与电气工业自动化发展

电气自动化控制技术的发展革命由 Internet 技术、PC、客户机 / 服务器体系结构和以太网技术引起。与此同时，广泛应用的电子商务、IT 平台与电气自动化控制技术的有效融合，也满足了市场的需要和信息技术渗透工业的要求。

信息技术对工业世界的渗透包括两个独立的方面。第一，管理层的纵向渗透。借助融合了信息技术和市场信息的电气自动化控制系统，电气企业的业务数据处理体系可以及时存取现阶段企业的生产进程数据。第二，在电气自动化控制技术的系统、设施中横向融入信息技术。电气自动化控制系统在电气产品的不同层面已经高度融入了信息技术，不仅包含仪表和控制器，还包含执行器和传感器。

在自动化范畴内，多媒体技术和Intranet/Internet技术的使用前景十分广阔。电气企业的管理层可以通过浏览器获取企业内部的人事、财务管理数据，还可以监控现阶段生产进程的动态场景。

对于电气自动化产品而言，电气自动化控制系统中应用视频处理技术和虚拟现实技术可以对其生产过程进行有效的控制，如设计实施维护体系和人机界面等；应用微处理和微电子技术可以促进信息技术的改革，使以往具备准确定义的设备界定变得含糊不清，如控制体系、PLC和控制设施。这样一来，与电气自动化控制系统有关的软件、组态情境、软件结构、通信水平等方面的性能都能得到显著的提升。

4. 信息集成化发展

电气自动化控制系统的信息集成化发展主要表现在以下2个方面。

（1）管理层次

管理层次方面，具体表现在电气自动化控制系统能够对企业的人力、物力和财力进行合理的配置，可以及时了解各个部门的工作进度。电气自动化控制系统能够帮助企业管理者实现高效管理，在发生重大事故时及时作出相应的决策。

（2）电气自动化控制技术的信息集成化发展

电气自动化控制技术的信息集成化发展又具体表现为两方面，一方面，研发先进的电气设施和对所控制机器进行改良，先进的技术能够使电气企业生产的产品更快得到社会的认可；另一方面，技术方面的拓展延伸，如引入新兴的微电子处理技术，这使得技术与软件匹配，并趋于和谐统一。

5. 具备分散控制系统

分散控制系统是以微处理器为主，加上微机分散控制系统，全面融合先进的CRT技术、计算机技术和通信技术而成的一种新型的计算机控制系统。在电气自动化生产的过程中，分散控制系统利用多台计算机来控制各个回路。这一控制系统的优势在于能够集中获取数据，并且同时对这些数据进行集中管理和实施重点监控。

随着计算机技术和信息技术的飞速发展，分散控制系统变得网络化和多元化，并且不同型号的分散控制系统可以同时并入电气自动化控制系统，彼此之间可以进行信息数据的交换，然后将不同分散控制系统的数据经过汇总后再并入互联网，与企业的管理系统连接起来。

分散控制系统的优点是，其控制功能可以分散在不同的计算机上实现，系统结构采取的是容错设计，即使将来出现某一台计算机瘫痪等故障，也不会影响整个系统的正常运行。如果采用特定的软件和专用的计算机，还能够提高电气自动化控制系统的稳定性，

分散控制系统的缺点是，系统模拟混合系统时会受到限制，从而导致系统仍然使用以往的传统仪表，使系统的可靠性降低，无法开展有效的维修工作；分散控制系统的价格较为昂贵；生产分散控制系统的厂家没有制订统一的标准，从而使维修的互换性受到影响。

6. windows NT和IE是标准语言规范

电气自动化控制系统的标准语言规范是windows NT和IE，在使用的过程中采用人机界面进行操作，并且实现网络化，使电气自动化控制系统更加智能化与网络化，从而使其更容易维护和管理。标准语言规范的应用，能够使电气自动化控制系统更易于维护，从而促进系统的有效兼容，促进系统的不断发展。

此外，电气自动化控制系统拥有显著的集成性和灵活性，大批量的用户已经开始接受和使用人机交互界面，将标准的体系语言运用在这一系统中，可以为维修、处理该系统提供方便与便利。

（三）电气自动化控制技术发展原因分析

通过上述内容，我们可以看出，电气自动化控制技术不断发展、其应用范围不断扩大是社会发展的必然结果。随着计算机技术和信息技术的快速发展，电气自动化控制技术逐渐融入计算机技术和信息技术，并将其运用于电气自动化设备，以促进电气自动化设备性能的完善。

电气自动化控制技术与计算机技术和信息技术的融合，是电气自动化控制技术逐步走向信息化的重要表现，实际上，电气自动化控制设备与电气自动化控制技术能够相结合的基础与前提是计算机具备快速的反应能力，以及电气自动化设备具有较大的存储量。

如此一来，这一技术及应用这一技术的系统形成了普遍的网络分布、智能的运作方式、快速的运行速度，以及集成化的特征，电气自动化设备可以满足不同企业不同的生产需求。

在电气自动化控制技术发展的初期，由于这一技术缺乏较强的应用价值，缺乏功能多样性，没能在社会生产中发挥出其应有的价值。后来，随着电气自动化控制技术的成熟、功能的丰富，这一技术逐渐被人们广泛认可，其应用范围逐步扩大，为社会生产贡献了力量。

通过分析可以发现，电气自动化控制技术能够迅速发展并逐渐走向成熟主要有以下 3 点原因。

第一，这一技术能够满足社会经济发展的需求；第二，这一技术能够借助智能控制技术、电子技术、网络技术和信息技术的发展来丰富自己，促使自身迅速发展；第三，由于电气自动化控制技术普遍应用于航空、医学、交通等领域，各高校为了顺应社会的发展，开设了电气自动化专业，培养了大量的优秀技术人员。正是由于以上原因，在我国经济快速发展的过程中，电气自动化控制技术获得了发展。

此外，我们还可以发现，电气自动化控制技术曾经发展困难的主要原因在于工作人员的水平良莠不齐。对此，为了促进电气自动化控制技术的发展，相关的工作人员应该紧跟时代的发展步伐，积极学习电气自动化控制技术，并对电气自动化控制技术进行优化。

（四）应用电气自动化控制技术的意义

电气自动化控制技术是顺应社会发展潮流而出现的，其可以促进经济发展，是现代化生产必不可少的技术之一。当今的电气企业中，为了扩大生产投入了大量的电气设施，这样不仅导致工作量巨大，而且导致工作过程十分复杂、烦琐。出于成本等方面的考虑，一般电气设备的工作周期很长、工作速度很快。为了确保电气设备的稳定、安全运行，同时为了促进电气企业的优质管理，电气企业应该有效地促进电气设备和电气自动化控制系统的融合，并充分发挥电气设备具备的优秀特性。

应用电气自动化控制技术的意义表现在以下 3 个方面。

第一，电气自动化控制技术的应用实现了社会生产的信息化建设。信息技术的快速发展实现了电气自动化控制技术在各行各业的完美渗透，大力推动了电气自动化控制技术的发展。

第二，电气自动化控制技术的应用使电气设备的使用、维护和检修更加方便快捷。利用 windows 平台，电气自动化控制技术可以实现控制系统的故障自动检测与维护，提升了该系统的应用范围。

第三，电气自动化控制技术的应用实现了分布式控制系统的广泛应用。通过连接系统实现了中央控制室、PLC、计算机、工业生产设备、智能设备等设备的结合，并将工业生产体系中的各种设备与控制系统连接到中央控制系统中进行集中控制与科学管理，降低了生产事故的发生概率，并有效地提升了工业生产的效率，实现了工业生产的智能化和自动化管理。

（五）应用电气自动化控制技术的建议

电气自动化控制技术已经成为现代工业领域不可或缺的重要技术手段。其应用范围越来越广泛，从工业领域到农业、医疗、环境等各个领域都有广泛的应用。在这样一个大背景下，如何更好地应用电气自动化控制技术，发挥其最大的作用，具有非常重要的意义。本书将从以下 7 个方面提出应用电气自动化控制技术的建议。

1. 加强应用前期的规划和设计

电气自动化控制技术的应用离不开前期的规划和设计。在规划和设计阶段，需要充分了解用户需求，明确系统功能和性能指标，选择合适的控制策略和控制器类型，并进行可行性研究和预算。只有在前期规划和设计充分的情况下，才能更好地实现自动化控制，提高系统的效率和可靠性。

2. 采用先进的控制器和软件

如上所述，在电气自动化控制技术的应用过程中，选择合适的控制器和软件非常重要。目前市场上有许多先进的控制器和软件，如 PLC、DCS、SCADA 等。这些控制器和软件具有强大的数据处理能力、高速通信能力和开放性，可以实现更为灵活和高效的控制。

3. 采用标准化和模块化设计

电气自动化控制技术的应用离不开标准化和模块化设计。采用标准化和模块化设计可以降低系统的设计和维护成本，提高系统的可重复性和可扩展性，加快系统的开发周期。在应用中，应尽可能采用通用的控制器和软件模块，减少定制化的设计。

4. 进行系统的实时监测和故障诊断

电气自动化控制系统一旦出现故障，往往会对生产造成不利的影响，甚至导致严重的后果。因此，在应用电气自动化控制技术时，必须加强系统的实时监测和故障诊断。可以采用传感器、监控软件等手段，实时监测系统的运行状况，从而及时发现问题并进行处理。

5. 加强培训和管理

电气自动化控制技术的应用需要专业的技术人员来操作和维护，因此加强培训和管理也是非常重要的建议。企业需要注重对技术人员的培训和提升，提高他们的技能水平和工作经验，以便更好地应用电气自动化控制技术。此外，企业还需要加强对系统的管理，制订合理的运维规范和管理制度，确保系统能够稳定高效地运行。

6. 加强技术创新和应用研究

电气自动化控制技术是一个不断发展和创新的领域。企业应加强技术创新和应用研究，引进新技术、新材料和新工艺，提高系统的性能和可靠性。同时，也应积极参与国内外技术交流和合作，加强与相关企业和院校的合作，共同推动电气自动化控制技术的发展。

7. 考虑系统的可持续发展

在应用电气自动化控制技术时，企业需要考虑系统的可持续发展，即在节能、环保、安全等方面进行优化，提高系统的可持续性。可以采用节能降耗技术，使用环保材料，加强对系统的安全管理等手段，实现系统的可持续发展。

总之，电气自动化控制技术的应用是一个持续不断的过程，需要企业和技术人员的共同努力和不断探索。通过加强前期规划和设计、采用先进的控制器和软件、进行标准化和模块化设计、进行系统的实时监测和故障诊断、加强培训和管理、加强技术创新和应用研究、考虑系统的可持续发展等措施，可以更好地应用电气自动化控制技术，提高系统的效率和可靠性，为企业的发展和社会的进步作出贡献。

（六）电气自动化控制技术未来的发展方向

电气自动化控制技术目前的研究重点是，实现分散控制系统的有效应用，确保电气自动化控制体系中不同的智能模块能够单独工作，使整个体系具备信息化、外布式和开放化的分散结构。其中，信息化是指能够整体处理体系信息，与网络结合达到管控一体化和网络自动化的水平；外布式是一种能够确保网络中每个智能模块独立工作的网络，该结构能够达到分散系统危险的目的；开放化则是系统结构具有与外界的接口，实现系统与外界网络的连接。

在现代社会工业生产的过程中，电气自动化控制技术具备广阔的发展前景，逐渐成为工业生产过程中的核心技术。本书将电气自动化控制技术未来的发展方向归纳为以下 3 个方面。

第一，人工智能技术的快速发展促进了电气自动化控制技术的发展，在未来社会中，工业机器人必定会逐步转化为智能机器人，电气自动化控制技术必将全面提高智能化的控制质量；第二，电气自动化控制技术正在逐步向集成化方向发展，未来社会中，电气行业的发展方向必定是研发出具备稳定工作性能的、空间占用率较小的电气自动化控制体系；第三，电气自动化控制技术随着信息技术的快速发展正在迈向高速化发展道路，为了向国内的工业生产提供科学合理的技术扶持，工作人员应该研发出具备控制错误率较低、控制速度较快、工作性能稳定等特征的电气自动化控制体系。

相信以上做法的实现，可以促进电气产品从“中国制造”向“中国创造”的转变，开创出电气自动化控制技术新的应用局面。在促进电气自动化控制技术创新的过程中，电气企业应该在维持自身产品价格竞争的同时，探索电气自动化控制技术科学、合理的发展路径，并将高新技术引入其中。此外，为了促进电气自动化控制技术的有效改革，电气企业应该根据国家、地区、行业和部门的实际要求，在达成全球化、现代化、国际化的进程中贯彻落实科学发展观，通过全方位实施可持续发展战略，掌握科学发展观的精神实质和主要含义，归纳、总结应用电气自动化控制技术过程中的经验教训，协调自身的发展思路和观念，最后通过科学发展观的实际需求，使自身的行为举止和思维方式得到切实统一。

总的来说，电气自动化控制技术未来的发展方向包括以下 6 方面。

1. 不断提高自主创新能力（智能化）

智能家电、智能手机、智能办公系统的出现大大方便了人们的日常生活。据此可知，电气自动化控制技术的主要发展方向就是智能化。只有将智能化融入电气自动化控制技术中，才能够满足人们智能化生活的需求。根据市场的导向，研究人员要对电气自动化控制技术做出符合市场实际需求的改变和规划。另外，鉴于每个行业对电气自动化控制技术的要求不同，研究人员还需要随时调整电气自动化控制技术，使电气自动化控制技术根据不同的行业特征，达到提升生产效率，减少投资成本的功效，从而增加企业的经营利润。

随着人工智能的出现，电气自动化控制技术的应用范围更大。虽然现在很多电气生产企业都已经应用了电气自动化控制技术来代替员工工作，减少了用工人数，但在自动化生产线的运行过程中，仍有一部分工作需要人工来完成。若是结合人工智能来研发电气自动化控制系统，就可以再次降低企业对员工的需要，提高生产效率，解放劳动力。由此可见，电气自动化控制技术未来的发展一定是朝着智能化方向发展。

对于电气自动化产品而言，因为越来越多的企业实施电气自动化控制，所以其在市场中占据的份额越来越大。电气自动化产品的生产厂商如果优化自身的产品、创新生产技术，就可以获取巨大的经济效益。对此，电气自动化产品的生产厂商应该积极主动地研发、创新智能化的电气自动化产品，提升自身的创新水平；优化自身的体系维护工作，为企业提供强有力的保障，促进企业的全面发展。

2. 高度重视人才素养（专业化）

要想促进电气行业的合理发展，电气企业应该加强对提升内部工作人员整体素养的重视，提高员工对电气自动化控制技术掌握的水平。为此，电气企业必须经常对员工进行培训，培训的重点内容即专业技术，以此实现员工技能与企业实力的同步增长。随着电气行业的快速发展，电气人才的需求量缺口不断扩大。虽然高等院校不断加大电气自动化专业人才的培养力度，以填补市场专业型人才的巨大缺口，但实际上，因高校培养的电气自动化人才的素质有所欠缺，所以电气自动化专业毕业生就业难和电气自动化企业招聘难的“两难”问题依旧突出。对此，高校必须加强人才培养力度，培养专业的电气自动化人才。

针对电气自动化控制系统的安装和设计过程，电气企业要经常对技术人员进行培训，以此提高技术人员的素质，同时，要注意扩大培训规模，以使维修人员的操作技术更加娴熟，从而推动电气自动化控制技术朝着专业化的方向大步前进。此外，随着技术培训的不断增多，实际操作系统的工作人员的工作效率大大提升，培训流程的严格化、专业化还可以提高员工的维修和养护技术，加快员工今后排除故障、查明原因的速度。

3. 电气自动化控制平台逐渐统一（统一化和集成化）

（1）统一化发展

电气自动化控制技术在各个行业的实施和应用是通过计算机平台来实现的。这就要求计算机软件和硬件有确切的标准和规格，如果规格和标准不明确就会导致电气自动化控制系统和计算机软硬件出现问题，导致电气自动化系统无法正常运行。同样，如果发生计算机软硬件与电气自动化装置接口不统一的情况，就会使装置的启动、运行受到阻碍，无法发挥利用电气自动化设备调控生产的作用。因此，电气自动化装置的接口务必要与电气设备的接口相统一，这样才能发挥电气自动化控制系统的兼容性能。另外，我国针对电气自动化控制系统的软硬件还没有制订统一的标准，这就需要电气生产厂家与电气企业协同合作，在设备开发的过程中统一标准，使电气产品能够达到生产要求，提高工作效率。

（2）集成化发展

电气自动化控制技术除了朝着智能化方向发展外，还会朝着高度集成化的方向发展。近年来，全球范围内的科技水平都在迅速提高，很多新的科学技术不断与电气自动化控制技术相结合，为电气自动化控制技术的创新和发展提供了条件。未来电气自动化控制技术必将集成更多的科学技术，这不仅可以使其功能更丰富、安全性更高、适用范围更广，还可以大大缩小电气设备的占地面积，提高生产效率，降低企业的生产成本。与此同时，电气自动化控制技术朝着高度集成化的方向发展对自动化制造业有极大的促进作用，可以缩短生产周期，并且有利于设备的统一养护和维修，有利于实现控制系统的独立化发展。

综上所述，未来电气自动化控制技术必然会朝着统一化、集成化的方向发展，这样能够减少生产时间，降低生产成本，提高劳动力的生产效率。当然，为了使电气自动化控制平台能够朝着统一化、集成化的方向发展，电气企业需要根据客户的需求，在开发时采用统一的代码。

4. 电气自动化技术层次的突破（创新化）

随着电气自动化控制技术的不断进步，电气工程也在迅猛发展，技术环境也日益开放，设备接口也朝着标准化方向飞速前进。实际上，以上改变对企业之间的信息交流沟通有极大的促进作用，方便了不同企业间进行信息数据的交换活动，克服了通信方面存在的一些障碍。通过对我国电气自动化控制技术的发展现状分析可知，未来我国电气自动化控制技术的水平会不断提高，达到国际先进水平，逐渐提高我国电气自动化控制技术的国际知名度，提升我国的经济效益。

虽然现在我国电气自动化控制技术的发展速度很快，但与发达国家相比还有一定的差距，我国电气自动化控制技术距离完全成熟阶段还有一段距离，具体表现为信息无法共享，致使电气自动化控制技术应有的功能不能完全发挥出来，而数据的共享需要依靠网络来实现，但是我国电气企业的网络环境还不完善。不仅如此，由于电气自动化控制体系需要共享的数据量很大，若没有网络的支持，当数据库出现故障时，就会致使整个系统停止运转。为了避免这种情况的发生，加大网络的支持力度显得尤为重要。

当前，技术市场越来越开放，面对越来越激烈的行业竞争，各个企业为了适应市场变化，不断加大对电气自动化控制技术的创新力度，注重自主研发自动化控制系统，同时特别注重培养创新型人才，并取得了一定的成绩。实际上，企业在增强自身综合竞争力的同时，也在不断促进电气自动化控制技术的发展和创新，还为电气工程的持续发展提供技术层次上的支撑和智力层次上的保障。由此可见，电气自动化控制技术未来的发展方向必然包括电气自动化技术层面的创新，即创新化发展。

5. 不断提高电气自动化技术的安全性（安全化）

电气自动化控制技术要想快速、健康地发展，不仅需要网络的支持，还需要安全方面的保障。如今，电气自动化企业越来越多，大多数安全意识较强的企业选择使用安全系数较高的电气自动化产品，这也促使相关的生产厂商开始重视产品的安全性。现在，我国工业经济正处于转型的关键时期，而新型的工业化发展道路是建立在越来越成熟的电气自动化控制技术的基础上的。换言之，电气自动化控制技术趋于安全化才能更好地实现其促进经济发展的功能。为了实现这一目标，研究人员可以通过科学分析电力市场的发展趋势，逐渐降低电气自动化控制技术的市场风险，防患于未然。

此外，由于电气自动化产品在人们的日常生活中越来越普及，电气企业确保电气自动化产品的安全性，避免任何意外的发生，保证整个电气自动化控制体系的正常运行。

6. 逐步开放化发展（开放化）

随着科学技术的不断发展和进步，研究人员逐渐将计算机技术融入电气自动化控制技术中，这大大加快了电气自动化控制技术的开放化发展。现实生活中，许多企业在内部的运营管理中也运用了电气自动化控制技术，主要表现在对ERP系统的集成管理概念的推广和实施上。ERP系统是企业资源计划（Enterprise Resource Planning）的简称，是建立在信息技术基础上，集信息技术与先进管理思想于一身，以系统化的管理思想，为企业员工及决策层提供决策手段的管理平台。一方面，企业内部的一些管理控制系统可以将ERP系统与电气自动化控制系统相结合后使用，以此促进管理控制系统更加快速、有效地获得所需数据，为企业提供更为优质的管理服务；另一方面，ERP系统的使用能够使传输速率平稳增加，使部门间的交流畅通无阻，使工作效率明显提高。由此可见，电气自动化控制技术结合网络技术、多媒体技术后，会朝着更为开放化的方向发展，使更多类型的自动化调控功能得以实现。

二、电气自动化节能技术的应用

（一）电气自动化节能技术概述

作为电气自动专业的新兴技术，电气自动化节能技术不断发展，已经与人们的日常生活及工业生产密切相关。它的出现不但使企业运行成本降低、工作效率提升，还使劳动人员的劳动条件和劳动生产率得以改善。

近年来，“节能环保”逐渐被提上日程。根据世界未来经济发展的趋势可知，要想掌控世界经济的未来，就要掌握有关节能的高新产业技术。对于电气自动化系统来说，随着城市电网的逐步扩展，电力持续增容，整流器、变频器等使用频率越来越高，这会产生很多谐波，使电网的安全受到威胁。要想清除谐波，就要以节能为出发点，从降低电路的传输消耗、补偿无功、选择优质的变压器、使用有源滤波器等方面入手，从而使电气自动化控制系统实现节能的目的。基于此，电气自动化节能技术应运而生。

具体而言，电气自动化节能技术是通过应用电气自动化技术实现能源消耗的最小化，减少能源浪费和环境污染，以达到节能减排的目的。电气自动化节能技术有着如下具体应用。

1. 自动化控制

自动化控制是电气自动化节能技术的核心，通过应用自动化控制技术，可以实现对设备、机器和工艺流程的精细控制和优化，从而达到最大程度的节能效果。自动化控制技术包括PLC控制、DCS控制、SCADA控制等。

2. 能耗监测与管理

能耗监测与管理是电气自动化节能技术的重要组成部分，通过对设备、机器和工艺流程的能耗进行实时监测和分析，可以及时发现能源消耗的问题，提高能源利用效率，从而实现节能减排的目的。能耗监测与管理技术包括能耗统计分析、能源流分析等。

3. 节能型电气设备

节能型电气设备是电气自动化节能技术的另一重要组成部分，通过采用节能型电机、变频器、节能型照明设备等，可以降低电气设备的能耗，实现节能减排的目的。同时，节能型电气设备也可以提高设备的运行效率和稳定性，降低维护成本。

4. 能源管理系统

能源管理系统是电气自动化节能技术的重要手段，通过对能源的管理和优化，可以实现能源的最大化利用和消耗的最小化。能源管理系统包括能源分析、能源计量、能源监测和控制等。通过能源管理系统，可以有效地降低能源的消耗，提高能源利用效率，实现节能减排的目的。

5. 节能型工艺流程

节能型工艺流程是电气自动化节能技术的另一重要手段，通过对工艺流程的优化和改进，可以降低能耗，提高能源利用效率。节能型工艺流程包括工艺流程优化、工艺参数优化等。通过应用节能型工艺流程，可以实现节能减排的目的，同时也可以提高生产效率和产品质量。

（二）电气自动化节能技术的应用设计

电气设备的合理设计是电力工程实现节能目的的前提条件，优质的规划设计为电力工程今后的节能工作打下了坚实的基础。在此，本书对其应用设计进行具体阐述，以更为深入地介绍电气自动化节能技术。

1. 为优化配电的设计

在电气工程中，许多装置都需要电力来驱动，电力系统就是电气工程顺利实施的动力保障。因此，电力系统首先要满足用电装置对负荷容量的要求，并且提供安全、稳定的供电设备，以及相应的调控方式。配电时，电气设备和用电设备不仅要达到既定的规划目标，而且要有可靠、灵活、易控、稳妥、高效的电力保障系统，还要考虑配电规划中电力系统的安全性和稳定性。

此外，要想设计安全的电气系统，首先要使用绝缘性能较好的导线，施工时还要确保每个导线间有一定的绝缘间距；其次要保障导线的热稳定、负荷能力和动态稳定性，使电气系统使用期间的配电装置及用电设备能够安全运行；最后，电气系统还要安装防雷装置及接地装置。

2. 为提高运行效率的设计

选取电气自动化控制系统的设备时，应尽量选择节能设备，电气系统的节能工作要从工程的设计初期做起。此外，为了实现电气系统的节能作用，可以采取减少电路损耗、补偿无功、均衡负荷等方法。例如，配电时通过设定科学合理的设计系数实现负荷量的适当。组配及使用电气系统时，通过采用以上方法，可以有效地提升设备的运行效率及电源的综合利用率，从而直接或者间接地降低耗电量。

（三）电气系统中的电气自动化节能技术

1. 降低电能的传输消耗

功率损耗是由导线传输电流时因电阻而导致损失功耗。导线传输的电流是不变的，如果要减少电流在线路传输时的消耗，就要减少导线的电阻。导线的电阻与导线的长度成正比，与导线的横截面积则成反比，具体公式如下：

$$R=\rho\frac{L}{S} \tag{7-1}$$

式中，R 为导线的电阻，其单位是 Ω；ρ 为电阻率，其单位是 • m；L 为导线的长度，其单位是 m；S 为导线的横截面积，其单位是 m^2。

由上式可知，要想使导线的电阻 R 减小，可以有以下 3 种方法。

第一，在选取导线时选择电阻率 ρ 较小的材质，这样就能有效地减少电能的电路损耗。

第二，在进行线路布置时，导线要尽量走直线而避免过多的曲折路径，从而缩短导线的长度 L。

第三，变压器安装在负荷中心附近，从而缩短供电的距离。

第四，加大导线的横截面积，即选用横截面积 S 较大的导线来减小电阻 R，从而达到节能的目的。

2. 选取变压器

在电气自动化节能技术中选择合适的变压器至关重要。一般来说，变压器的选择需要满足以下要求。

第一，变压器是节能型产品，这样变压器的有功功率的耗损才会降低。

第二，为了使三相电的电流在使用中能够保持平稳，就需要变压器减少自身的耗损。为了使三相电的电流保持平稳，经常会采用单相自动补偿设备、三相四线制的供电方式，或将单相用电设备对应连接在三相电源上。

3. 无功补偿

无功功率是指在具有电抗的交流电路中，电场或磁场在一周期的一部分时间内从电源吸收能量，另一部分时间则释放能量，在整个周期内平均功率是 0，但能量在电源和电抗元件（电容、电感）之间不停地交换。交换率的最大值即为无功功率。有功功率 *P*、无功功率 *Q*、视在功率 *S* 的计算公式分别如下：

$$P = \mathrm{IU}\cos\varphi \tag{7-2}$$

$$P = \mathrm{IU}\sin\varphi \tag{7-3}$$

$$P^2 + Q^2 = S^2 \tag{7-4}$$

式中，I 为电流，其单位为 A；U 为电压，其单位为 V；φ 为电压与电流之间的夹角，其单位为°；*P* 为无功功率，其单位为 Var；cos 为功率因数，即有功功率 *P* 与视在功率 *S* 的比值。

由于无功功率在电力系统的供配电装置中占有很大的一部分容量，导致线路的耗损增大，电网的电压不足，从而使电网的经济运行及电能质量受到损害。

对于普通用户来说，功率因数较低是无功功率的直接呈现方式，如果功率因数低于 0. 9，供电部门就会向用户收取相应的罚金，这就造成用户的用电成本增加，损害经济利益。

如果使用合适的无功补偿设备，那么就可以实现无功就地平衡，提高功率因数。这样一来，就可以达到提升电能品质、稳定系统电压、减少消耗等目标，进而提高社会效益和经济利润。

例如，在受导电抗的作用下，电机会发出的交流电压和交流电流不为零，导致电器不能全部接收电机所发出的电能，不能被接收的电能在电器和电机之间来回流动得不到释放。又因为电容器产生的是超前的无功，所以无功率的电能与使用的电容器补偿之间能进行相互消除。

综上所述，这 3 种方式是电气系统中的电气自动化节能技术的应用及其原理，可以达到节省能源、减少能耗的目的。

三、电气自动化监控技术的应用

（一）电气自动化监控技术概述

电气自动化监控技术是指采用电气自动化技术对生产过程进行实时监控、分析和控制的技术。它通过采集、传输和处理生产过程中的各种信息和数据，实现对生产过程的全面掌控和优化管理，提高生产效率和产品质量，减少生产成本和能源消耗。

1. 监控对象

电气自动化监控技术的监控对象包括生产设备、生产过程和生产环境等。其中，生产设备的监控可以实现对设备的运行状态、运行效率和维修情况等信息的实时监测和管理；生产过程的监控可以实现对生产过程中各种参数和指标的实时监测和调整；生产环境的监控可以实现对生产环境中的温度、湿度、气压等参数的实时监测和控制。

2. 监控技术

电气自动化监控技术主要包括传感器技术、数据采集技术、数据传输技术、数据处理技术和控制技术等。其中，传感器技术可以实现对生产过程中各种物理量、化学量和生物量的实时监测；数据采集技术可以将传感器采集到的数据转换成电信号，并传输到数据采集系统中；数据传输技术可以实现对采集到的数据的传输和共享；数据处理技术可以对采集到的数据进行处理、分析和建模，并生成相关的报表和图表；控制技术可以根据数据处理结果，自动调整生产过程中的各种参数和指标，实现生产过程的优化控制。

3. 监控优点

电气自动化监控技术有其自身优点。

（1）实现对生产过程的全面掌控和优化管理，提高生产效率和产品质量。

（2）实现对设备运行状态和维修情况的实时监测和管理，可以及时发现和解决问题，避免因设备故障而导致的停机和生产损失。

（3）通过对生产过程中各种参数和指标的实时监测和调整，可以实现生产过程的自动化和智能化控制，提高生产效率和降低生产成本。

（4）实现对生产环境中的温度、湿度、气压等参数的实时监测和控制，可以提高生产环境的安全性和舒适性。

（5）通过对采集到的数据进行处理、分析和建模，可以为企业的生产决策提供准确、全面、及时的数据支持，为企业的管理和发展提供有力保障。

4. 应用领域

电气自动化监控技术广泛应用于制造业、能源、交通运输、环境保护、医疗、农业等领域。其中，制造业是应用电气自动化监控技术最广泛的领域，它可以应用于自动化生产线、机器人、自动化物流、自动化仓储等方面；能源领域可以应用于发电厂、石油化工等方面；交通运输领域可以应用于地铁、高速公路、机场等方面；环境保护领域可以应用于大气、水质、土壤等监测；医疗领域可以应用于医疗设备、医疗信息化等方面；农业领域可以应用于智能化农业、精准农业等方面。

总的来说，电气自动化监控技术是现代工业发展的重要组成部分，它可以实现生产过程的智能化、自动化和优化管理，提高生产效率和产品质量，降低生产成本和能源消耗，为企业的可持续发展提供有力保障。随着科技的不断进步和应用场景的不断扩大，电气自动化监控技术的应用前景将会越来越广阔。

（二）电气自动化监控系统的基本组成

电气自动化监控系统主要包括硬件系统和软件系统两部分。硬件系统包括传感器、数据采集设备、通信设备、控制器、执行器、配电设备等，主要负责数据采集、传输和控制；软件系统包括监控软件、控制软件、数据处理软件、配置软件、远程监控软件、数据库管理软件和安全管理软件等，主要负责对采集到的数据进行处理、分析和显示。

1. 硬件系统

电气自动化监控系统的硬件系统主要包括以下 7 个方面的设备。

（1）传感器

传感器是电气自动化监控系统中最基础的设备之一，它们用于将被监控的物理量转换成电信号，如温度、压力、流量、电流、电压等。根据监控的具体要求，传感器的种类也会有所不同。

（2）执行器

执行器是将监控系统的输出信号转换成物理运动的设备，如马达、电磁阀、液压元件等。它们的作用是控制被监控设备的运行状态，如开启、关闭、调整等。

（3）控制器

控制器是电气自动化监控系统的核心部件，它根据传感器采集的数据和预设的控制算法，计算出控制信号并输出给执行器，实现对被监控设备的控制。

（4）数据采集设备

数据采集设备是负责对传感器采集到的数据、控制器输出的控制信号，以及其他相关信息进行采集和处理，并通过总线传输到监控中心或上位机进行分析和处理。

（5）通信设备

通信设备是用于将监控系统与上位机、监控中心进行数据交换的设备，如网络接口卡、调制解调器、无线通信设备等。

（6）配电设备

配电设备是供电系统的核心部件，用于将电源供应到各个监控设备中，并保障电气自动化监控系统的正常运行。

（7）其他辅助设备

其他辅助设备如 UPS 电源、温度控制器、防雷保护器、接地装置等。

这些硬件设备组成了电气自动化监控系统的基础架构，实现了对被监控设备的实时监测、控制和管理。

2. 软件系统

电气自动化监控系统的软件系统主要包括以下 8 个方面的内容。

（1）监控软件

监控软件是电气自动化监控系统的核心部件，它接收来自数据采集设备的数据，并通过内部算法实现对被监控设备的实时监测、预警和控制。

（2）控制软件

控制软件是在监控软件的基础上进行进一步控制的工具，它可以实现对被监控设备的更加精细化的控制和调整，如 PID 控制算法等。

（3）数据处理软件

数据处理软件用于对采集到的数据进行处理和分析，如绘制曲线、生成报表、进行趋势分析等，为管理者提供决策依据。

（4）配置软件

配置软件用于配置监控系统的参数和设备信息，如监测点名称、监测点位置、传感器类型、采集频率、控制算法等。

（5）远程监控软件

远程监控软件是用于实现远程访问监控系统的工具，它可以让用户通过网络远程访问监控系统，并对被监控设备进行实时监测和控制。

（6）数据库管理软件

数据库管理软件用于管理和维护监控系统的数据，如历史数据存储、备份和恢复、权限控制等。

（7）安全管理软件

安全管理软件用于保障监控系统的安全性，如密码管理、用户权限控制、防病毒、防黑客等。

（8）其他辅助软件

其他辅助软件如操作系统、网络管理软件、远程升级软件等。

（三）应用电气自动化监控技术的意义

1. 市场经济意义

电气自动化企业采用电气自动化监控技术可以显著提升设备的利用率，加强市场与电气自动化企业间的联系，推动电气自动化企业的发展。从经济利益方面来说，电气自动化监控技术的出现和发展，极大地改变了电气自动化企业传统的经营和管理方式，提高了电气自动化企业对生产状况的监控方式和水平，使得多种成本资源的利用更加合理。应用电气自动化监控技术不仅提升了资源利用率，还促进了电气自动化企业的现代化发展，从而使企业达成社会效益和企业经济效益的双赢。

2. 生产能力意义

电气自动化企业的实际生产需要运用多门学科的知识，而要切实提高生产力，离不开先进科技的大力支持。将电气自动化监控技术应用到电气自动化企业的实际运营中，不仅降低了工人的劳动强度，还提高了企业整体的运行效率，避免了由于问题发现不及时而造成的问题。与此同时，随着电气自动化监控技术的应用，电气自动化企业劳动力减少，对于新科技、科研方面的投资力度加大，使电气自动化企业整体形成了良性循环，推动电气自动化企业整体进步。对此，需要注意的是，企业的管理人员必须了解电气自动化监控技术的实际应用情况，对电厂的发展作出科学的规划，以此体现电气自动化监控技术的向导作用。

（四）电气自动化监控技术在电厂的实际应用

1. 自动化监控模式

目前，电厂中经常使用的自动化监控模式分为两种，一是分层分布式监控模式，二是集中式监控模式。

分层分布式监控模式的操作方式为，电气自动化监控系统的间隔层中使用电气装置实施阻隔分离，并且在设备外部装配保护和监控设备；电气自动化监控系统的网络通信层配备光纤等装置，用来收取主要的基本信息，信息分析时要坚决依照相关程序进行规约变换；最后把信息所含有的指令传送出去，此时电气自动化监控系统的站控层负责对过程层和间隔层的运作进行管理。

集中式监控模式是指电气自动化监控系统对电厂内的全部设备实行统一管理，其主要方式是利用电气自动化监控把较强的信号转化为较弱的信号，再把信号通过电缆输入终端管理系统，使构成的电气自动化监控系统具有分布式的特征，从而实现对全厂进行及时监控。

2. 关键技术

（1）网络通信技术

应用网络通信技术主要通过光缆或者光纤来实现，另外还可以借助利用现场总线技术实现通信。虽然这种技术具备较强的通信能力，但是它会对电厂的监控造成影响，并且限制电气自动化监控系统的有序运作，不利于自动监控目标的实现。实际上，如今还有很多电厂仍在应用这种技术。

（2）监控主站技术

这一技术一般应用于管理过程和设备监控中。应用这一技术能够对各种装置进行合理的监控和管理，能够及时发现装置运行过程中存在的问题和需要改善的地方。针对主站配置来说，需要依据发电机的实际容量来确定，不管发电机是哪种类型的，都会对主站配置产生影响。

（3）终端监控技术

终端监控技术主要应用在电气自动化监控系统的间隔层中，它的作用是对设备进行检测和保护。当电气自动化监控系统检验设备时，借助终端监控技术不仅能够确保电厂的安全运行，还能够提升电厂的可靠性和稳定性。这一技术在电厂的电气自动化监控系统中具有非常重要的作用，随着电厂的持续发展，这一技术将被不断完善，不仅要适应电厂进步的要求，还要增加自身的灵活性和可靠性。

（4）电气自动化相关技术

电气自动化相关技术经常被用于电厂的技术开发中，这一技术的应用可以减少工作人员在工作时出现的严重失误。要想对这一技术进行持续的完善和提高，主要从以下 3 个方面开展。

第一，监控系统。初步配置电气自动化监控系统的电源时，要使用直流电源和交流电源，而且两种电源缺一不可。如果电气自动化监控系统需要放置于外部环境中，则要将对应的自动化设备调节到双电源的模式，此外需要依照国家的相关规定和标准进行电气自动化监控系统的装配，以此确保电气自动化监控系统中所有设备能够运行。

第二，确保开关端口与所要交换信息的内容相对应。绝大多数电厂通常会在电气自动化监控系统使用固定的开关接口，因此设备在正常运行的过程中，所有开关接口都必须能够与对应信息相符。这样一来，整个电气自动化监控系统设计就十分简单，即使以后线路出现故障，也可以很方便地进行维修。但是，这种设计会使用大量的线路，给整个电气自动化监控系统制造很大的负担，如果不能快速调节，则会降低系统的准确性。此外，电厂应用电气自动化监控系统时要对自应监控系统与自动化监控系统间的关系进行确定，分清主次关系，坚持以自动化监控系统为主的准则，使电厂的监控体系形成链式结构。

第三，准确运用分析数据。在使用自动化系统的过程中，需要运用数据信息对电气自动化监控系统对应的事故和时间进行分析。但是，由于使用不同电机，产生的影响会存在一定的差异，最终的数据信息内容会欠缺准确性和针对性，无法有效地反映实际、客观状况的影响。

第八章　煤矿电气自动化

第一节　煤矿电气自动化发展概述

一、煤矿电气自动化发展现状

煤矿电气自动化技术是近年来得到广泛应用的一种新兴技术，在煤矿行业中发挥了重要作用。随着煤矿安全、高效、智能化发展的趋势，煤矿电气自动化技术的应用将会越来越广泛。本节将重点介绍煤矿电气自动化发展现状。

（一）煤矿电气自动化技术的初步发展

二十世纪六七十年代，煤炭行业开始引入计算机技术，将其应用于煤炭输送、选矿等生产环节。当时的计算机技术还比较落后，主要采用模拟控制和单片机控制等方式进行控制。虽然技术比较简单，但已经实现了一定程度的自动化控制和监测。

二十世纪八十年代，我国开始引进西方先进技术，加快了煤炭行业的现代化建设。煤炭行业开始采用 PLC 控制器和 DCS 控制系统等现代化自动化设备，逐渐进入煤矿电气自动化的发展阶段。

（二）煤矿电气自动化技术发展与应用

目前，煤矿电气自动化技术已经广泛应用于煤炭生产的各个环节，如采掘、矿井通风、矿井排水、矿井瓦斯抽采、煤炭运输等。具体应用情况如下。

1. 采掘自动化

采掘自动化是指采用各种现代化设备和技术，通过计算机控制、传感器监测等手段，实现煤炭采掘自动化的过程。当前，煤矿采掘自动化的技术已经比较成熟，广泛应用于煤炭生产的采掘环节中。采掘自动化技术的应用，既能提高采矿效率，又能减少人员伤亡和劳动强度。

（1）采掘自动化技术的组成

煤炭采掘自动化技术主要由以下几个组成部分构成。

①传感器

传感器是采掘自动化技术的核心组成部分，通过采集煤矿现场的数据，实现采煤过程的自动化控制。常见的传感器包括位置传感器、压力传感器、温度传感器、振动传感器等。

②控制系统

控制系统是采掘自动化技术的核心组成部分，通过计算机控制和调节，实现采煤机械化、智能化控制和采掘过程自动化。常见的控制系统包括 PLC 控制器、DCS 控制系统等。

③机器人

机器人是采掘自动化技术的重要组成部分，通过机械臂、夹爪等工具，实现煤炭采掘过程中的自动化操作。常见的机器人包括采煤机、支架机、转载机等。

④通信技术

通信技术是采掘自动化技术的重要组成部分，通过网络通信技术，实现现场数据的传输和监测。常见的通信技术包括以太网、Modbus、Profibus 等。

（2）采掘自动化技术的应用

①采煤机自动化

采煤机是煤炭采掘的主要设备，采煤机的自动化控制，对提高采煤效率和降低人员伤亡事故具有重要意义。通过传感器、控制系统和机器人等技术手段，实现采煤机的自动化控制和智能化操作，可以大幅提高采煤效率和安全性。

②支架机自动化

支架机是煤炭采掘中的重要设备，通过支架机自动化控制，可以实现支架的自动定位、支架高度的自动调节等功能。采用支架机自动化技术，可以大幅提高煤炭采掘效率和安全性。

③转载机自动化

转载机是煤炭采掘中的重要设备，通过转载机自动化控制，可以实现转载机自动驾驶、自动采集等功能。采用转载机自动化技术，可以大幅提高煤炭采掘效率和安全性。

④采掘现场监测系统

采掘现场监测系统是指利用传感器、控制系统和通信技术等，对采掘现场的状态进行实时监测和控制。通过采掘现场监测系统，可以实现对煤矿采掘过程的自动化监测和控制，提高采掘效率和安全性。

（3）采掘自动化技术的优势

①提高采煤效率

采用采掘自动化技术，可以大幅提高煤炭采掘效率，减少人工干预，提高生产效率和产量。

②降低人员伤亡事故

采掘自动化技术可以降低人员在采煤过程中的作业强度和危险系数，减少人员伤亡事故的发生。

③提高采煤质量

采掘自动化技术可以提高采煤过程的稳定性和可控性，保证采煤质量的稳定和提高。

④降低生产成本

采掘自动化技术可以减少人工成本和维护成本，降低生产成本，提高企业经济效益。

（4）采掘自动化技术面临的挑战和发展趋势

①技术水平的不断提高

采掘自动化技术面临的主要挑战是技术水平的不断提高。随着科技的不断发展和技术水平的提高，采掘自动化技术将不断更新和完善。

②人才培养和管理

采掘自动化技术的发展需要具备一定专业知识和技能的人才支持。因此，人才培养和管理是采掘自动化技术发展的重要方面。

③安全性和可靠性

采掘自动化技术的发展需要考虑安全性和可靠性的问题，确保采煤过程的稳定性和安全性。

④智能化和数字化

智能化和数字化是煤炭采掘自动化技术的重要发展趋势。智能化技术包括人工智能、机器学习、大数据等，可以实现更加精准和智能化的控制和监测。数字化技术则可以实现采煤现场数据的快速采集、传输和处理，提高数据的利用效率和精度。

⑤环境保护

煤炭采掘过程中产生的大量废弃物和矿尘会对环境造成污染。采掘自动化技术的发展也需要考虑环境保护的问题，采用清洁能源和低污染的设备和技术，降低煤炭采掘对环境的影响。

⑥系统集成和协同作业

采煤过程中涉及多个设备和部门的协同作业，因此系统集成和协同作业也是采掘自动化技术发展的重要方向。通过系统集成和协同作业，可以实现采煤过程的整体优化和效率提高。

⑦国际合作和交流

煤炭采掘自动化技术的发展需要借鉴和学习国外先进技术和经验。因此，国际合作和交流也是采掘自动化技术发展的重要方向。

煤炭采掘自动化技术的发展可以提高采煤效率、降低人员伤亡、提高采煤质量和降低生产成本。但采掘自动化技术在应用中仍面临技术难度、成本控制、人员素质等问题。因此，需要加强技术研发和人才培养，同时优化采掘自动化技术的应用模式和管理方式，以提高采掘自动化技术的应用水平和效益。

2. 矿井通风自动化

矿井通风自动化是指利用先进的计算机技术和自动控制技术，实现矿井通风系统的自动化控制和监测。目前，矿井通风自动化技术已经广泛应用于煤矿生产现场，既提高了通风系统的安全性和可靠性，又减少了人员伤亡。

（1）通风自动化技术的组成

矿井通风自动化技术主要由以下 4 个组成部分构成。

①传感器

传感器是矿井通风自动化技术的核心组成部分，通过采集矿井内外温度、湿度、氧气含量、二氧化碳含量等数据，实现矿井通风系统的实时监测和控制。常用的传感器包括温度传感器、湿度传感器、氧气传感器、二氧化碳传感器等。

②控制系统

控制系统是矿井通风自动化技术的核心组成部分，通过控制系统的运行和调节，实现矿井通风系统的自动化控制和监测。

③通信技术

通信技术是矿井通风自动化技术的重要组成部分，通过网络通信技术，实现矿井内外的数据传输和监测。

④软件系统

软件系统是矿井通风自动化技术的重要组成部分，通过计算机技术和控制算法，实现矿井通风系统的自动化控制和优化。常用的软件系统包括 SCADA 系统、模型预测控制系统等。

（2）通风自动化技术的应用

①矿井通风系统的自动化控制

通过矿井通风自动化技术，可以实现矿井通风系统的自动化控制和监测。通过传感器采集矿井内外的温度、湿度、氧气含量、二氧化碳含量等数据，利用控制系统和软件系统进行数据分析和处理，自动调节风量和风向，保证矿井内空气的质量和温度，提高矿井通风系统的效率和稳定性。

②矿井安全监测

矿井通风自动化技术可以实现对矿井内外空气的实时监测和控制，通过传感器采集矿井内外的数据，如瓦斯含量、氧气浓度、煤尘浓度、温度等，实现对矿井内外环境的全面监测和预警。一旦发现异常情况，系统会自动报警，并及时采取措施，保证煤矿工人的生命安全和健康。

③能源节约和环保

通过矿井通风自动化技术，可以实现对矿井通风系统的自动化控制和优化，大幅提高通风系统的效率和稳定性，降低通风系统能耗和煤炭消耗。此外，矿井通风自动化技术还可以减少煤炭燃烧产生的二氧化碳和其他有害气体的排放，对环境保护起到积极作用。

（3）通风自动化技术的优势

①提高煤矿安全性

矿井通风自动化技术可以实现对煤矿内外环境的实时监测和控制，一旦发现异常情况，系统会自动报警，并及时采取措施，保证煤矿工人的生命安全和健康。

②提高煤矿生产效率

通过矿井通风自动化技术，可以实现矿井通风系统的自动化控制和优化，提高通风系统的效率和稳定性，进而提高煤矿生产效率和经济效益。

③降低能源消耗和环境污染

矿井通风自动化技术可以减少通风系统的能耗和煤炭消耗，同时降低煤炭燃烧产生的二氧化碳和其他有害气体的排放，对环境保护起到积极作用。

④提高工作效率和可靠性

通过矿井通风自动化技术，可以实现矿井通风系统的自动化控制和监测，减少人工干预和误操作，提高工作效率和可靠性。

（4）通风自动化技术的发展趋势

①智能化和数字化

矿井通风自动化技术的发展趋势是智能化和数字化。智能化技术包括人工智能、机器学习、大数据等，可以实现更加精准和智能化的控制和监测。数字化技术则可以实现矿井通风系统数据的快速采集、传输和处理，提高数据的利用效率和精度。

②智能控制和预测分析

矿井通风自动化技术将越来越多地采用智能控制和预测分析技术，可以根据历史数据和模型进行分析和预测，实现矿井通风系统的自动化控制和优化。

③环境保护和可持续发展

矿井通风自动化技术的发展需要考虑环境保护和可持续发展的问题，采用清洁能源和低污染的设备和技术，降低煤炭采掘对环境的影响。

④集成化和“互联网＋”

矿井通风自动化技术将越来越多地采用集成化和“互联网＋技术”，实现矿井通风系统和其他生产系统的互联互通，提高生产效率和经济效益。

⑤国际合作和交流

矿井通风自动化技术的发展需要借鉴和学习国外先进技术和经验。因此，国际合作和交流也是矿井通风自动化技术发展的重要方向。

矿井通风自动化技术的发展可以提高煤矿安全性、生产效率和经济效益，降低能源消耗和环境污染。但矿井通风自动化技术在应用中仍面临技术难度、成本控制、人员素质等问题。因此，需要加强技术研发和人才培养，同时优化矿井通风自动化技术的应用模式和管理方式，以提高矿井通风自动化技术的应用水平和效益。

3. 矿井排水自动化

矿井排水自动化是指利用计算机技术和自动控制技术，实现煤矿矿井排水系统的自动化控制和监测。通过自动化控制和监测，可以减少人工干预，提高排水效率和水平稳定性，同时也减少了人员伤亡事故的发生。

（1）矿井排水自动化技术的组成

矿井排水自动化技术主要由以下 4 个组成部分构成。

①传感器

传感器是矿井排水自动化技术的核心组成部分，通过采集矿井内外水位、流量、压力、温度等数据，实现矿井排水系统的实时监测和控制。常用的传感器包括水位传感器、流量传感器、压力传感器、温度传感器等。

②控制系统

控制系统是矿井排水自动化技术的核心组成部分，通过控制系统的运行和调节，实现矿井排水系统的自动化控制和监测。常用的控制系统包括 PLC 控制器、DCS 控制系统等。

③通信技术

通信技术是矿井排水自动化技术的重要组成部分，通过网络通信技术，实现矿井内外的数据传输和监测。常用的通信技术包括以太网、Modbus、Profibus 等。

④软件系统

软件系统是矿井排水自动化技术的重要组成部分，通过计算机技术和控制算法，实现矿井排水系统的自动化控制和优化。常用的软件系统包括 SCADA 系统、模型预测控制系统等。

（2）矿井排水自动化技术的应用

①矿井排水系统的自动化控制

通过矿井排水自动化技术，可以实现矿井排水系统的自动化控制和监测。通过传感器采集矿井内外水位、流量、压力、温度等数据，利用控制系统和软件系统进行实时监测和控制，调节矿井排水系统的运行状态和参数，保证矿井排水系统的安全和稳定运行。

②矿井水文地质条件的实时监测和预警

通过矿井排水自动化技术，可以实现矿井水文地质条件的实时监测和预警。一旦矿井内水位超过安全阈值，系统会自动报警，并及时采取措施降低水位，防止矿井水灾事故的发生。

③矿井排水效率的提高

通过矿井排水自动化技术，可以实现矿井排水系统的自动化控制和优化，提高矿井排水的效率和稳定性，降低煤炭采掘对环境的影响，同时提高煤矿生产效率和经济效益。

④环境保护和可持续发展

矿井排水自动化技术的发展需要考虑环境保护和可持续发展的问题，采用清洁能源和低污染的设备和技术，降低煤炭采掘对环境的影响，实现煤炭产业的可持续发展。

⑤减少人工干预和操作误差

矿井排水自动化技术可以实现自动化控制和监测，减少人工干预和操作误差，提高工作效率和精度，降低人力成本和风险。

（3）矿井排水自动化技术的优势

①提高煤矿安全性

矿井排水自动化技术可以实现矿井内外水文地质条件的全面监测和实时控制，一旦发现异常情况，系统会自动报警，并及时采取措施，保证煤矿工人的生命安全和健康。

②提高煤矿生产效率

通过矿井排水自动化技术，可以实现矿井排水系统的自动化控制和优化，提高矿井排水的效率和稳定性，进而提高煤矿生产效率和经济效益。

③降低能源消耗和环境污染

矿井排水自动化技术可以减少煤炭燃烧产生的二氧化碳和其他有害气体的排放，同时降低煤炭采掘对环境的影响，对环境保护起到积极作用。

④提高数据管理和利用效率

通过矿井排水自动化技术，可以实现矿井内外水文地质条件的数据采集、传输和处理，提高数据管理和利用效率，为煤矿管理和决策提供科学依据。

⑤减少人工干预和操作误差

矿井排水自动化技术可以实现自动化控制和监测，减少人工干预和操作误差，提高工作效率和精度，降低人力成本和风险。

（4）矿井排水自动化技术的应用案例

①辽宁北方重工集团有限公司矿井排水自动化改造项目

辽宁北方重工集团有限公司矿井排水自动化改造项目采用了多种传感器、控制器和计算机技术，实现了矿井排水系统的自动化控制和监测。通过数据分析和预测，优化矿井排水系统的运行参数，提高矿井排水效率和安全性。

②江苏省矿山机械有限公司矿井排水自动化改造项目

江苏省矿山机械有限公司矿井排水自动化改造项目采用了先进的PLC控制器和通信技术，实现了矿井排水系统的自动化控制和监测。通过数据采集和分析，实现了矿井内外水位、流量、压力等参数的实时监测和预警，大大降低了矿井水灾事故的发生率。

③湖南省矿业集团矿井排水自动化改造项目

湖南省矿业集团矿井排水自动化改造项目采用了模型预测控制技术，实现了矿井排水系统的智能控制和优化。通过矿井内外水文地质条件的实时监测和分析，预测矿井排水系统的运行状态和水位趋势，及时调整矿井排水系统的运行状态和参数，保证矿井安全和生产效率。

矿井排水自动化技术是实现煤矿安全和生产效率双赢的关键技术之一。随着自动化技术的不断发展和应用，矿井排水自动化技术将越来越成熟和普及。但矿井排水自动化技术在应用中仍面临着技术难度、成本控制、人员素质等问题。因此，需要加强技术研发和人才培养，加强与各方面的合作，推广应用矿井排水自动化技术，实现煤矿安全和可持续发展的目标。同时，还需要注重数据的管理和利用，加强煤矿管理和决策的科学化和智能化，为煤炭产业的可持续发展作出贡献。

4. 矿井瓦斯抽采自动化

矿井瓦斯抽采自动化是指利用计算机技术和自动控制技术，实现煤矿瓦斯抽采系统的自动化控制和监测。通过自动化控制和监测，可以提高瓦斯抽采效率和安全性，减少人员伤亡和瓦斯爆炸事故的发生。

（1）瓦斯抽采自动化技术的组成

瓦斯抽采自动化技术主要由以下几个组成部分构成。

①传感器

传感器是瓦斯抽采自动化技术的核心组成部分，通过采集矿井内外瓦斯浓度、氧气含量、二氧化碳含量等数据，实现矿井瓦斯抽采系统的实时监测和控制。常用的传感器包括瓦斯浓度传感器、氧气传感器、二氧化碳传感器等。

②控制系统

控制系统是瓦斯抽采自动化技术的核心组成部分，通过控制系统的运行和调节，实现矿井瓦斯抽采系统的自动化控制和监测。

③通信技术

通信技术是瓦斯抽采自动化技术的重要组成部分，通过网络通信技术，实现矿井内外的数据传输和监测。

④软件系统

软件系统是瓦斯抽采自动化技术的重要组成部分，通过计算机技术和控制算法，实现矿井瓦斯抽采系统的自动化控制和优化。

（2）瓦斯抽采自动化技术的应用

①瓦斯抽采系统的自动化控制

通过瓦斯抽采自动化技术，可以实现瓦斯抽采系统的自动化控制和监测。通过传感器采集矿井内外的瓦斯浓度、氧气含量、二氧化碳含量等数据，利用控制系统和软件系统进行实时监测和控制，调节瓦斯抽采系统的运行状态和参数，保证瓦斯抽采系统的安全和稳定运行。

②瓦斯浓度的实时监测和预警

通过瓦斯抽采自动化技术，可以实现矿井内瓦斯浓度的实时监测和预警。一旦瓦斯浓度超过安全阈值，系统会自动报警，及时采取措施降低瓦斯浓度，防止瓦斯爆炸事故的发生。

③瓦斯抽采效率的提高

通过瓦斯抽采自动化技术，可以实现瓦斯抽采系统的自动化控制和优化，提高瓦斯抽采的效率和稳定性，降低煤炭采掘对环境的影响，同时提高煤矿生产效率和经济效益。

④环境保护和可持续发展

瓦斯抽采自动化技术的发展需要考虑环境保护和可持续发展的问题，采用清洁能源和低污染的设备和技术，降低煤炭采掘对环境的影响，实现煤炭产业的可持续发展。

（3）瓦斯抽采自动化技术的优势

①提高煤矿安全性

瓦斯抽采自动化技术可以实现矿井瓦斯的全面监测和实时控制，一旦发现异常情况，系统会自动报警，并及时采取措施，保证煤矿工人的生命安全和健康。

②提高煤矿生产效率

通过瓦斯抽采自动化技术，可以实现瓦斯抽采系统的自动化控制和优化，提高瓦斯抽采的效率和稳定性，进而提高煤矿生产效率和经济效益。

③降低能源消耗和环境污染

瓦斯抽采自动化技术可以减少煤炭燃烧产生的二氧化碳和其他有害气体的排放，同时降低煤炭采掘对环境的影响，对环境保护起到积极作用。

④提高数据管理和利用效率

通过瓦斯抽采自动化技术，可以实现矿井内外的数据采集、传输和处理，提高数据管理和利用效率，为煤矿管理和决策提供科学依据。

⑤减少人工干预和操作误差

瓦斯抽采自动化技术可以实现自动化控制和监测，减少人工干预和操作误差，提高工作效率和精度，降低人力成本和风险。

（4）瓦斯抽采自动化技术的应用案例

①重庆矿业集团石子山煤矿瓦斯抽采自动化项目

重庆矿业集团石子山煤矿瓦斯抽采自动化项目采用了多种传感器、控制器和计算机技术，实现了瓦斯抽采系统的自动化控制和监测。通过数据分析和预测，优化瓦斯抽采系统的运行参数，提高瓦斯抽采效率和安全性。

②阜新市煤矿瓦斯抽采自动化改造项目

阜新市煤矿瓦斯抽采自动化改造项目采用了先进的 PLC 控制器和通信技术，实现了瓦斯抽采系统的自动化控制和监测。通过数据采集和分析，实现了瓦斯浓度的实时监测和预警，大大降低了煤矿瓦斯事故的发生率。

③河北省煤炭管理局瓦斯抽采自动化改造项目

河北省煤炭管理局瓦斯抽采自动化改造项目采用了模型预测控制技术，实现了瓦斯抽采系统的智能控制和优化。通过瓦斯浓度的实时监测和分析，预测瓦斯浓度的变化趋势，及时调整瓦斯抽采系统的运行状态和参数，保证煤矿安全和生产效率。

瓦斯抽采自动化技术是实现煤矿安全和生产效率双赢的关键技术之一。随着自动化技术的不断发展和应用，瓦斯抽采自动化技术将越来越成熟和普及。但瓦斯抽采自动化技术在应用中仍面临着技术难度、成本控制、人员素质等问题。因此，需要加强技术研发和人才。

5. 煤炭运输自动化

煤炭运输自动化是指利用计算机技术和自动控制技术，实现煤炭运输过程中的自动化控制和监测。通过自动化控制和监测，可以提高煤炭运输效率和安全性，减少人员伤亡和煤炭运输事故的发生。

（三）煤矿电气自动化技术发展面临的挑战

煤矿电气自动化技术在应用中仍面临一些挑战，包括技术难度、成本控制、人员素质等问题。如何解决这些问题，提高煤矿电气自动化技术的应用水平，是当前亟待解决的问题。

1. 技术挑战

煤矿电气自动化技术的发展离不开计算机技术和自动控制技术的支持，但这些技术的应用仍面临一定的难度。

（1）复杂矿井环境下的可靠性问题

煤矿环境十分复杂，存在着高温、高湿、有毒有害气体、火灾爆炸等多种风险。煤矿电气自动化技术的设备和系统必须能够在极端的环境下稳定运行，并能够保证系统的可靠性和安全性。

（2）大规模数据处理和管理问题

煤矿电气自动化技术需要采集大量的数据，这些数据需要进行处理、分析和管理，以实现系统的自动化控制和优化。大规模数据处理和管理是一个具有挑战性的任务，需要开发先进的算法和技术。

（3）智能化控制算法问题

煤矿电气自动化技术需要采用智能化控制算法，实现系统的自动化控制和优化。智能化控制算法需要具备较高的精度和可靠性，并能够适应复杂的矿井环境和变化的工况。

（4）通信技术和网络安全问题

煤矿电气自动化技术需要采用通信技术和网络通信，以实现数据传输和系统的联网控制。通信技术和网络安全是一个重要的挑战，需要采用安全可靠的通信技术和网络安全措施，保证系统的稳定运行和数据安全。

（5）人工智能和机器学习问题

煤矿电气自动化技术需要采用人工智能和机器学习技术，实现智能化控制和优化。这些技术需要不断改进和发展，以提高系统的智能化水平和自适应能力。

2. 成本挑战

煤矿电气自动化技术的应用需要一定的投资，如何控制成本是当前需要解决的问题。

（1）设备和系统成本控制

煤矿电气自动化技术需要大量采用先进的设备和系统，这些设备和系统的成本相对较高。因此，需要采用经济实用的设计和制造技术，合理控制设备和系统的成本，同时加强对设备和系统的使用和维护管理，延长设备和系统的使用寿命，降低后续的维修和更换成本。

（2）数据采集和处理成本控制

煤矿电气自动化技术需要采集大量的数据，对数据进行处理和管理，这些过程需要耗费大量的成本。因此，需要采用成本效益高、效率高的数据采集和处理技术，优化数据处理流程，提高数据管理和利用效率，降低数据处理和管理成本。

（3）智能化控制算法成本控制

智能化控制算法是煤矿电气自动化技术的核心部分，但开发和应用这些算法需要大量的人力、物力、财力等投入。因此，需要采用合理的算法开发和应用策略，优化算法开发流程，降低算法开发和应用成本，提高算法开发和应用的效率和质量。

（4）通信技术和网络安全成本控制

煤矿电气自动化技术需要采用通信技术和网络通信，这些通信技术和网络通信的成本相对较高。同时，加强网络安全措施也需要耗费一定的成本。因此，需要采用经济实用的通信技术和网络安全措施，同时加强网络安全培训和管理，提高员工的安全意识和技能水平，降低通信技术和网络安全的成本。

3. 人员挑战

煤矿电气自动化技术的应用需要具备一定的专业知识和技能，但目前我国煤矿工人的整体素质较低，技术人才相对匮乏，这也是应用煤矿电气自动化技术面临的挑战之一。

（1）技术人员缺乏相关知识和技能。煤矿电气自动化技术涉及多个学科领域，需要技术人员具备相关的知识和技能，包括机电一体化、电气自动化、计算机应用等方面。但目前，煤矿电气自动化技术相关专业人才较为匮乏，技术人员缺乏相关的知识和技能，影响了技术的发展和应用。

（2）技术人员对矿井环境和采矿工艺不熟悉。煤矿电气自动化技术的应用需要技术人员对矿井环境和采矿工艺有一定的了解，但目前很多技术人员对矿井环境和采矿工艺不熟悉，难以进行技术应用和优化。

（3）技术人员缺乏团队合作和创新能力。煤矿电气自动化技术涉及多学科、多领域的交叉，需要技术人员具备较强的团队合作和创新能力，但目前很多技术人员缺乏这方面的能力，影响了技术的创新和推广。

除了上述挑战之外，煤矿电气自动化技术的应用还需要面对其他问题，如安全隐患、系统故障等。为了解决这些问题，需要完善安全管理和维护保养体系，及时发现和处理问题，确保系统稳定运行。

（四）煤矿电气自动化技术发展面临挑战的应对方案

1. 技术挑战的应对方案

（1）设备和系统可靠性方案

采用先进的设计和制造技术，确保设备和系统在复杂矿井环境下稳定运行，并能够保证系统的可靠性和安全性。同时，开发和采用先进的检测和维修技术，及时发现和排除设备和系统的故障，确保系统的稳定运行。

（2）大规模数据处理和管理方案

采用先进的数据采集、存储、传输和处理技术，实现大规模数据的快速处理和管理。同时，采用云计算、边缘计算等技术，实现数据的实时处理和快速响应，提高系统的处理效率和响应速度。

（3）智能化控制算法方案

采用深度学习、强化学习等人工智能技术，开发智能化控制算法，实现系统的自动化控制和优化。同时，加强对算法的验证和测试，保证算法的精度和可靠性。

（4）通信技术和网络安全方案

采用安全可靠的通信技术和网络安全措施，保证系统的稳定运行和数据安全。同时，加强网络安全培训和管理，提高员工的安全意识和技能水平，防范网络安全风险和攻击。

（5）人工智能和机器学习方案

加强人才培养和技术创新，开发和应用先进的人工智能和机器学习技术，提高系统的智能化水平和自适应能力。同时，加强与相关学术机构和企业的合作和交流，推动人工智能和机器学习技术在煤矿电气自动化技术中的应用和发展。

2. 成本挑战的应对方案

针对煤矿电气自动化技术发展面临的成本控制挑战，可以采取以下措施应对。

（1）合理控制设备和系统的成本，采用经济实用的设计和制造技术，同时加强设备和系统的使用和维护管理，延长设备和系统的使用寿命，降低后续的维修和更换成本。

（2）采用成本效益高、效率高的数据采集和处理技术，优化数据处理流程，提高数据管理和利用效率，降低数据处理和管理成本。同时，可以采用云计算、边缘计算等技术，将数据处理和存储部分外包出去，降低煤矿电气自动化技术的成本。

（3）采用先进的算法开发和应用策略，优化算法开发流程，降低算法开发和应用成本。可以采用开源算法库和算法平台等技术，减少算法开发的重复性劳动，提高算法开发的效率。

（4）采用经济实用的通信技术和网络安全措施，降低通信技术和网络安全的成本。可以采用虚拟专用网络、加密通信等技术，提高网络安全的水平，降低网络安全风险和攻击的成本。

（5）加强煤矿电气自动化技术人才培养和管理，提高技术人员的专业素质和技能水平，降低人才成本。同时，加强技术合作和交流，提高技术合作的效率和质量，降低技术合作的成本。

3. 人员挑战的应对方案

（1）加强人才培养和管理。通过开展专业技术培训、技能竞赛等方式，提高技术人员的专业素质和技能水平，同时加强人才管理和激励机制，提高技术人员的积极性和创造性。

（2）加强对矿井环境和采矿工艺的了解。通过矿井实地考察、矿井环境模拟等方式，提高技术人员对矿井环境和采矿工艺的了解，为技术应用和优化提供基础支撑。

（3）加强团队合作和创新能力培养。通过开展团队合作、项目合作等方式，提高技术人员的团队合作和创新能力，激发技术人员的创造力和创新潜能，推广企业文化和价值观。通过塑造良好的企业文化和价值观，提高技术人员的工作热情和责任心，激发技术人员的积极性和创造力。

（4）建立技术交流平台。通过建立技术交流平台，促进技术人员之间的沟通和合作，促进技术创新和进步。

二、煤矿电气自动化技术未来发展趋势

未来，煤矿电气自动化技术的应用将会越来越广泛。随着智能化、信息化、自动化技术的不断发展，煤矿电气自动化技术将进一步提高采煤效率、保障采煤安全、降低采煤成本。具体发展趋势如下。

（一）智能化水平提高

随着人工智能技术和物联网技术的不断发展，煤矿电气自动化技术将进一步提高智能化水平，实现更加精准的控制和监测，从而提高煤炭生产效率和质量。

（二）节能减排成为重点

在环保、节能、减排的背景下，煤矿电气自动化技术将逐步从提高煤炭生产效率向节能减排方向转移，通过技术手段降低能源消耗和排放量，实现煤炭生产的可持续发展。

（三）大数据分析应用广泛

煤矿电气自动化技术产生的海量数据将成为煤矿生产优化的重要数据源，未来煤矿电气自动化技术将通过大数据分析、机器学习等手段，实现更加精准的生产优化和效率提升。

总之，煤矿电气自动化技术是煤炭生产的重要支撑和推动力量，未来将继续发挥重要作用，促进煤炭生产的安全、高效、智能化发展。

第二节 煤矿主运输系统自动化

一、矿井提升机全自动运行监控系统

随着可编程控制器 PLC 的出现和发展，提升机电控系统逐渐运用新一代 PLC 控制技术替代继电器和外围电路、变频器替代交流接触器，实现提升机控制和调速。提升机在实际运行中，有时提升机故障会出现在 PLC 硬件或外围器件上，导致提升机停运给煤炭生产造成严重损失，故设计开发了一套冗余 PLC 控制的矿井提升机全自动监控系统。该系统采用两套 PLC 来实现硬件的双机热备，保留并接入原转子回路串电阻控制电路情况下，接入变频调速系统，实现无级调速和多级调速，减轻故障发生概率。当故障出现时，能够进行 PLC 快速切换和变频与转子回路串电阻调速系统切换，确保安全可靠运行。

（一）矿井提升机系统结构分析

提升机是一个大型的机液电一体化电气机组，包含电动机、主轴装置、深度指示器、制动装置、控制系统和操作台等。目前我国广泛使用缠绕式和摩擦式两种矿井提升机。提升机结构图如图 8-1 所示。

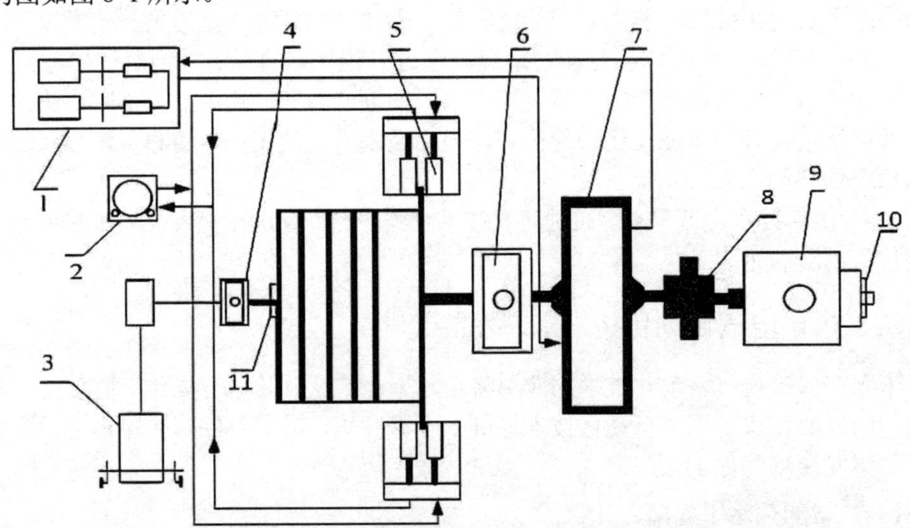

1—润滑油泵；2—液压站；3—深度指示器；4—主轴装置；5—盘式制动器；
6—主轴承；7—减速器；8—弹簧联轴器；9—电动机；10—轴编码器；11—轴编码器

图 8-1 提升机结构图

（二）矿井提升机主要部分介绍

矿井提升机包括工作机构、液压制动系统、润滑系统、机械传动装置、检测及操纵系统、自动保护系统与拖动控制等 6 个部分，下面进行逐一介绍。

1. 工作机构

工作机构是由主轴承与主轴装置组成。其中主轴装置包括主轴、支轮、卷筒、滚动轴承、制动轮、调绳离合器等 6 个部分，它们和主轴承一起实现缠绕和搭放钢丝绳，进而使提升机能够承受各种正常和非正常载荷来完成运输任务。

2. 液压制动系统

液压制动系统包含液压传动装置与制动器，它是提升机安全运行保障装置。紧急制动或减速停车时，液压制动系统能够及时刹住卷筒并迅速停车，实现提升机安全制动。

3. 润滑系统

润滑系统是由润滑油泵站和管路组成。润滑系统在提升机运行时，连续向齿轮与轴承间压送润滑油来保证它们能良好工作。润滑系统、电动机和自动保护系统之间进行联锁。当润滑系统失效时，主电机将会断电，进而保证提升系统安全稳定运行。

4. 机械传动装置

机械传动装置由减速器和联轴器组成。在整个提升系统中，减速器负责减速与传递动力，联轴器负责连接旋转部分和传递动力。减速器和联轴器是提升机减速、连接和传递动力的关键设备，能够增加提升机的运行寿命，使提升机更加平稳地运行。

5. 检测及操纵系统

检测及操纵系统包含操作台、轴编码器、传动装置与深度指示器等。其主要完成提升系统的运行控制、速度检测、提升、下放和深度显示等动作；同时操作台上的触摸屏和指示灯显示出提升机运行状态及设备工作状况。

6. 自动保护系统与拖动控制

自动保护系统与拖动控制包含主电机、信号系统、自动保护系统与电气控制系统，其主要是给运行中的提升机提供提升、下放所需要的动力。信号系统主要用来采集检测传感器检测的提升机运行数据，为控制系统提供数据，进而实现提升机运行的精准控制。电气控制系统根据信号系统传递的数据来控制提升机，准确实现运输任务的各个指令。当有故障发生时，自动保护系统将主电机断电，并实现安全制动，以保障提升机的安全稳定运行。

（三）矿井提升机冗余 PLC 控制系统总体方案设计

冗余控制是指系统在工作中故障时，通过备用关键设备使控制系统快速启动，从而维持系统正常工作。在工作过程中提升系统控制器一旦出现故障，会造成严重事故并影响煤炭生产，故冗余 PLC 控制系统设计能够提高控制系统的可靠性并降低故障概率。

1. 矿井提升机监控系统分析

（1）系统分析

在进行矿井提升机全自动运行监控系统设计前，需对旧系统进行详细的调查和研究，只有充分了解旧系统存在的问题和隐患，才能更好地设计出解决旧系统问题的新系统。

传统矿井提升机系统是由单 PLC 作为控制系统，转子回路串电阻负责调速，一旦出现故障，轻则造成停工、停产和人员损伤，重则造成巨大的经济损失和人员伤亡，故对新系统保留并接入原转子回路串电阻控制电路情况下，接入变频调速系统，实现无级调速和多级调速，减轻故障发生概率，当变频系统故障出现时，能够进行转子回路串电阻和变频调速切换。转子回路串电阻调速系统在提升机运行时能耗较大，选择合适的提升机运行参数，对减少能耗损很有帮助，故为减少采用转子回路串电阻调速时的能耗损失，计算一次提升能耗最小时提升机运行参数，这里我们运用模拟退火–遗传算法进行优化，得出提升机运行参数，并与优化前运行参数计算的提升机一次能耗进行比较，以证明节能运行方法的可行性。

（2）控制系统设计

PLC 控制系统的好坏与提升机是否安全、可靠和平稳地运行紧密相关。PLC 控制柜中主要由 PLC 的各种模块、开关电源、光耦信号分离板、中间继电器、空气开关等组成。选用两个 S7-400 系列 PLC 控制器，每个 PLC 都能独立接收轴编码器检测并传回的信号。正常工作时，两个 PLC 同时运行，对提升机运行状态实时同步监控和故障双重保护。当主 PLC 故障时，立即切换到副 PLC，实现双机热备，保障提升机安全平稳运行。

（3）上位机监控设计

采用西门子 WinCC 组态软件进行组态，通过 MPI 实现上位机与现场 PLC 之间的数据交换，实时显示并监控提升机运行时的各种参数、状态及故障报警信息。同时运用模糊故障树诊断技术对提升系统进行故障诊断，并在上位机上显示各底事件故障概率并对提升机故障和历史运行数据进行显示、记录并报警，给维修人员提供参考。

2. 总体方案设计

经过分析，矿井提升机全自动运行监控系统主要包括冗余 PLC、上位机、触摸屏、变频器、转子回路串电阻、检测传感器等。其系统总体方案设计如图 8-2 所示。

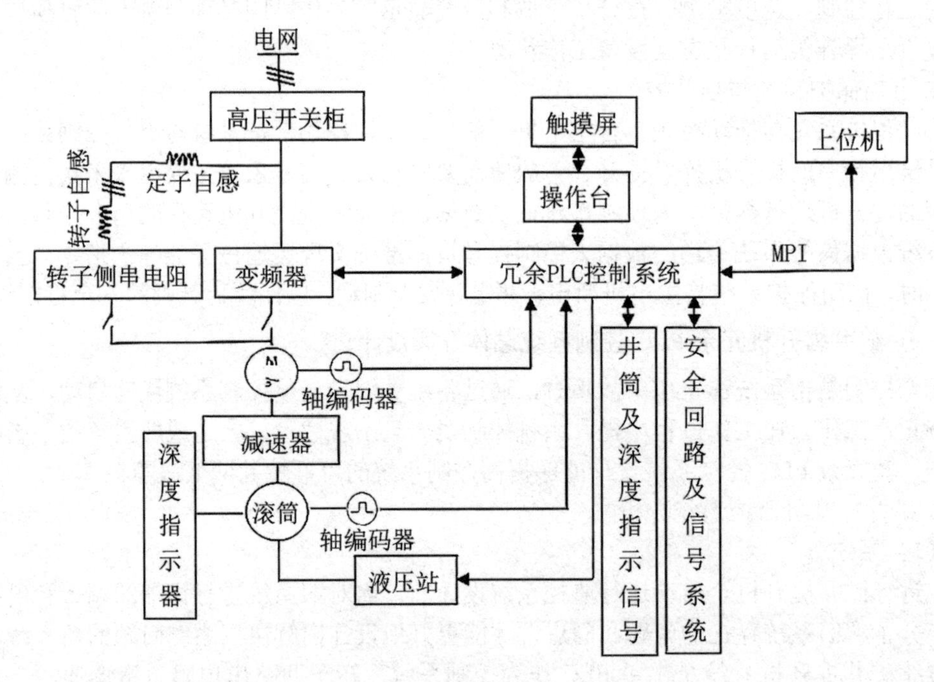

图 8-2　系统总体方案设计

矿井提升机全自动运行监控系统为防止 PLC 故障时提升机停车，采用冗余 PLC 控制系统。主控 PLC 故障时，通过程序切换到副 PLC 运行，冗余 PLC 与安全回路及信号系统、井筒及深度指示信号、液压站、轴编码器、变频器 / 转子回路串电阻、操作台及上位机相连接，采集传感器信号通过 PLC 逻辑控制单元处理来控制提升机运行，并将提升机运行状态信息上传到上位机显示。

（四）系统主要工作过程

根据系统总体方案设计可知，系统选用两套 PLC 实现冗余控制，且为保证提升系统可靠性，保留并接入原转子回路串电阻控制电路，当变频器故障或检修时，转换到转子回路串电阻控制提升机的运行。

系统提升机主要工作过程如下。

首先，采集安装于电机轴、滚筒主轴的轴编码器的脉冲，运用 PLC 的高速计数模块进行计数并送入 PLC 中，同时结合计算机运用模拟退火－遗传算法优化的使转子回路串电阻调速系统一次能耗最小时的提升机主要运行参数，带入 PLC 中编写的 S 行程控制算法，形成 S 形速度运行曲线，通过 PLC 输出模块控制变频器 / 转子回路串电阻动作，进而实现电机调速。

其次，运用 PLC 的 A/D 模块将电流互感器和压力传感器采集的现场电机电流、液压站和润滑站的油压转化为数字信号，并上传到上位机实时监控。

最后，运用 PLC 的数字量 / 模拟量输入模块采集的提升系统的各种开关量 / 模拟量，判断并校正提升机的运行状态来保证平稳运行，并通过 MPI 通信协议将数据上传到上位机监控软件，在界面上实时动态地显示提升系统状态。当故障发生时，在上位机上查看基于模糊故障树提升系统故障分析的由计算机计算的概率重要度的大小排序，检修人员根据重要度排序一一排查并及时维修。

正常工作时，由于备用 PLC 的外部控制线路和主控 PLC 一致，故主控 PLC 运行，备用 PLC 闭锁全部输出信号，仅当主控 PLC 故障时，开放备用 PLC 输出闭锁，实现双 PLC 无扰动切换。

二、带式输送机自动化控制系统

（一）带式输送机自动化控制系统设计遵循原则

1. 先进性

带式输送机自动化控制系统（以下简称系统）为当今工业控制系统的领先产品，可对整个矿井输送机生产过程进行集中监视和控制，能实时采集和显示现场各生产环节设备的运行状态，具备数据处理及同全矿井综合控制系统联网的功能。

2. 可靠性

整个系统具有足够的可靠性，除完成设备运行控制、实时监控生产状态和各种工况参数及设备运行状态外，还具有准确的自诊断功能和故障隔离和排除功能；

3. 可扩展性

系统的软硬件配置留有充足的扩展余量，以保证未来的技术升级；抗干扰性系统采取先进的抗干扰措施，保证设备安全可靠运行。

（二）带式输送机自动化控制系统功能

（1）实现原煤带式输送机主运输系统集中监控与分布式控制相结合，取消各级带式输送机的操作人员。系统具有严密的逻辑控制功能以实现逆煤流自动启车；顺煤流自动停车。在设备故障紧急停车时以故障点作为系统故障分界线，实现煤流上部的设备紧急停车。系统具有集控自动、集控单机、就地控制等功能和模式。

（2）建立完善带式输送机电机电流、电机温度、油温、带速、跑偏、打滑、纵撕、烟雾、急停等保护功能的地面控制室显示，操作员能够识别带式输送机的急停位置、跑偏位置，能够使控制室操作员正确判断故障性质，发出正确的报警、停车指令，实现带式输送机沿线故障检修的高效性。

（3）控制室实现各带式输送机保护的投入与屏蔽功能，实现边检修边生产，最大限度满足矿井的生产；无缝连接，使综合自动化网络能及时获取所需的信息。

（4）实现系统控制网络与矿井综合自动化网络的无缝连接，使综合自动化网络能及时获取所需的信息。

（5）系统具有极高的开放性，保证在采区延伸或矿井扩建时新增输送机的接入。

（6）系统具有极高的灵活性，适应矿井搬家倒面的需求。

（三）煤矿井下带式输送机自动化控制系统设计

带式输送机是煤矿重要的井下煤炭运输设备，在煤炭运输过程中扮演着不可或缺的角色，能否安全稳定运行将直接影响煤矿的开采效率。

随着目前煤矿井下设备开采强度的增加，开采周期的延长，对带式输送机的质量提出了更大的考验。煤炭运输过程中带式输送机会出现各种各样的故障，如皮带打滑、跑偏、撕裂等情况，影响了带式输送机的工作寿命，降低了煤炭的开采效率。一般情况下对于带式输送机采用人工巡检的方式进行故障查询，这样的保护方式低效且存在盲区，难以满足煤矿生产需求，对带式输送机系统的自动化改造已是大势所趋。

在此，本书基于微控制器技术、传感器检测技术、计算机技术设计了一种新型的自动化控制系统。

1. 故障情况

矿井下开采环境复杂多变，皮带运输机作为巨型运输设备，随着开采强度的增加，在煤炭运输过程中，会出现诸多故障，主要故障及原因有以下几种。

（1）皮带跑偏

皮带跑偏在带式输送机日常故障中占有比重比较大，本质为皮带中轴线与支架中心不在同一直线上，可能是由于误安装引起，也可能是在皮带运行过程中引起。长时间的皮带跑偏会引起皮带撕裂，影响使用寿命，更甚者可能会使皮带支架坍塌。

（2）皮带堆煤

皮带堆煤现象是由于输送机长期撒料引起的。运输机撒料一般有 2 种原因，一是由于皮带跑偏引起的；二是由于皮带长期悬空引起的。

（3）皮带打滑

皮带打滑主要是指皮带工作过程中张力不足引起的原地滑动现象，可能是绞车拉力不足或者配重方式不合理引起的。另外，驱动滚筒表面胶皮磨损，造成驱动摩擦力不足，也会导致皮带打滑现象的发生。皮带打滑现象会导致皮带驱动滚筒表面迅速升温，给驱动滚筒及打滑处皮带带来难以修复的伤害。

（4）皮带撕裂

皮带撕裂是由于皮带运输机长期处于高强度工作状态，致使皮带表面保护胶皮磨损引起的，这样会导致皮带强度下降，皮带拉伸强度得不到保障，最终导致断带或纵向撕裂事故的发生。皮带一旦发生断裂，不仅影响了煤炭运输的进度，还会造成人身伤亡事故的发生。

2. 系统总体方案

整个自动化控制系统主要由上位机、井下传感器检测系统、PLC 主控制器、声光报警装置组成。带式输送机自动化控制系统总体设计方案如图 8-3 所示。

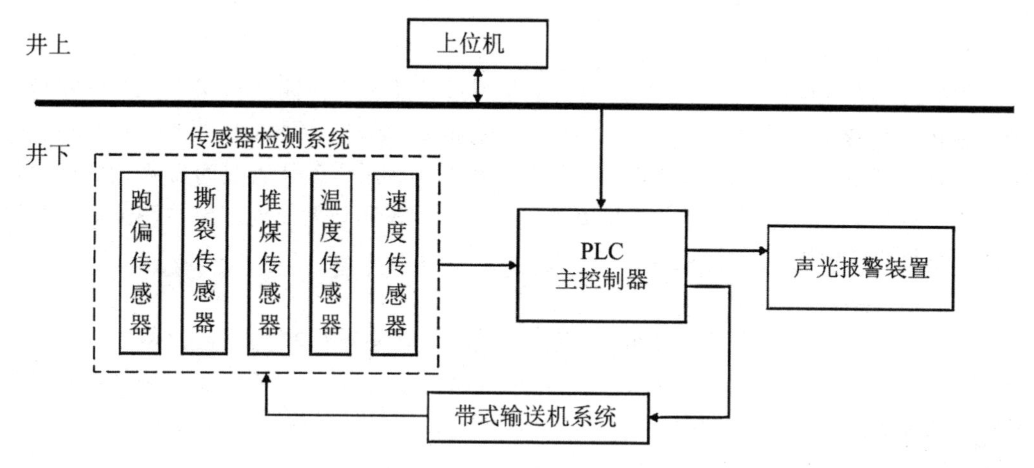

图 8-3 带式输送机自动化控制系统总体方案

其中，井下传感器检测系统由各类矿用传感器构成，包括跑偏传感器、撕裂传感器、堆煤传感器、温度传感器、速度传感器，负责检测皮带运输机的运行工况，包括堆煤、跑偏、撕裂、温度等生产参数。

PLC 主控制器主要用于对检测信息进行分析处理，并发送控制指令实现皮带运输机的启动和关停，对其进行保护，同时将故障信息上传给上位机；声光报警装置用于自动化控制系统的故障报警；上位机主要实现检测数据的上传及控制指令的下达，对整个自动化控制系统进行远程监控。

3. 硬件方案

为应对井下复杂的工作环境，随时预警皮带运输系统可能存在的安全隐患及设备故障信息，精确获得需要检测的数据，对输送机进行实时保护，保障其安全稳定运行，对各部分硬件设备进行了相应选型。

（1）PLC 主控制器

PLC 主控制器在自动化控制系统中扮演着重要的角色，通过它可实现对带式输送机的故障预警、故障保护、电机启停。根据自动化控制系统所要实现的功能需求，本书选用德国西门子 S7-300 系列 PLC 作为主控制器。该系列控制器性价比高、电磁兼容性强、可靠性高，非常适合应用于煤矿领域。

（2）皮带跑偏检测单元

跑偏传感器选用型号为 GEJ30，可对带式输送机的皮带跑偏情况进行检测。将跑偏传感器安装在带式输送机底座两侧，布设间隔为 30 ～ 50m，不限制安装数量，并且均为并联连接。传感器设定一定的阈值，当皮带偏离值超过阈值时，PLC 主控制器会接收反馈信息，并进行保护控制，同时标识跑偏区域，工作人员可根据标识区域对跑偏皮带进行详细检查并更换。

（3）皮带堆煤检测单元

堆煤传感器选用型号为GUJ30，将堆煤传感器安装在皮带输送机低洼处。当发生堆煤现象时，堆煤传感器将信号向PLC主控制器实时传送，此时控制器显示超出安全值并启动相应保护机制，同时标识堆煤具体区域，工作人员可根据标识区域对堆煤情况进行处理。

（4）皮带打滑检测单元

选用型号为KG5007A的速度传感器对皮带打滑现象进行检测，将速度传感器安装在皮带运输机端头滚筒及皮带中部。PLC主控制器通过设定值与实际值的速度差值比对开判定皮带是否产生打滑现象，适时启动控制保护系统，并组织工作人员对故障点进行检查并进行故障保护。在皮带打滑时为避免更大事故发生，在驱动滚筒处安装驱动滚筒温度保护，选用型号为GWD100的温度传感器。

（5）皮带撕裂检测单元

撕裂传感器选用型号为GVD1200，将其安装在皮带运输机端头张紧设备内。带式输送机在正常工作过程时张紧力一般为固定值，当该数值减小时即可视为皮带撕裂，此时立即关停带式输送机并启动保护机制，及时组织工作人员对存在问题的胶带进行更换。

4. 软件方案

带式输送机自动化控制系统软件方案设计包括PLC下位机程序和上位机监控软件2个部分。下位机程序主要由系统保护程序和系统控制程序组成。系统控制程序包括输送机启停程序；系统保护程序包括对输送带的跑偏、打滑、撕裂等非正常情况的故障报警程序、故障保护程序。本系统采用相应的STEP7软件，通过梯形图的方式对PLC主控制器进行程序编写，将编写好的程序存储于PLC的CPU内，整个自动化控制系统根据设定好的程序安全运行。下位机程序示意图如图8-4所示。

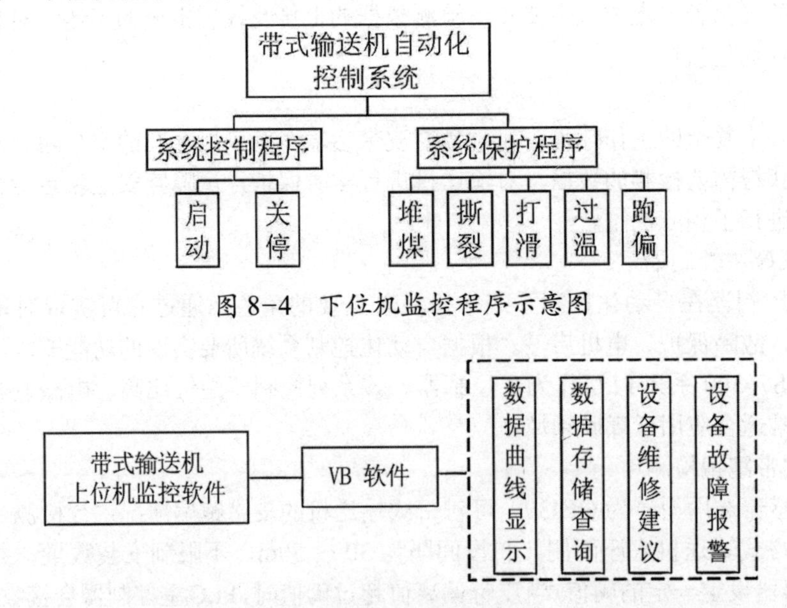

图8-4 下位机监控程序示意图

图8-5 上位机监控软件可视化框架图

当PLC主控制器检测到带式输送机系统发生故障时，触发故障报警程序，并立即关停运输机，转入故障保护程序，保证带式输送机的安全运行。

上位机监控软件主要起监控作用，实现各类故障信息的显示，并向下位机传送各参数的设定值，发送控制命令参数等。系统采用 Visual Basic 这一用户最多、应用领域最为广泛的开发工具。上位机监控软件可视化框架图如图 8-5 所示。

第三节 煤矿供电系统自动化

一、煤矿供电系统自动化设备

（一）智能电表

自从电子式电能表从20世纪90年代在国内兴起应用，到现在已有20多年的发展历史，但是由于技术、应用推广方面的原因，目前市场上的占有率并不是很高。智能电能表是在此基础上，近年来才被开发出来的实用功能更为丰富的电能表，它具有一系列优点和多种功能，是传统感应表不能相比的。

智能电能表（简称智能电表）不仅仅能实时监测煤矿井下各用电设备的用电情况，而且当将其安装于配电变压器和中压馈线上时，与实时数据采集和控制系统相结合，可支持系统监测、故障响应等功能。

1. 智能电表的原理

智能电表是在电子式电表的基础上开发面世的高科技产品，它的构成、工作原理与传统感应式电能表有着很大的差别。感应式电表主要是由铝盘、电流电压线圈、永磁铁等元件构成，其工作原理主要是通过电流线圈与可动铝盘中感应的涡流相互作用进行计量的。而电子式智能电表主要是由电子元件构成，其工作原理是先通过对用户供电电压和电流的实时采样，再采用专用的电能表集成电路，对采样电压和电流信号进行处理，并转换成与电能成正比的脉冲输出，最后通过微处理进行处理、控制，把脉冲显示为用电量并输出，其构成原理如图 8-6 所示。

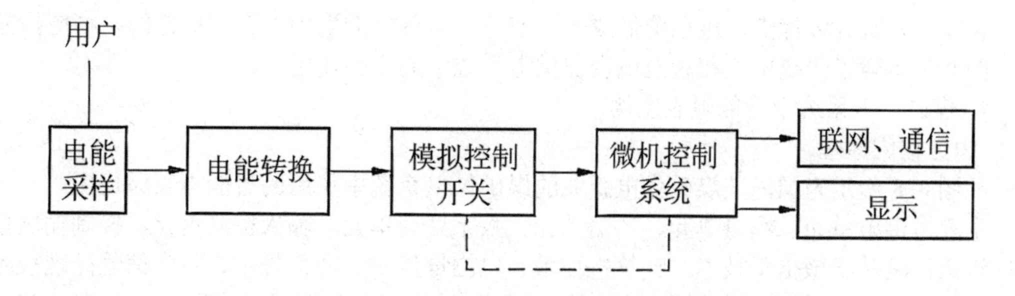

图 8-6 智能电表的构成原理

通常把智能电表计量 1 千瓦时（俗称 1 度）电时转换器所发出的脉冲个数称为脉冲常数。对于智能电表来说，这是一个比较重要的常数，因为转化器在单位时间内所发出的脉冲个数的多少，将直接决定着该表计量的准确度。目前，智能电表大多数都采用一户一个转换器的设计原则，但也有些厂家生产的多用户集中式智能电表采用多用户共用一个转换器，这样对电能的计量只能采用分时排队进行，势必造成计量准确度的下降，这点在设计选型时应该注意。

2. 智能电表的主要功能

智能电表应用计算机、通信等技术，形成以智能芯片为核心，具有电功率计量、计时、计费、与上位机通信、用电管理等功能，它与自动抄表技术有着本质的区别。智能电表具有以下 8 种典型功能。

（1）双向计量功能

计量功能是电表的一个基础功能，计量功能包括有功、无功、电压、电流量、功率因数、零序电流的计量。智能电表在电压、电流量的计量上要求能够提供足够点数的量测数据，为高级应用中统计分析功能的实现提供历史数据。

在电力市场高度成熟，以及储能技术满足应用需求的条件下，应充分调动用户参与电能管理的积极性，利用峰谷电价差异，引导用户参与削峰填谷。智能电表的双向计量功能是满足用户最终作为一个双向负荷的身份出现的必要条件，也是互动式电网建立的标准。

（2）提供断电报警和供电恢复确认信息处理。

（3）提供电能质量监视。

（4）可以进行远程编程设定和软件升级。

（5）提供分时或实时电价，支持用户需求响应。

（6）支持远程时间同步。

（7）能根据需求侧响应要求，进行远程负荷控制。

（8）装置自检、窃电检测。

智能电表还可以实现很多功能。例如，它能根据预先设定时间间隔（如 15min、30min 等）来测量和存储多种计量值；其具有内置通信模块，能够接入双向通信系统和数据中心进行信息交流；其具有双向通信功能，支持数据的即时读取（可随时读取和验证用户的用电信息），远程接通和开断、装置干扰和窃电检测、电压越界检测，也支持分时电价或实时电价和需求侧管理。智能表计还有一个十分有效的功能，在检测到失去供电时，表计能发回断电报警信息。

3. 智能电表的优点

智能电表有许多优点，包括降低成本、节能、更可靠的电力供应、更好的防窃电措施等。图 8-7 体现了传统电表和智能电表在供电系统中的不同作用。

4. 煤矿供电系统中智能电表实例

（1）构成原理

如图 8-8 所示为国内某煤矿供电企业的煤矿供电系统中使用的智能电表原理图。

电表由供电单元、测量单元、通信单元、数字处理单元、输入检测单元、控制输出单元等组成，是基于微电子技术、计算机技术、电测量技术、通信技术、数字信号处理技术等研制而成；用于计量额定频率 50/60Hz 三相三线制、三相四线制电网中三相有功与无功电能、分相有功电能，并能实时测量电压、电流、用电功率等电网参数；能正确追溯电网供用电过程中发生的各类事件，并能根据用户需求关联报警开关；具有远程 RS485 通信接口及专用红外接收电路；按键翻页功能可扩展至外部箱体。

该智能电表可采用三相四线接入，以及三相三线接入两种方式。

（2）主要功能

其主要功能包括电能计量、结算、费率与时段、电量冻结、自检与指示、负荷曲线记录、事件记录。

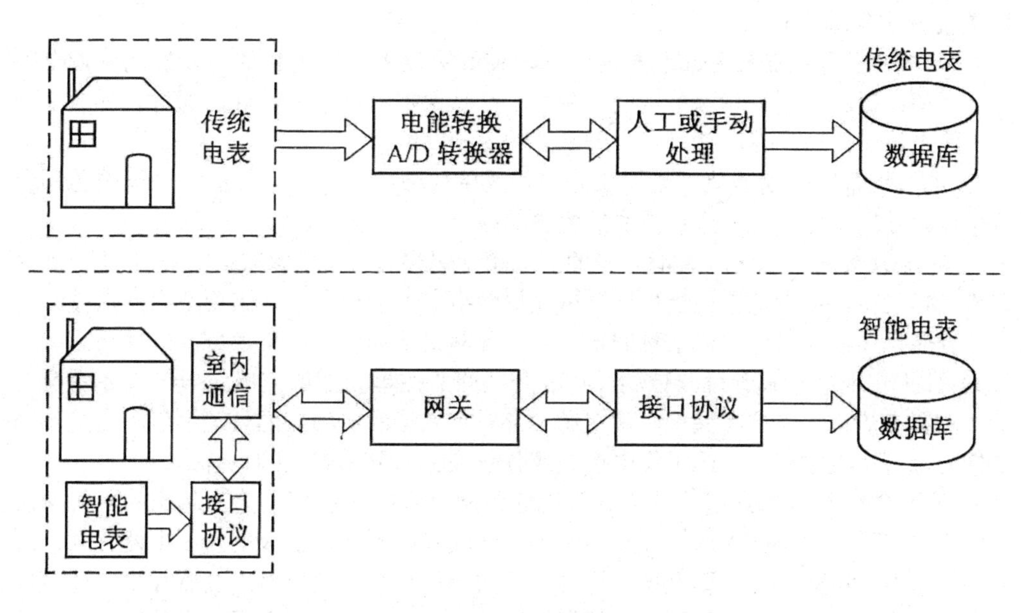

图 8-7 传统电表与智能电表的比较

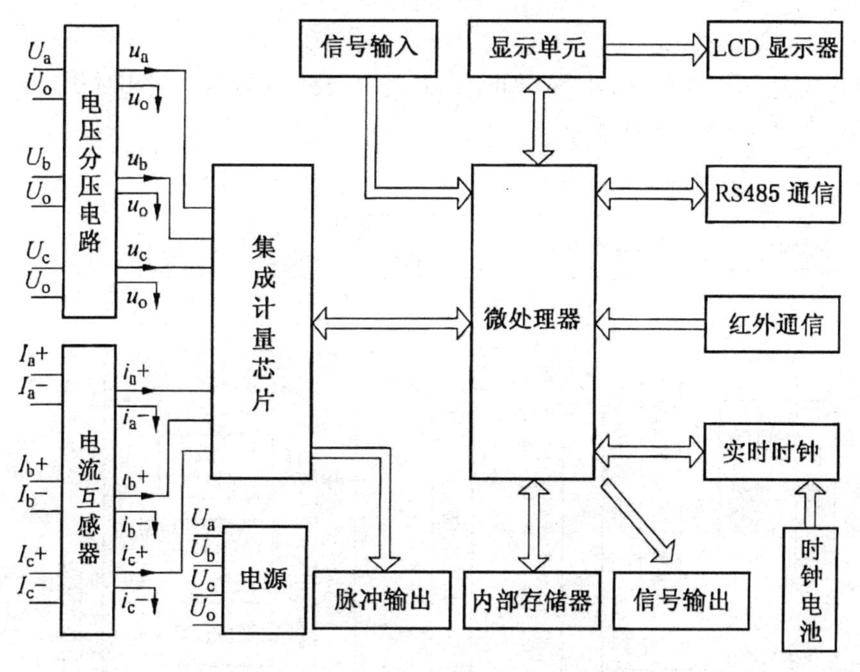

图 8-8 国内某煤矿供电企业的煤矿供电系统中使用的智能电表原理

(二) 智能开关

智能化开关设备，简称智能开关，由一次开关电气元件和智能监控单元组成。智能监控单元不仅可取代原有开关设备二次系统的测量、保护和控制功能，还能记录设备各种运行状态的历史数据、各种数据的现场显示，并通过数字通信网络向系统控制中心传送各类现场参数，接受系统控制中心的远方操作和管理。

1. 智能开关的基本特点

（1）智能开关采用微机处理和控制技术，使开关设备运行现场的各种被测参量全部采用数字处理，提高了测量和保护精度，减小了产品保护特性的分散性，通过软件改变处理算法，使之不必改动硬件，就可以实现不同的保护功能。

（2）电气设备的多功能化。采用微处理器或单片微机对智能开关运行现场的各种参量进行采样和处理，可以集成用户需要的各种功能。

（3）智能开关的网络化。智能开关的监控单元以微处理器为核心，实际上就是独立的计算机控制设备，可以把它们当作计算机通信网络中的通信节点，采用数字通信技术，组成电器智能化通信网络，完成信息的传输，实现网络化的管理和设备资源的共享。

（4）真正实现分布式管理与控制。智能开关的监控单元能够完成对电气设备本身及其监管对象要求的全部监控和保护，使现场设备具有完善的、独立的处理事故和完成不同操作的能力，可以组建完全不同于集中控制或分散控制的分布式控制系统。

（5）真正的全开放式系统。采用计算机通信网络中的分层模型建立起来的电气智能化通信网络，可以实现不同生产厂商、不同类型但具有相同通信协议的智能电器互联，进行资源共享，不同厂商产品可以互换，达到系统的最优组合。通过网络互联技术，还可以把不同地域、不同类型的电气智能化通信网络连接起来，实现全国乃至世界范围内的开放式系统。

2. 智能开关基本结构

智能开关由一次电路中的开关（如断路器），以及一个物理结构相对独立的智能监控单元组成，其原理结构如图 8-9 所示。

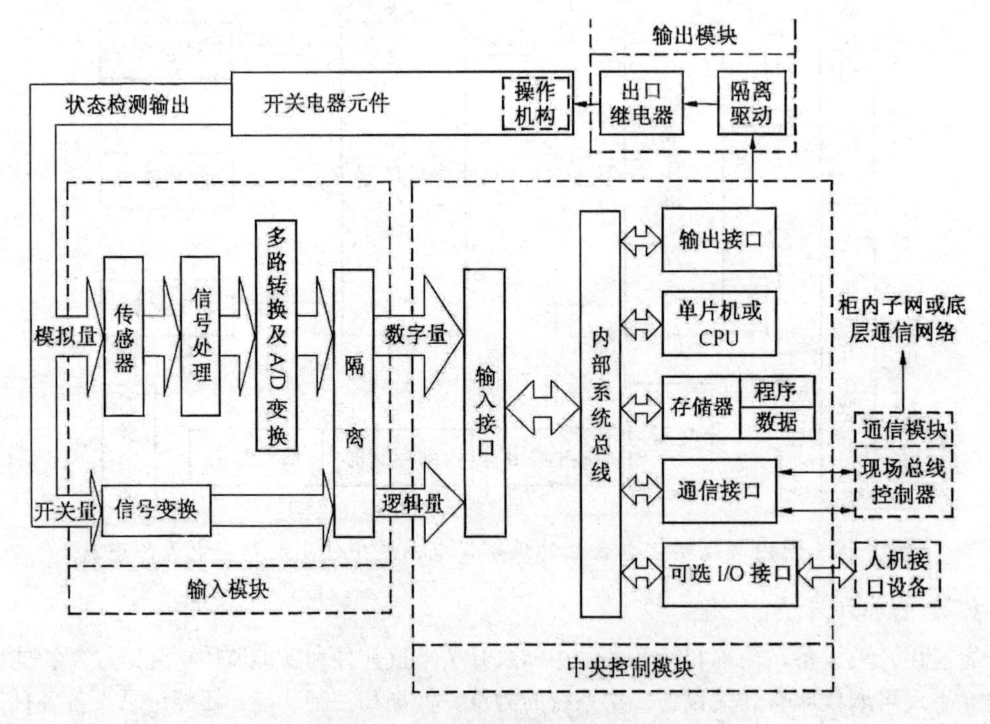

图 8-9　智能开关原理结构图

智能监控单元包括输入模块、中央控制模块、输出模块、监控模块和通信模块等。输入模块的信号主要来自开关设备和保护的对象，如线路、变压器、功率因数补偿装置等的运行参数，包括模拟量和开关量两类信号。

中央控制模块是一个以微机 CPU 或单片微机为中心的最小系统，完成对开关电气元件运行状态和参数的处理，并根据处理结果或系统控制中心下达的命令，判断开关电气元件当前是否进行合、分操作，是否有故障并识别故障类型，以及根据不同故障，按不同的方式（如反时限、短时限、瞬动等）输出保护控制信号。

作为供电系统自动化的底层和现场设备，智能开关成套设备需要将大量受控设备现场记录传至系统控制室中上位机，接受上位机传来的各种操作命令和网络重组命令，其通信模块需要完成与上位机之间的信息传递。

此外，作为成套开关设备，内部一次电气元件与控制单元间，不同设备的一次元件单元间往往需要互相连锁，因此输出模块不仅需要输出本设备执行元件的操作信号，还需要输出各种联锁信号，输出开关量较多。

成套开关设备一次元件应包括开关柜内所有安装一次电路侧的电气元件，如电压互感器、电流互感器、隔离开关、执行电器（断路器、接触器、负荷开关）、接地开关等。控制单元通过电压、电流互感器取得开关设备控制和保护对象的运行参数，从接地开关和各种机械联锁开关取得相关的状态信息，用作单元输入模块的输入。

3. 智能断路器

智能断路器是用微电子、计算机技术和新型传感器建立的新的断路器二次系统。其主要特点是由电力电子技术、数字化控制装置组成执行单元，代替常规机械结构的辅助开关和辅助继电器。

新型传感器与数字化控制装置相配合，独立采集运行数据，可检测设备缺陷和故障，在缺陷变为故障前发出报警信号，以便采取措施避免事故发生。智能断路器实现电子操动，变机械储能为电容储能，变机械传动为变频器经电机直接驱动，机械系统可靠性提高。

在目前阶段，智能断路器得到了相应的发展，具有智能操作功能的断路器是在现有断路器的基础上引入智能控制单元，它由智能识别、数据采集和调节装置 3 个基本模块构成。其工作原理如图 8-10 所示。

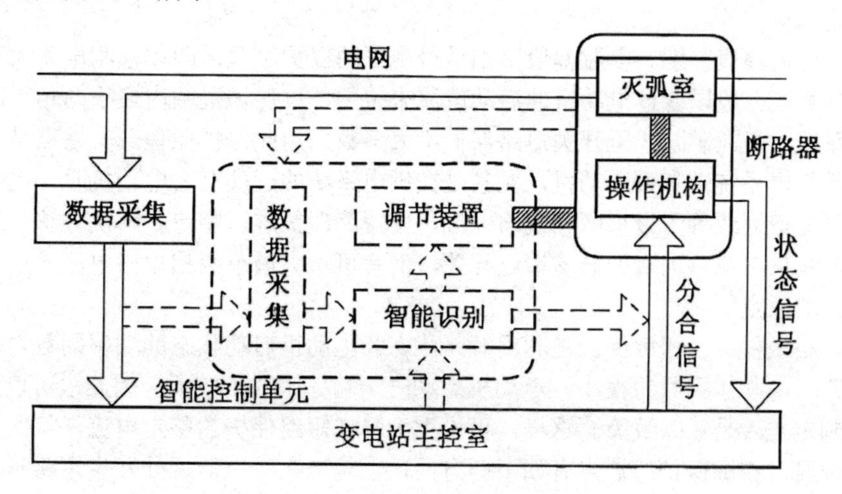

图 8-10 智能断路器工作原理

图中实线部分为现有断路器和变电所的有关结构和相互关联。智能识别模块是智能控制单元的核心，由微处理器构成的微机控制系统，根据操作前所采集到的电网信息和主控制室发出的操作信号，自动地识别操作时断路器所处的电网工作状态，根据对断路器仿真分析的结果决定出合适的分合闸运动特性，并对执行机构发出调节信息，待调节完成后再发出分合闸信号。

数据采集模块主要由新型传感器组成，随时把电网的数据以数字信号的形式提供给智能识别模块，以进行处理分析。调节装置由能接收定量控制信息的部件和驱动执行器组成，用来调整操动机构的参数，以便改变每次操作时的运动特性。此外，还可根据需要加装显示模块、通信模块，以及各种检测模块，以扩大智能操作断路器的智能化功能。

智能断路器基本工作模式是根据监测到的不同故障电流，自动选择操作机构及灭弧室预先设定的工作条件，如正常运行电流较小时以较低速度分闸，系统短路电流较大时以较高速度分闸，以获得电气和机械性能上的最佳分闸效果。

这种智能操作要求断路器具有机构动作时间上的可控性，目前断路器常用的气动操作机构、液压操作机构和弹簧操作机构由于中间转换介质等因素，控制时间离散性大，其运动特性很难达到理想的可控状态。采取电磁操作机构的断路器利用电容储能、永磁保持、电磁驱动、电子控制等技术，当机构确定后运动部件只有一个，没有中间转换介质，分合闸特性仅与线圈参数有关，可以通过微电子技术来实现微秒级的控制，通过对于速度特性控制实现断路器的智能化操作。

智能操作断路器的工作过程是，当系统故障由继电保护装置发出分闸信号或由操作人员发出操作信号后，首先启动智能识别模块工作，判断当前断路器所处的工作条件，对调节装置发出不同的定量控制信息而自动调整操作机构的参数，以获得与当前系统工作状态相适应的运动特性，然后使断路器动作。

4. 智能馈电开关

（1）智能馈电开关所采用保护的原理及实现

①过流、过载保护

目前，用于煤矿井下低压供电短路保护的原理有电流幅值鉴别、相敏保护、电流不平衡保护、断相保护等。

第一，电流幅值鉴别。电流幅值鉴别是最常见的保护原理，即以检测电流大小来鉴别有无短路故障。一般以躲过电动机的启动电流来整定，以保护范围内最小两相短路电流来校验灵敏系数。目前矿井低压开关短路保护绝大多数采用此保护原理。其缺点是当供电距离长，并且供电系统中有大电动机，尤其是在供电系统的近处有大电动机时，电动机的启动电流有可能接近或等于最小两相短路电流，使短路保护难以整定。解决方法一般是增大电缆截面或在供电线路远端加分支馈电开关，前者可增大最小两相短路电流，后者可以减小短路保护的整定值。

第二，相敏保护。相敏保护是利用短路状态和电动机启动状态的功率因数角差别来实现的。短路时，功率因数角很小，电动机启动时，功率因数角较大。因此，可以用 Icospp 的大小来判定是否是短路故障。这样，可以大大降低短路保护的整定电流，从而提高短路保护的灵敏度。相敏保护的缺点有如下两方面，一是当在变压器近处发生短路时，由于变压器的阻抗是感性的，因此功率因数也很低，可能出现保护死区；二是相敏保护安装时要保证相序的正确，否则不能正常工作，反而可能发生误动作。

第三，电流不平衡保护。

当发生两相短路或有断相故障时，故障电流是不对称的，而电动机的启动电流是对称的。因此，可以利用微机有长记忆的特点，对对称故障和不对称故障分别整定，降低不对称故障整定值，从而提高短路保护的灵敏度。

采用电流不平衡保护原理安装时无须考虑电源的相序，不易发生错误，也便于与过载过流保护配合，并且还不存在相敏保护的缺点——有“动作死区”。

第四，断相保护。断相保护可以归入不平衡故障内，即采用电流不平衡原理来工作。

②漏电保护与漏电闭锁

第一，附加直流电源的漏电保护。在三相电网中附加一独立的直流电源，使之作用于三相电网与大地之间，这样，在三相对地的绝缘电阻上将有一直流电流流过，该电流的大小直接反映了电网对地绝缘电阻的变化。有效地检测和利用该电流，就可以构成附加直流电源检测式漏电保护。

第二，零序电流方向保护。零序电流方向保护是利用故障支路零序电流方向与非故障支路零序电流方向相反的原理，来判断故障选线。该保护的最大优点是漏电故障动作有选择性，可大大提高供电的可靠性。但这种保护一是只能反映不对称漏电故障，不能反映对称漏电故障，因此必须与附加直流电源原理漏电保护配合使用，形成漏电保护系统；二是零序电流方向保护要求零序电流不仅要有一定的幅值，同时不能随便改变其流向，因此不允许再采用中性点电抗接地方式，并且一般为保护装置正确动作，要在中性点加电容或电阻，这会增大人身触电电流和接地电流，对安全是不利的。

第三，漏电闭锁。漏电闭锁一般均采用附加直流电源的方法来实现。

（2）煤矿井下低压供电系统的智能馈电开关的硬件组成

如图 8-11 所示，为煤矿井下低压供电系统的馈电开关的硬件组成。

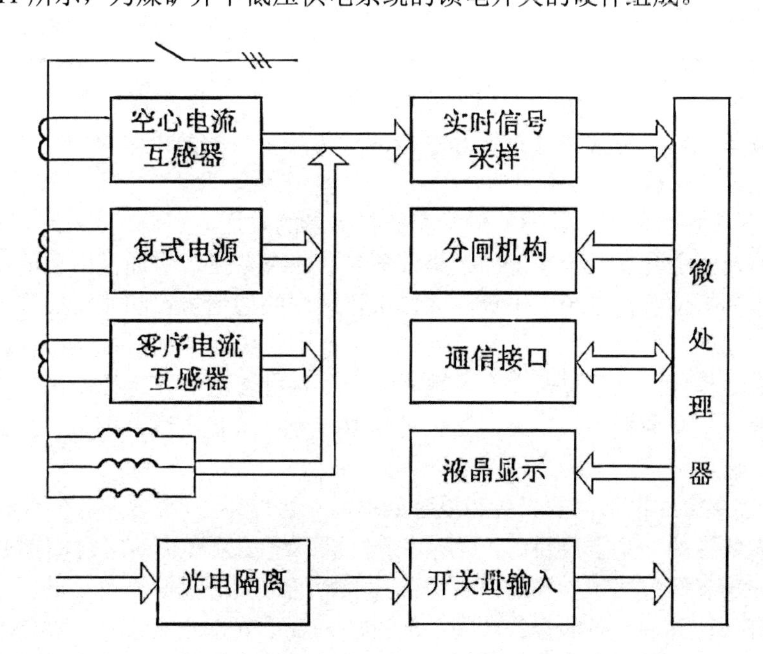

图 8-11　煤矿井下低压供电系统的馈电开关的硬件组成

如图 8-11 所示的硬件组成中，微处理器可采用单片机或 DSP。过流保护采用电流幅值鉴别保护、相敏保护、电流不平衡保护相结合的保护方法，并具有反时限特性，能很好地解决过载、过流保护的可靠性与灵敏性问题。

漏电保护采用零序电流方向原理的选择性漏电保护和附加直流电源总检漏继电器组成的选择性漏电保护系统。附加直流电源总检漏继电器可作为供电系统的总绝缘监视，可作为供电系统的对称性漏电故障的保护，还可作为分支馈电开关选择性漏电保护的后备保护。

选择性漏电保护和漏电闭锁的任务是，作为分支线路的非对称性漏电故障的主保护；当分支线路有漏电故障时，闭锁开关，不允许带故障合闸。考虑馈电开关的通用性，总馈电开关和分支馈电开关保护功能相同，用一个开关设置、区分是用于总馈电开关或是分支馈电开关保护功能。

保护电路由电流互感器、零序电流互感器、零序电抗器、主控板、显示器等组成。电流互感器获得与一次侧电流成正比的电流信号；零序电抗器、零序电流互感器获取零序电流、零序电压信号及判别零序电流方向；复式电源提供单片机所需电源及附加直流等；主控板对采集的模拟量及开关量进行快速的采样并完成各种运算处理；显示器以中文形式设定参数、实时读数等，显示器上还设有3个按钮，通过操作可随时对保护器的参数进行设定。

二、煤矿供电 SCADA 系统

SCADA 系统，即数据采集与监视控制系统，它综合利用计算机技术、控制技术、通信与网络技术，完成对测控点分散的各种过程或设备的实时数据采集，本地或远程的自动控制，以及生产过程的全面实时监控，并为安全生产、调度、管理、优化和故障诊断提供必要和完整的数据及支持。SCADA 系统是实现煤矿供电智能化过程中不可或缺的。

（一）SCADA 概述

1. SCADA 系统功能

SCADA 系统可以对现场的运行设备进行监视和控制，以实现数据采集、设备控制、测量、参数调节，以及各类信号报警等功能。从传统用户的角度来讲，它主要解决以下 3 个问题。

（1）设备各种参数状态数据的采集和控制信息的发送。

这部分涉及两个含义。一是怎样采集设备参数状态数据，它通常由智能设备生产厂家解决，以及作为下位机在市场中出售，并提供可编程的通信协议和协议处理芯片。二是设备生产状态数据如何传递到上位机系统处理。目前上位机通常通过标准串口或 1/0 卡运行专用的上层采集模块，从下位机中实时地采集设备各种参数和发送控制信息；解决问题效率的高低表现在采集周期的长短上，这也是衡量一个系统是否适合于某个行业的一个重要指标。目前上位机可达到平均毫秒级的采集周期。

（2）监控参数的图形动画表达和报警处理。

报警作为监控的一个重要目的，是所有上位机系统必须解决的问题。如果说各种图形、图像、动画、声音等方式用于表达设备的各种参数运行状态是必不可少的话，那么若上位机系统不能有效地处理设备的报警状态，所有的表现形式都是多余的。评价上位机系统可靠性和高效性的一个重要指标是看它能否不遗漏地处理多点同时报警。

（3）事故追忆和趋势分析。

监控的另外一个目的是评价生产设备的运转情况和预测系统可能发生的事故。在发生事故时能快速地找到事故的原因，并找到恢复生产的最佳方法。从这个意义出发，实时历史数据的保留和系统操作情况记录变得非常重要。因而评价一个 SCADA 系统时，其功能强弱最为重要的指标之一就是对实时历史数据记录和查询的准确和高效程度。

2. SCADA 系统发展历程

SCADA 系统自诞生之日起就与计算机技术的发展紧密相关。SCADA 系统发展至今已经经历了三代。

第一代是基于专用计算机和专用操作系统的 SCADA 系统，如电力自动化研究院为华北电网开发的 SD176 系统，以及在日本日立公司为我国铁道电气化远动系统所设计的 H-80M 系统。

第二代是 20 世纪 80 年代基于通用计算机的 SCADA 系统，在第二代中，广泛采用 VAX 等其他计算机及其他通用工作站，操作系统一般是通用的 UNIX 操作系统。在这一阶段，SCADA 系统在电网调度自动化中与经济运行分析、自动发电控制（AGC）、网络分析相结合，构成了 EMS 系统（能量管理系统）。第一代与第二代 SCADA 系统的共同特点是基于集中式计算机系统，并且系统不具有开放性，因而系统维护、升级，以及与其他联网都面临很大困难。

第三代是 20 世纪 90 年代按照开放的原则，基于分布式计算机网络，以及关系数据库技术能够实现大范围联网的 EMS/SCADA 系统。这一阶段是我国 EMS/SCADA 系统发展最快的阶段，各种最新的计算机技术都汇集进 EMS/SCADA 系统中。这一阶段也是我国对电力系统自动化，以及电网建设投资最大的时期，国家加大资金投入，改造城乡电网，高度重视电力系统自动化，以及电网建设。

第四代 EMS/SCADA 系统的基础条件已经或即将具备，预计将于 21 世纪初诞生。该系统的主要特征是采用 Internet 技术、面向对象技术、神经网络技术，以及 JAVA 技术等，继续扩大 EMS/SCADA 系统与其他系统的集成，综合安全经济运行，以及商业化运营的需要。

3. SCADA 系统组成

SCADA 系统包括三个部分，一是分步式的数据采集系统，即智能数据采集系统，也就是通常所说的下位机；二是过程控制与管理系统，也就是通常所说的上位机；三是数据通信网络。SCADA 系统结构如图 8-12 所示。

下位机一般意义上通常指硬件层上的，即各种数据采集设备，如各种 RTU、FTU、PLC 及各种智能控制设备等。这些智能采集设备结合于生产过程和事务管理的设备、仪表，实时感知设备各种参数的状态，并将这些状态信号转换成数字信号，通过特定数字通信或数字网络传递到上位机系统中；在必要时，这些智能系统也可以向设备发送控制信号。上位机 HMI 系统在接收这些信息后，以适当的形式如声音、图形、图像等方式显示给用户，以达到监视的目的，同时数据经过处理后，告知用户设备各种参数的状态（报警、正常或报警恢复），这些处理后的数据可能会保存到数据库中，也可能通过网络系统传输到不同的监控平台上，还可能与别的系统（如 MIS、GIS）结合形成功能更加强大的系统；上位机还可以接收操作人员的指示，将控制信号发送到下位机中，以达到控制的目的。另外，数据通信网络包括上位机通信网络、下位机通信网络，以及上位机与下位机连接的通信网络。

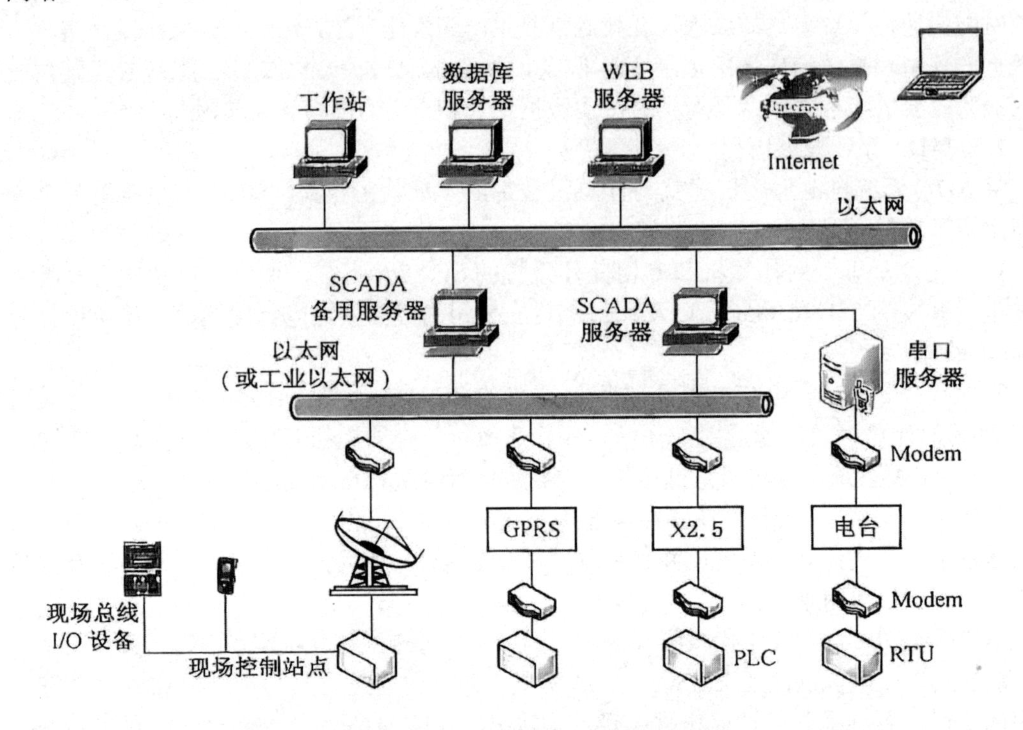

图 8-12　SCADA 系统结构图

（二）SCADA 数据库

数据库是 SCADA 系统的核心，大部分的 SCADA 程序都是围绕数据进行工作的，如图 8-13 所示。

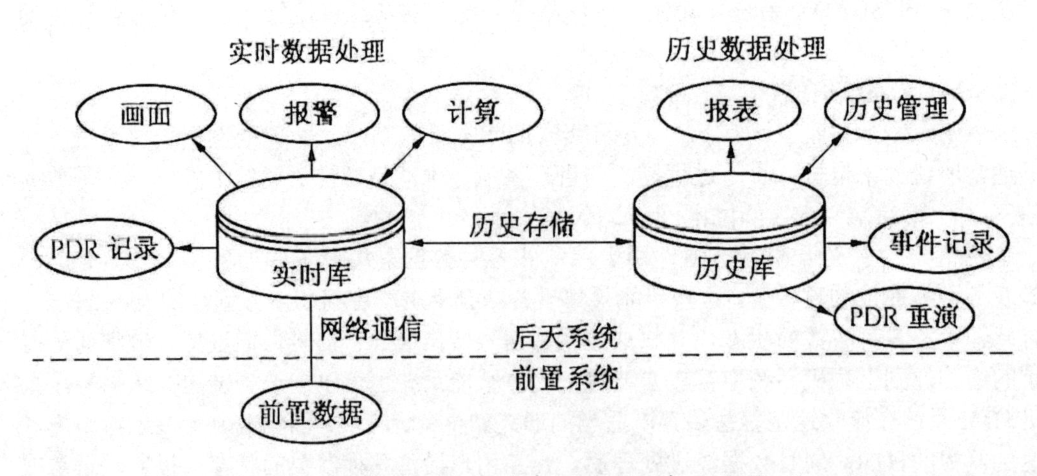

图 8-13　数据库在 SCADA 中的位置

SCADA 数据库由实时数据库和历史数据库组成。实时数据库主要存储需要快速更新和在线修改的数据库，如遥测表、遥信表、计算表达式表等。历史数据库采用商用数据库实现，用于存储历史的电网状态数据、报警信息和维护操作信息等。

（三）SCADA 系统的评价指标

SCADA 系统是整个电网调度管理的心脏，其任务是采集来自电网生产与传输过程中的数据和信息，并加以分析和显示，调度人员利用这些信息指导电网生产和运行。调度自动化系统的设计有以下指标。

1. 系统可用率

系统可用率定义如下。

可用率＝运行时间 /（运行时间＋停运时间）×100%

系统总的可用率要求≥ 99. 9%，关键元件≥ 99. 99%。为保证达到要求的可用率，元件配置必须考虑冗余。

2. 数据合格率

系统要求通信信道传输差错少，数据采集准确，按国家标准如下。

（1）信道比特差错率≤ 1×10^{-4}。

（2）遥信正确率≥ 99%。

（3）遥测准确率≥ 98%。

3. 系统响应时间

系统响应时间是指从请求功能的瞬间到输出可用结果的时间。常用的指标如下。

遥信变位传送至主站≤ 3s。

重要遥测越限传送至主站≤ 3s。

遥控遥调命令下送至子站≤ 3s。

有实时数据画面整幅调出时间≤ 5s。

画面刷新周期≤ 5s。

4. 系统可维护性

系统可维护性是指系统能够进行维护和更新而不影响系统的正常运转。这要求系统的硬件、软件设计有良好的可扩展性和模块化。

（四）煤矿供电 SCADA 系统

如图 8-14 所示为一种煤矿供电 SCADA 系统硬件结构。

该系统的服务器、前置机、通道均采用双份热备用运行模式，实现双机双网结构，各部分较为独立，系统的可靠性高。系统的终端 RTU 采用交流采样装置或直流采样装置（需用变送器），RTU 分站最大容量可达到 256 个。

系统中的调制解调器、终端服务器、前置机都是双份配置，共同组成前置通信系统，担负着对各分站 RTU 远动信息的接收、预处理及发送工作。在前置机上接入 GPS 卫星时钟，为系统提供标准时间。网络服务器采用主、备运行模式，负责数据库系统管理，还可担当维护工作站角色。

Web 服务器负责系统信息往 Internet 网上发布；转发工作站向上级调度及发电厂等单位转发其需要的相关信息；上屏机提供上屏接口，实现远动实时信息模拟屏显示；其他工作站根据用户权限级别区分调度工作站和工程师工作站。

系统配置两台打印机，一台打印报表，一台打印实时告警信息。该系统基于客户 / 服务器体系结构，由服务器系统和客户机系统两大部分组成。服务器是系统的核心，它的任务是数据维护和数据处理。前置机和调度工作站是系统客户机部分，前置机主要负责接收各 RTU 分站采集的信息，调度工作站负责提供用户界面，系统通过网络将服务器与客户机有机结合。

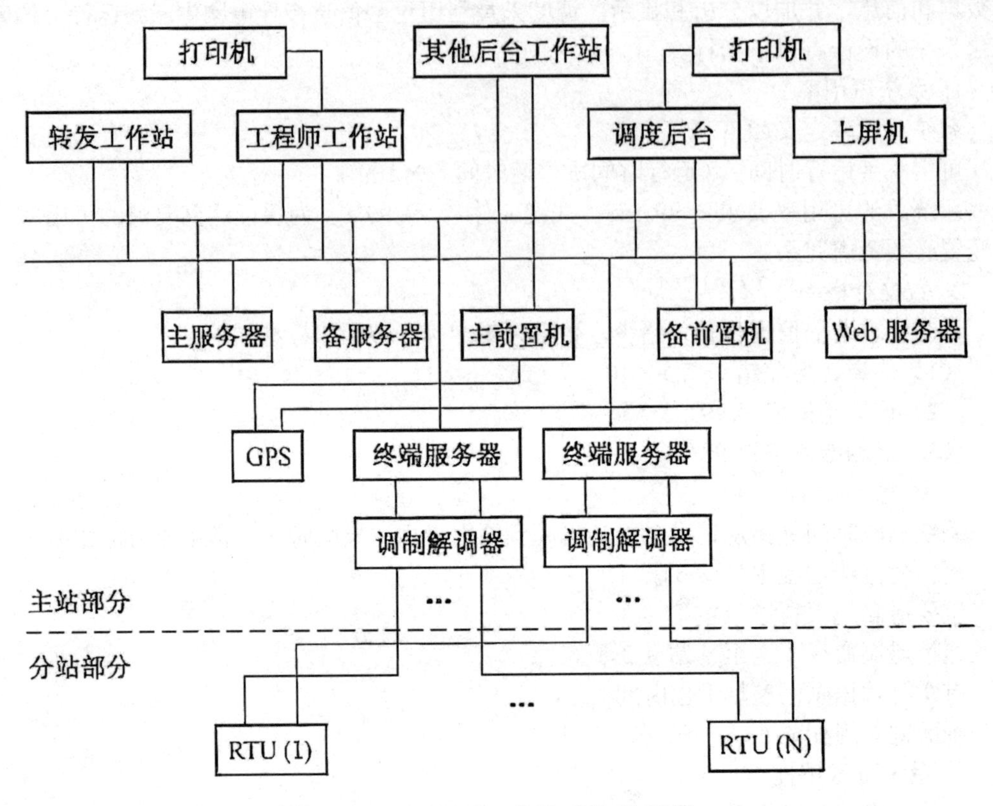

图 8-14 SCADA 系统硬件结构图

煤矿供电 SCADA 系统的主要功能如下。

1. 数据采集功能

数据采集功能是由调度中心的主站系统和远方终端 RTU 及相关的通信系统共同完成的，远方终端 RTU 负责采集由 PT、CT、电度表等测量的现场原数据，并进行必要的处理以适应通信系统的需要。数据信息经通信系统传到主站系统，主站系统将数据转换成工程量，再提供给人机联系系统，显示给调度运行人员。

由远方终端 RTU 采集到的远方数据大体分为模拟量（即遥测量）、状态量（即遥信量）、脉冲量、电度量。

模拟量采集内容包括主变压器及输电线路有功功率 P、无功功率 Q、电压 U、电流 I、系统频率 f、主变压器油温及系统功角等。

状态量采集内容包括断路器位置信号、继电保护事故跳闸总信号、预告信号、刀闸信号位置、自动装置动作信号、变压器分接头位置信号、装置电源停电信号、通道故障信号、远动系统的自检信号、事件顺序记录 SOE 及机组运行状态信号等。

脉冲量采集内容包括各远方终端 RTU 送来的脉冲电度量等。

电度量采集内容包括包括两项登录内容，一个连续计数器和一个时间间隔记录，电度量一般由脉冲计数得到。

2. 数据传输功能

（1）与上位机调度监控系统通信或信息转发。

（2）通信规约的转换。

（3）主站端可以和多个 RTU 通信（包括定时向 RTU 发送核对命令）。

3. 数据处理功能

（1）模拟量处理

①将生成数据转换成工程量。

②近似为零的值置为 0，可设定每个值的归零范围，用以消除零漂。

③越限检查，通过数据库为每个遥测值规定其上限和下限，以检查数据合理性。

④积分计算和平均值计算，如对实时功率进行积分及求平均值等。

⑤最大值及最小值计算，将遥测量在某一时间段内出现的最大值（及时间）、最小值（及时间）一同存入数据库。

⑥按一定的格式存入数据库，存入数据库的遥测量由时标、过程值、状态及量纲单位组成。其中，状态是指正常、越上限、越下限、人工数据、坏数据等。

（2）状态量处理

①描述电网的运行状态，包括各断路器（开关）位置、各刀闸位置、各变压器分接头位置、各种保护出口接点动作状态及各通道运行工况。

②确认遥信的类型（开关、刀闸、预告、事故等），根据开关变化、保护动作及事故总信号来判断是正常变位还是事故变位；告警窗口记录事件内容及发生时间，并可配备语音报警，自动推出厂站工况图等；判断是否因遥控引出的变化。

③处理后的信息能以下述方法进一步处理，如告警系统、历史数据库保存、事故打印及表格显示、事故追忆等；对遥信信息进行极性处理（“1”为合闸，“0”为分闸），并将信息存入数据库，能处理双位遥信。

④开关动作次数统计。统计变位次数并按事故变位和操作变位分类存入数据库，对应检修的开关能自动提示。

（3）电度量处理

①周期采集脉冲值，计算电度量（总电度、周期内电度）。

②能处理电量采集器采集的脉冲电表和智能电表的数据。

③自动判别数据的有效性、合理性。

④设定峰、谷、平时段，分时计算统计各时段电量。

⑤对各时段电量按不同费率进行电费计算。

4. 电网控制功能

SCADA 系统的电网控制功能主要是指遥控和遥调功能。

遥控操作就是开关量输出的结果，通过遥控可在调度中心实时地对远方厂站断路器（及电动刀闸）进行合 / 分操作，控制远方厂站无功补偿电容器组和电抗器的投 / 切，也可以改变有载调压变压器分接头的挡位。

遥调操作可以以数字量方式输出，有时也以模拟量方式输出，其操作步骤如下。

（1）通过人机界面由操作人员招呼显示对象的现有遥测值。

（2）操作人员修改遥测值并发送。

（3）厂站 RTU 校检遥调值并返送校检结果。

（4）操作人员收到返回信息后确认执行。

（5）厂站 RTU 执行遥调并将相关的遥测量回送调度中心。

5. 报表功能

（1）报表定义

报表即根据用户需要，自行定义报表的项目和内容，以及报表显示的形式（如文字报表、图形报表、曲线报表等形式）。

（2）报表生成

按要求生成日、月、年报表，随时可以按要求生成其他常用或特殊的报表。

（3）参数设置

参数设置即对与报表相关的各项参数进行输入、修改操作。

（4）交接班记录报表

交接班记录报表记录接班时各种设备状态及人员情况。

（5）报表浏览

可以在屏幕上直接阅读各种报表。

6. 人机联系功能

人机联系具体功能如表 8-1 所示。

表 8-1　人机联系功能表

序号	分类	功能
1		煤矿电网潮流图
2		调度自动化系统运行状态
3		厂站一次实时接线图
4	画面	厂站实时数据显示
5	显示	24h 负荷曲线、电压棒图
6	操作	发送遥控命令
7		修改 RTU 监控定值
8		修改实时数据
9		图形报表生成修改软件包
10		历史数据库
11		厂站主设备参数
12		定时打印
13	汉字打印	召唤打印
14		事件驱动打印

7. 动态线路着色功能

用不同的线路颜色来表示电网运行状况，并随着线路运行状态的改变而改变。

8. 接线图描述功能

供电网结构接线图与地理接线图的结合，可以形象地反映出供电网的地理走向和区域划分，便于工况监视和故障处理。

第四节　煤矿灾害预警防治及安监系统自动化

当前，国内市场经济高速蓬勃发展，不同领域正在积极创新信息化，尤为突出的是煤矿行业。针对煤矿井下重大危险源实施高效监测与预警，能够最大程度地减少技术员人身与财产损害，以及瓦斯与爆炸产生概率。因此，有必要高度重视煤矿井下重大危险源监测及预警系统的实践意义。本书从创建监测网格化与预警体系，搭建信息收集和处置体系等不同方面着手，全方位地阐述了煤矿井下重大危险源监测及其预警系统的规划实施方案。

一、煤矿井下重大危险源监测及其预警体系的必要性

煤矿井下重大危险源监测及其预警体系是当前煤矿安全工作中的一个重要课题。煤矿生产环境异常复杂，危险源众多，煤矿生产中常常会出现煤与瓦斯突出、矿山地质灾害、火灾爆炸等重大安全事故。因此，建立煤矿井下重大危险源监测及其预警体系对于保障煤矿安全生产、防范和避免事故发生具有重要的现实意义和必要性。

（一）保障煤矿安全生产

煤矿是一个高危险性的行业，煤矿井下存在大量的危险源。如何有效地监测和识别这些危险源，对于保障煤矿安全生产至关重要。煤矿井下重大危险源监测及其预警体系可以对井下危险源进行实时监测和掌控，及时发现和预警可能存在的危险源，有效地避免事故的发生，保障煤矿安全生产。

（二）防范和避免事故发生

建立煤矿井下重大危险源监测及其预警体系，可以有效地防范和避免事故的发生。通过对井下危险源的实时监测和掌控，及时发现和预警可能存在的危险源，可以采取措施进行处理和控制，避免危险源演化成安全事故，降低煤矿生产中的安全风险。

（三）降低事故损失

煤矿井下重大危险源监测及其预警体系的建立，可以在事故发生时及时发出预警，避免事故进一步扩大和蔓延，从而有效地降低事故损失。在煤矿事故发生时，可以通过预警体系及时发出警报，采取措施进行救援和抢救，最大限度地降低事故损失。

（四）推动煤矿安全生产的现代化

煤矿井下重大危险源监测及其预警体系的建立，可以推动煤矿安全生产的现代化。现代化的煤矿安全生产需要借助信息化技术和智能化设备，建立起科学、精细、高效的管理体系。煤矿井下重大危险源监测及其预警体系是现代化煤矿安全生产的重要组成部分，可以提高煤矿安全生产的管理水平，推动煤矿安全生产的现代化发展。

（五）符合国家政策和法规的要求

随着国家对煤矿安全生产的重视，相关政策和法规越来越完善。煤矿井下重大危险源监测及其预警体系是符合国家政策和法规要求的重要措施之一。在煤矿安全生产法律法规

的指导下，建立煤矿井下重大危险源监测及其预警体系，可以提高煤矿安全生产的法治化水平，推动煤矿安全生产规范化、科学化、智能化发展。

总之，建立煤矿井下重大危险源监测及其预警体系对于保障煤矿安全生产、防范和避免事故发生、降低事故损失、推动煤矿安全生产的现代化，以及符合国家政策和法规的要求具有重要的现实意义和必要性。为此，需要加强技术创新和研发，建立科学的管理体系，推进信息化和智能化技术在煤矿安全生产中的应用，提高煤矿安全生产的水平和质量，推动煤炭产业可持续发展。

二、煤矿井下重大危险源监测及其预警体系存在的缺陷和解决措施

煤矿井下重大危险源监测及其预警体系是煤矿安全生产中的重要环节，可以提高煤矿安全生产的管理水平，防范和避免事故的发生，减少事故损失，促进煤矿安全生产的现代化发展。但在实践中，煤矿井下重大危险源监测及其预警体系也存在一些缺陷和问题。本书将从多个方面详细介绍这些问题，并提出相应的解决方案。

（一）监测设备和技术不足

煤矿井下重大危险源监测主要依靠传感器、检测仪器等设备和技术，可以实时监测井下各种危险源的情况，并将监测数据传输到计算机系统中进行分析和处理。然而，监测设备和技术不足是当前煤矿井下重大危险源监测及其预警体系面临的一个主要问题。具体表现在以下 3 个方面。

1. 监测手段不够全面

现有的监测手段主要针对井下瓦斯、煤尘、温度等危险源进行监测，但对于其他危险源的监测手段还不够完善。例如，对于井下水文地质的监测，目前仍存在一些困难。

2. 监测设备准确性有待提高

现有的监测设备虽然可以实现井下危险源的实时监测，但其准确性仍然有待提高。例如，瓦斯传感器在监测时受到煤尘、水汽等干扰会影响准确性。

3. 监测设备的可靠性有待提高

目前的监测设备往往需要长时间的运行，而且在恶劣的井下环境中容易受到损坏，导致监测数据的不准确或丢失，影响了预警的效果。

为了解决上述问题，需要加强监测设备和技术的研发和改进，采用更先进的监测技术和设备，提高监测数据的准确性和可靠性。例如，可以使用红外线传感器、激光测距仪等设备来监测井下瓦斯和煤尘等危险源，以提高监测数据的准确性。

（二）监测数据处理不够及时

在煤矿井下重大危险源监测及其预警体系中，监测数据需要及时处理和分析，以便及时发现和预警井下的危险源。然而，在实践中，监测数据处理不够及时是一个主要问题。具体表现在以下 3 个方面。

1. 数据处理效率低下

由于井下监测数据的复杂性和数量庞大，导致数据处理效率低下，无法满足实时监测和预警的需求。

2. 数据处理的准确性有待提高

在数据处理过程中，由于数据的复杂性和不确定性，导致数据处理的准确性有待提高。

这可能会导致误报、漏报和延迟报警等问题。

3. 数据处理的专业性不足

煤矿井下重大危险源监测及其预警体系需要专业的数据处理人员进行数据处理和分析，但目前相关人才的培养和储备还不够充分，导致数据处理的专业性不足。

为了解决上述问题，需要采取以下措施。

其一，引入人工智能、大数据等技术手段。可以使用人工智能、大数据等技术手段来提高监测数据处理效率和准确性，以快速准确地识别危险源并进行预警。

其二，加强数据处理人才的培养和储备。需要加强数据处理人才的培养和储备，提高其专业性和技能水平，以提高数据处理的准确性和效率。

其三，建立专业的数据处理中心。可以建立煤矿井下重大危险源监测数据处理中心，统一管理监测数据的收集、处理和分析，提高数据处理的效率和准确性。

（三）预警体系预案不够完备

预警体系预案是煤矿井下重大危险源监测及其预警体系的重要组成部分，对于不同的危险源，需要制订不同的预警预案。然而，在实践中，预警体系预案不够完备是一个主要问题，其具体表现在以下 3 个方面。

1. 预警体系预案覆盖面不足

现有的预警体系预案往往只覆盖部分危险源，而对于其他危险源，预警预案还不够完备。

2. 预警体系预案的实效性有待提高

现有的预警体系预案虽然能够针对危险源进行预警，但在实际应用中，预警体系预案的实效性有待提高。例如，在实际应用中，预警信号的传递和响应可能受到井下环境的限制，导致预警信息不能及时传递或响应。

3. 预警体系预案的针对性有待提高

目前的预警体系预案往往是针对某个危险源的单一预警预案，而没有考虑不同危险源之间的相互影响和协同作用。

为了解决上述问题，需要采取以下措施。

其一，完善预警体系预案。可以根据实际情况，制订覆盖面更广、预警针对性更强的预警体系预案，包括应急预案和日常管理预案等，以便应对不同情况下的危险源预警。

其二，提高预警体系预案的实效性。可以通过改进预警信号传输和响应方式、增加备用通信设备等方式，提高预警体系预案的实效性，确保预警信息能够及时准确地传递和响应。

其三，加强预警体系预案的针对性。可以采用多危险源综合预警技术，将不同危险源之间的相互影响和协同作用考虑进去，提高预警体系预案的针对性和预警的准确性。

（四）预警体系应急响应不够灵活

在煤矿井下重大危险源监测及其预警体系中，应急响应是一项至关重要的措施。应急响应需要在短时间内组织好专业人员、装备和物资，对危险源进行有效控制和处置。然而，在实践中，预警体系应急响应不够灵活是一个主要问题，其具体表现在以下 3 个方面。

1. 应急响应预案不够完善

现有的应急响应预案往往没有考虑到不同危险源之间的相互影响和协同作用，无法快速有效地响应不同情况下的危险源。

2. 应急响应装备和物资缺乏

在应急响应中，需要配备专业装备和物资，但目前往往缺乏足够的应急响应装备和物资，导致应急响应能力不足。

3. 应急响应组织不够灵活

现有的应急响应组织机制较为僵化，无法根据实际情况进行灵活组织，导致应急响应能力不够强。

为了解决上述问题，需要采取以下措施。

其一，完善应急响应预案。可以根据实际情况制订更加完善的应急响应预案，考虑不同危险源之间的相互影响和协同作用，并提高应急响应的针对性和实效性。

其二，提高应急响应装备和物资的配备。可以适时更新应急响应装备和物资，提高应急响应能力和效率，确保在应急响应中能够迅速有效地处置危险源。

其三，改进应急响应组织机制。可以建立更加灵活的应急响应组织机制，加强应急响应人员的培训和储备，提高应急响应的能力和效率。

（五）监测设备精度和可靠性不够高

煤矿井下重大危险源监测及其预警体系的精度和可靠性对预警的准确性和效果具有决定性的影响。然而，在实践中，监测设备精度和可靠性不够高是一个主要问题，其具体表现在以下 2 个方面。

1. 监测设备精度不够高

由于煤矿井下的环境复杂多变，导致监测设备的精度受到限制，无法精确地监测危险源。

2. 监测设备可靠性不够高

煤矿井下环境恶劣，监测设备易受到环境干扰和损坏，导致监测设备的可靠性不够高，影响监测的准确性和稳定性。

为了解决上述问题，需要采取以下措施。

其一，优化监测设备精度。可以采用先进的监测设备和技术手段，提高监测设备的精度和灵敏度，确保监测数据的准确性和实时性。

其二，提高监测设备的可靠性。可以在监测设备的设计、安装和维护过程中，加强对环境的考虑，提高设备的防护性和稳定性，同时加强设备的维护和检修，及时排除故障，确保设备的可靠性。

其三，完善监测数据的处理和分析技术。可以开发先进的数据处理和分析技术，对监测数据进行准确的分析和判断，提高预警的准确性和效果。

（六）法律法规和标准不够完善

煤矿井下重大危险源监测及其预警体系的建设需要符合相关法律法规和标准的要求。然而，在实践中，相关法律法规和标准不够完善是一个主要问题，其具体表现在以下 2 个方面。

1. 相关法律法规缺乏针对性

现有的法律法规往往过于笼统，缺乏针对性和实际操作性，难以有效指导煤矿井下重大危险源监测及其预警体系的建设和实践。

2. 相关标准不够完善

现有的标准往往缺乏完备性和操作性，无法很好地指导监测设备和预警体系的设计和建设。

为了解决上述问题，需要采取以下措施。

其一，完善相关法律法规。可以针对煤矿井下重大危险源监测及其预警体系的特殊性和复杂性，制定更加具体、实际的法律法规，加强对监测和预警体系的监管和管理。

其二，完善相关标准。可以加强相关标准的制定和修订，确保标准的完备性和操作性，指导监测设备和预警体系的设计和建设。

其三，加强宣传和培训。可以加强对相关法律法规和标准的宣传和培训，提高煤矿井下重大危险源监测及其预警体系的管理水平和技术水平。

三、煤矿井下重大危险源监测系统所处状态分析

将煤矿井下安全管理体系按照不一样危险源，详细划分为瓦斯、矿压与顶板、煤尘、水与火重大危险源监测及其预警体系。其对应子系统阐述如下。

（一）瓦斯重大危险源监测及其预警子系统

从目前国内预警技术角度来分析，瓦斯预警体系已越发成熟，不同专家学者纷纷在该领域展开了相关研究并取得了丰富的研究成果。在众多研究成果中，瓦斯爆炸危险源预警系统，这一系统中用到的算法较多，对涉及的算法加以总结，用到的关键算法大致有三种，分别是粗糙集约简算法、FCM 聚类算法与 RBF 神经网络。在这几种算法中，第一种和第三种算法能够做到相互融合，进而可以大大减弱相关因素对网络造成的干扰性，利用第二种算法，可以进行离散化处置，进而实现对相关信息的监测。而 RBF 神经网络中神经元素为危险等级类型，借助回归解析方式进而创建了煤矿安全生产监测数据模型。

（二）矿压和顶板重大危险源监测及其预警子系统

基于国内的研究现状加以分析，针对不同挖掘状况下顶板动态多元数据实施关联性解析，产生一系列顶板监测体系，进一步提升了顶板监测的精准性与实时性，高效预防了矿井下顶板意外事件的发生率。例如，某煤矿企业引入了创新的煤矿微震监测体系，利用及时解析震源位置及其震级等级区分极易产生坍塌、顶板下沉等危险信号，随后解析冲击前兆微震信号频率特性来判断冲击压的危险等级，从而实现预防顶板坍塌的目标。

（三）煤尘重大危险监测及其预警子系统

为有效推断矿井下煤尘浓度大小，学者专门探究了按照气体滤波光声技术与光散射基本原理，采取有效措施复合检测矿井下气体含量中 CH_4 与煤尘品质浓度；随后专业技术从业人员构建了煤矿粉尘在线监测及关联喷雾降尘体系，创建了煤尘及时监测、喷雾联动、超标预警提示、远程监控等各种功能特殊性；紧接着解析了煤尘与湿度针对红外瓦斯传感器的干扰；参照特定范畴内出现的线性规律结果，最终决定采取何种策略来减少对传感器干扰。

（四）水重大危险监测及其预警子系统

预测突水量是提升煤矿井下系统工作稳定性的前提条件。学者全方位依据 LabVIEW 的矿井水突监控体系，将灰色体系理论与 BP 人工神经网络预测方式相融合，针对矿井下

突水量走势，利用灰色模型来实施预估监测，随后借助神经网络针对残差模型实施修改，紧接着利用遗传算法针对组合模型实施改进，最终化解局部的相关故障。

（五）火重大危险监测及其预警子系统

火重大危险监测及其预警子系统是指针对火灾等重大危险场所或设备，采用各种技术手段和方法，对潜在的危险因素进行实时监测，并通过数据分析和处理，及时发出预警，保障人员和财产的安全。

这个系统一般包括 4 方面的内容。一是监测设备，根据危险源的不同，选择不同的监测设备，如温度传感器、气体检测仪、视频监控设备等，用于实时监测环境参数，检测异常信号。二是数据处理，对监测设备收集的数据进行处理，采用数据挖掘、人工智能等技术，对监测数据进行分析、统计和预测，及时发现危险信号，提供预警服务。三是预警通知，当监测系统检测到异常信号或预测到可能出现危险时，及时向相关人员发出预警通知，包括声光报警、手机短信、邮件等方式，提醒人员注意，采取相应的措施。四是应急处置，一旦发生事故，预警系统应当有应急处置预案，能够自动化地触发应急程序，如启动灭火系统、疏散人员等。

通过这些措施，火重大危险监测及其预警子系统可以有效地提高火灾等重大危险事故的预防和处置能力，保障人员和财产的安全。

四、煤矿井下重大危险监测及其预警系统架构创建分析

（一）创建监测网络系统

组建监测网络系统实践中，需要注意考虑内容的全面性，为此可以将突发事件网络生存性、关联性与网络能量等纳入考虑的范围。

创建监测网络最大程度使操控技术员身处危险源范围的概率减少，与此同时，在网络组建过程中，涉及的技术较多，这些技术会基于信息化技术标准被加以区分。网络组建中会用到射频识别技术，这种技术需要对特殊点执行分配额，借助传感器来汇集信号，之后借助有线传输方式，将汇集而来的信号进行传递，使之到达数据集控中心。

通过对矿井的相关调查可知，其周围的环境较为复杂，地质情况具有较为突出的差异性。因此，应对预警危险源系统进行优化完善，使之能够在实际应用过程中，尽可能避免出现漏判等问题。不仅如此，传统无线传感和总线技术需要结合在一起，在确保不会因矿井挖掘运输工作而产生干扰的情况下，需针对网络地域实施无线与有线双向设置。最终不光能在出现意外事件状况下，保证网络生存性与连通性，又可让节点信号传送进程中能量损耗极大降低。

基于此，创建监测网络不仅让系统组网性与移动性顺利流畅，同时可使无线传感网络最大程度发挥功效，确保矿井下危险源监测及其预警信息强有力的传送。

（二）创建预警系统

1. 创建危险源信息库

将不同基础数据汇集到数据库，如瓦斯标准、收尺进尺、工作内容、机电设施、掘进与综采工作面等，全方位地完成管控与填报。

除此之外，也要将监控网络数据中的相关数据收集到数据库中，将全部可使用的标准、

参数、信息变动量形态，依照相关规则进行汇总整理，使其成为危险源预警评价体系中的内容。在监测网络信息实践中，一并将信息传送至预警体系当中，随后预警系统开始发挥作用，将信息与数据库的数据进行对比分析，一旦有超出预警数值的信息，即刻发出实时警示。最终完成由发起、传送、追踪、执行直至达成的闭环预警系统。

2. 创建处置消息板块

处置消息板块集中参照整体系统相关配置，组织规划预警数据，发布、操控与调动有关数据，借助射频识别技术关联预警系统和数据客户端与短信平台，使三方能够实施交换。尤其在交换实践中，不同部门与业务科室相互间达成了数据分享，进一步提升了不同工种之间相互协作处置数据的技能，有效提高预警数据处置速率。

（三）创建信息收集与处置系统

当监测网络与预警系统创建完成后，系统中的传感器节点则成了整体系统的终端，此终端传感器节点能够实现信息传送、处置与收集等相关内容。尤其在系统运转实践中，假设单独从一个传感器节点针对有关信息实施收集与处置，则只能进行局部分析研判，且只能发挥系统监测作用，则无法顺利完成预警功能。

基于此，在创建数据收集与处置系统实践中，一要创建危险源潜在风险关联库，把煤矿监察条例、安全规定及其安全品质指标、操控规范格式化后规整到关联库当中，使传感器全方位研判收集的信息，进一步分辨出危险源实施状态；二要创建危险源元素影响库。此影响库中需归入不同原理示意图与标准阐述，给予危险源预警判别带来参考价值。尤其在此实践中，借助图形、列表等方法，针对煤矿井下机电设施、地质架构、顶板及其瓦斯等危险源收集数据，一旦出现收集的数据存在问题，给予警告提示之后，随即通过此系统实施处置。借助数据评判、预测、选择、过滤、压缩、合并、核算等方式，针对问题信息实数处置，进一步给管理层带来精确的数据。

（四）创建重大危险源评价标准系统

1. 矿井安全评价标准系统

地质、灾害、管控、生产装备、生产技术人员素养、环境状况、危险源等不相同元素构成了矿井安全评价指标体系。其产生突发事件必然关联性为地质、灾害及其危险因素，归属于三类重点及标准系统。对于关键的一级指标来说，其可以按照相关标准进行再次划分。举例而言，地质元素通过深入划分，可以被分成多个因素，如结构地质、水文地质等。

2. 矿井评价标准警示分层级系统

矿井下重大危险源等级体系被划分成了辨别灾害、预测与预警基础。相关部门对地质灾害进行了等级划分，参照相关划分标准，我们将对与煤矿井相关的多种特大危险源进行分级，按照灾害的严重程度对其进行预警提示，以颜色为区分，共计分为四个等级，由重到轻颜色分别为红、橙、黄、蓝。即警报等级是 4 级，且红色代表警度，则警示他人灾害形成有极大可能性；警报等级是 3 级，且橙色代表警度，则告知他人灾害形成存在可能性；留意等级是 2 级，且黄色代表警度，则警示他人灾害形成中等会发生；提醒等级为 1 级，且蓝色代表警度，告知他人警情灾害不会形成。

五、矿井下重大危险源监测及其预警整体系统实践操控

（一）人体模型重大危险源监测预警系统

不管何种危险源，造成的干扰原因都是多种多样的，且互相间存在错综繁杂的关系。因此，唯有系统呈现全方位、有效、实时、精准的特性，才能为化解信息孤岛难题。良好的综合系统的创建其内容如图 8-15 所示。

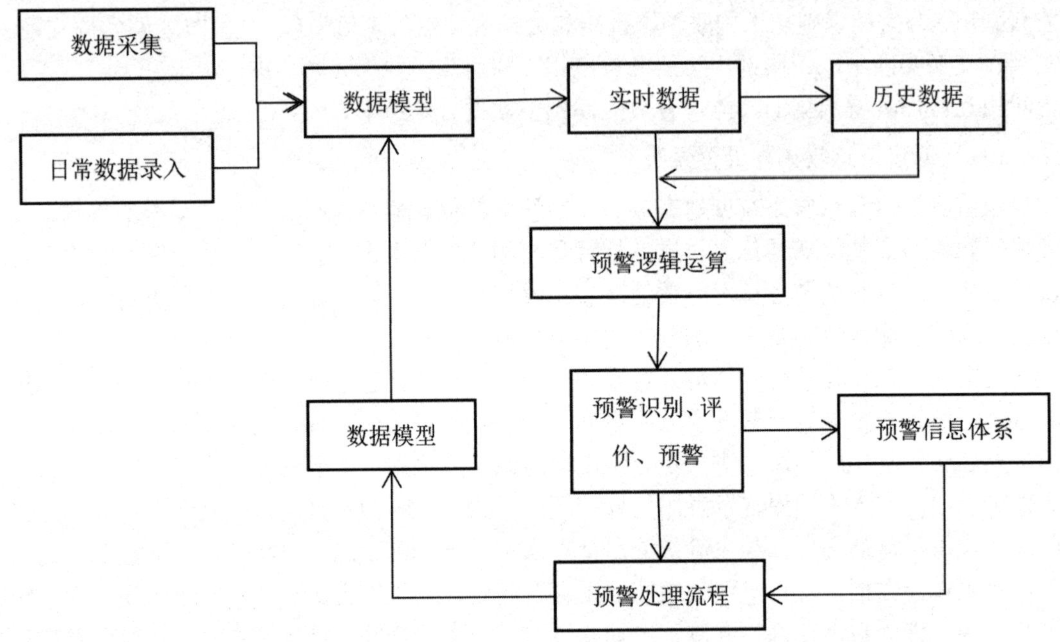

图 8-15　煤矿井下重大危险源监测预警系统平台

上述系统所涉危险源监测系统平台具体包含瓦斯监测系统、矿压顶板监测系统等多个系统，不同系统的监测会指向数据库、管控、调度系统等，进行及时相关数据的监测。

智能矿山组建将不相同子系统连接信息化的神经网络构成统一整体，且将不同技术结合起来处置大数据，逐渐组成能够分享数据、透明可控制数字矿山。基于此，基于人体模型的重大危险源监测及其预警系统应运而生，详如图 8-16 所示。

第一层属于感知层。这一层具有多个传感器，系统会借助其传感器来实现数据采集工作。感知层经过无线传感器网络来完成，且汇集成了传感器、信息处置单元与通信单元节点，经过自组网模式组成。节点收集的数据传送到路由器，随后再通过综合信息传送至协调器，之后网关接收到本组网络中的数据，其等同于神经元，可处置不同应急状况，整理不同数据。

联系人体结构对第二层进行理解，可以将其看作是人体神经网络层。这一层的主要功能是数据传输。移动通信网的构成有小灵通、视频通话、呼叫中心、Wi-Fi、CDMA 与 TD—CDMA 等。互联网构成有 Internet 及其云网络，物理网构成则是对不同监测对象实施互联，以 GIS 技术为根本，利用神经元、神经网络解析收集数据，完成数据库储存，重大危险源监测管控、危险源历史数据搜索、预警解析、应急策略等功能。

第三层是大脑管控决策层。IDC 类似于煤矿“大脑”，其工作内容为实现智能矿井不

同数据收集。为了更好地理解网络，我们可以将其看作是与大脑皮质和神经网络层进行信息更替，方能精准捕获大脑数据，即使网络存在差异性，在连接时选择的方式应该具备统一的特点。大脑捕获数据之后随即处置数据，具体包含数据智能解析、储存与共享等，进一步指引应对方案。

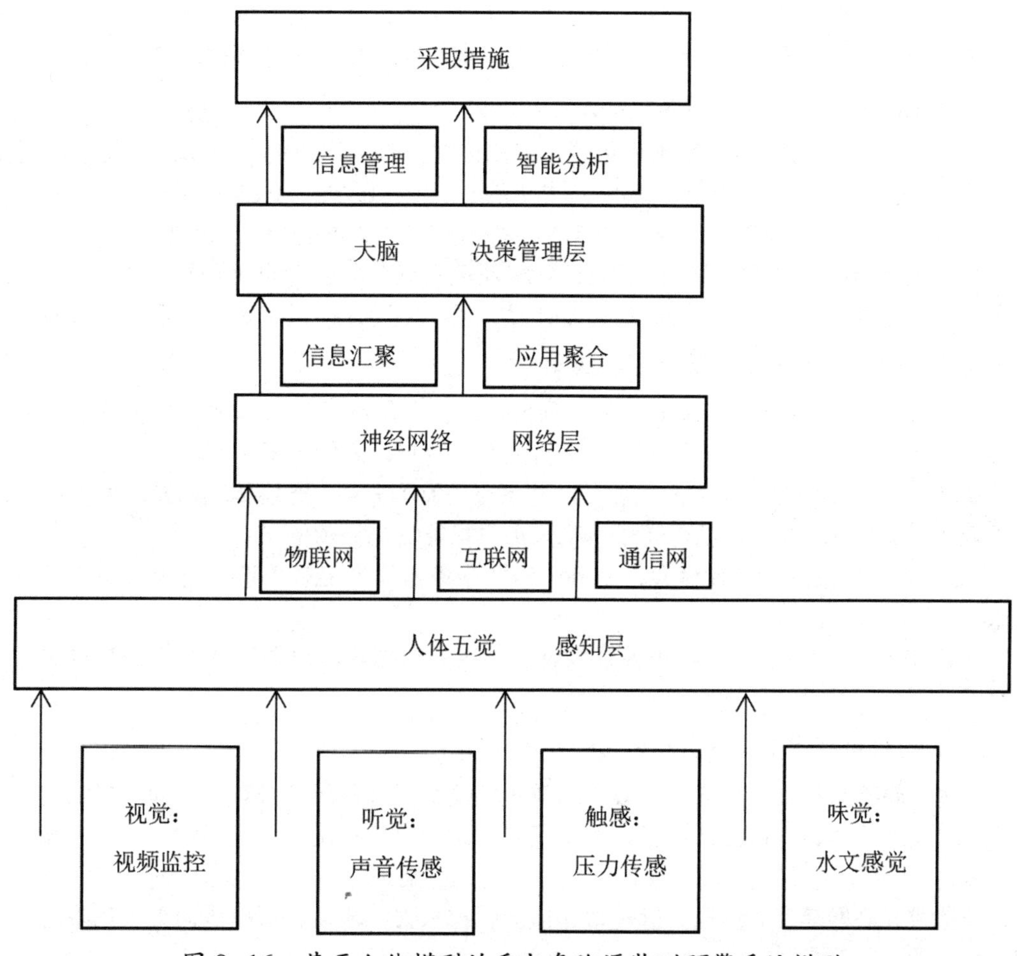

图 8-16　基于人体模型的重大危险源监测预警系统模型

（二）水害与火灾辨别与预测预警体系实践操控

1. 水害预测预警系统

（1）核算图形与数值，侧重于整体充水性图、水文地质图、水文参数等直线图、水文地质剖面图、相关曲线图等自主解决及涌水量预计达成情况；整体三维剖分模型与在线检测系统捕获水文地质参数、含水层水量被计算等参数。

（2）水文数据库管控，重点针对矿井水文地质基本信息、及时检测监控信息管控、报表印刷等工作内容。

（3）水害危害源监测与分辨、预测预警体系，全力达成水文监测数据联网，监测水文观测孔或传感器水压、水温、流量、水质等信息，采取 Web GIS 技术能够将水文监测图形的自主定位通过实施显示出来；超时警报与语音提示。

2. 火灾预测预警系统

其火灾子系统集即时数据收集、解析、存档及公开功能于一体，远程操控解析采样、气体核准、管径清理、泵启停；整理线上分析、矿井及监控体系、色谱仪剖析、人工场地检测、场地采样地面检测等气体组分参数，存档至信息库，有关信息库中气体组分贯彻执行图形、曲线、搜索等展示与印刷；全面达成矿井下气体线上全方位检测、自主汇总与解析爆炸危害性、自燃危害性的判断与预测预警；最终完成预防火灾路径的自主形成。

（三）瓦斯辨别与预测预警系统实践操控

（1）瓦斯检测与辨别及其预测预警，监测矿井下有关地点的瓦斯浓度；待瓦斯超出标准则给予报警提示；预警瓦斯趋向；解析瓦斯浓度加速改变，且达成预警效果。

（2）核算图形与数值，区分受灾范围，进一步完成依据 C/S 模式图形评判。

（3）核算预警动态网络，参照 Web GIS 通风系统图上标明的分支节点，以及与风速传感器达成监测信息相关性，采用动态及计算结果，协同管控通风防灭火重大危险源。

（四）顶板辨别与预测预警体系实践操控

（1）矿井下计算机动态模拟展示监测数据，警告监测服务器与客户端及时播报监测点信息与直方图，在监测信息超时后，则自主发出警报，随即记载下来。

（2）矿井下实时播报信息与警报，矿井下压力监测分站、离层传感器及时监测信息，设置标准警报参数，通信分站可完成不同测点与报警情况显示信息。

（3）监测信息自主记载储存，矿井下监测服务器设立记载周期，便于存储信息至数据库。

（4）持续检测曲线展示，相关软件可提供服务器端与客户端过往曲线、测线加权数据解析。

（五）三维可视化集成信息平台实践操控

首先，明确水与火、瓦斯、顶板压力重大危险源处置预测预警有关空间与属性信息。其次，实现地质体、巷道几何创模，监测设施动画创模。再次，完成工业、巷道、煤层三维可视化，参照三维巷道矿井下监测数据与三维动画显现等。最后，采取 Web GIS 技术，全方位达成互联网筛查与浏览、远程协作监测管控水火、瓦斯、顶板压力重大危险源的预测信息功能。

六、煤矿井下重大危险源监测及其预警系统未来展望

现阶段，煤矿井下重大危险源监测与预警系统投入使用范围不断扩大，极大改变了煤矿井下安全生产状况，相反同时出现了诸多不足之处。例如，各供应商产品欠缺互相的操控性与互换性，这使得系统集成性存在一定的问题。除此之外，算法不同，其最终得到的预测效果也会存在较大差异。针对上述存在的问题，我们必须采取行之有效的措施，重点围绕重大危险源的检测，以及相关预警系统的架构进行相关探究，从而获得科学化的预警系统。伴随着相关研究的逐渐深入，该系统可能会朝向如下趋势发展。

（1）关于煤矿的物联网将会得到较大的发展空间，在对重大危险源进行感知时，精准度及智能化水平会有所提升。

（2）给予统一框架与数据标准化格式，保证实时捕获、稳定传送、迅速处置综合机

械不同的矿山信息，建立矿山动态信息库。

（3）借助数据融合方式、数据采集技术、预测模型与空间解析技术，完成矿山潜在风险的辨别预警和智能操控。

（4）借助云存储和云计算方式创建大型解析处置中心，帮助煤矿生成危险解析、模拟核算、及时警报等数据综合服务。

总而言之，针对煤矿井下重大危险源的监测及其预警系统，势必要全方位地汇集数据，借助智能化、快速化的计算创建专家预警系统，精准实时地预测意外事件产生概率，为煤矿单位正常生产及其操作技术员安全提供主要保障。最后，通过以上全面探析可知，危险源监测及其预警系统包含了监测网络、预警系统及其数据收集和处置等板块，三方板块相互协作，最终保证煤矿井下的安全作业。

第九章　电力电子装置中自动控制应用

第一节　电力电子装置智能化概述

一、电力电子装置功能分类

不同的电力电子装置在电网中的职责也不同，已有相对成熟的电力电子技术包括灵活交流输电（FACTS）技术、高压直流输电（HVDC）技术，能够充分提高传输容量和稳定性。用户电力技术中的电能质量技术、开关技术、储能技术也有了一定的发展规模，另外还有近几年提出的能量交换与路由技术。

（一）FACTS 技术

FACTS 技术用于提高交流输电系统快速灵活性和稳定性的技术。FACTS 技术包括静止无功补偿器（SVC）、可控串补（TCSC）技术，这 2 种技术已经发展成熟。伴随电力电子元器件技术与功能的不断进步，近年静止同步补偿器（STATCOM）、统一潮流控制器（UPFC）等也得到了关注与发展。

其中 SVC 是目前基于 FACTS 技术应用最广泛的无功补偿装置，通过控制可控器件晶闸管的导通角来改变阻抗特性，从而实现对无功功率的调节。而 STATCOM 采用门极可关断晶闸管（GTO）、绝缘栅双极晶体管（IGBT）等全控开关器件组成桥式电路，通过电抗器或者直接并联在电网上，生成与系统电压具有一定相位差的信号并控制注入电力系统，或直接控制其交流测电流，实现无功补偿的目的。

SVC 与 STATCOM 因核心电力电子器件的不同而导致装置应用领域与特点的不同。SVC 价格较低，适用于对谐波与平衡性要求高的线路，STATCOM 适用于对响应时间和运行效果、输电稳定性要求高的线路。TCSC 通过可控硅的触发作用快速连续地控制输电线路的等值电抗，灵活调节系统潮流，增强系统阻尼，抑制低频振荡，提高电力系统的运行稳定性。UPFC 则综合了以上各种 FACTS 设备的功能，同时具有无功补偿、调节电压等作用，并且可以实现各功能之间良好的切换。

（二）HVDC 技术

高压直流输电技术的电能损耗低于传统交流输电技术的损耗，能有效提高电能质量并确保电网安全稳定运行，在我国具有广阔的应用前景。

基于电压源换流器（VSC）的电压源换流器型高压直流输电（VSC-HVDC）技术是其中代表技术之一，世界首个 VSC-HVDC 工程在 1997 年投运成功，自此之后此项技术得到了广泛应用。

常见的多电平换流器有中性点箝位型、级联型和模块化多电平型，但当输出电平较多时，以上类型均不占优势，有学者提出了一种新型的模块化多电平换流器（MMC）的概念。与传统模块化电平的 VSC-HVDC 相比，基于 MMC 的 HVDC（MMC-HVDC）系统在安全性和节能方面具有明显的优势。

世界首个 MMC-HVDC 工程 2010 年在美国旧金山市北部投入运行，我国首个 MMC-HVDC 工程于 2011 年在上海投入运行。该技术仍需进一步研究与实践。轻型 HVDC 是 20 世纪 90 年代发展起来的一种新型 HVDC 技术，它克服了传统 HVDC 受端必须是有源网络的缺陷。除此之外多端 HVDV 也将得到广泛应用。

特高压直流输电（UHVDC）是指电压等级超过 800kV 的 HVDC 技术。其拓扑结构主要有多端直流和公用接地级 2 种，其技术主要以两端线换相（LCC）为主。UHVDC 技术的研究以 HVDC 技术为基础，2010 年，国家电网公司向家坝—上海 ±800kV 等级复奉 UHVDC 输电工程投运，是国内首个 UHVDC 试点工程。2014 年，±800kV 复奉、锦苏、宾金三大特高压直流首次同时满功率运行，为上海、江苏地区迎峰度夏提供了充足电能。

（三）电能质量技术

目前，国际上广泛采用的提高电能质量的电力电子装置主要有源电力滤波器（APF）、动态电压恢复器（DVR），以及统一电能质量调节器（UPQC）等。

DVR 主要是针对电压暂降等动态电能质量问题的补偿装置。DVR 串联于电网和负载之间，当电网电压出现瞬时下降时，装置在数毫秒内迅速动作，输出电网侧同相位下降的电压值，与原本输出电压相叠加，保证负载侧电压不受影响，保证用户用电安全。其关键技术在于如何提升补偿容量，提高装置冬天响应时间。

APF 为无功补偿抑制谐波的装置，当负载中谐波过大时，装置迅速动作，输出负载侧大小相同方向相反的电流，使其相互抵消，从而消除谐波影响，其结构可以分为串联型和并联型。统一电能质量控制器 UPQC 是近年来的新兴装置，将串联电压补偿原理和并联电流补偿原理结合在一个装置中，统一实现多重电能质量调节功能。对 UPQC 的研究重点不仅在于补偿效果，还在于各种功能之间的迅速平滑切换。

（四）固态开关技术

电网中非线性负荷的增多，以及对短路容量需求的不断增大，对其中开关设备的要求也不断增加，传统开关设备如接触器、继电器等在开端容量方面很难有大幅度提升，因而固态开关这一概念被提出，主要用于隔离故障、保证设备及人身安全。固态开关种类主要有固态转换开关和固态断路器，二者的不同之处在于，故障发生时，固态转换开关将负载切换至备用电源，而固态断路器则将负载断开。

（五）能量路由器

随着能源互联网的发展，能量路由器这一概念被提出，引起了研究者的广泛关注。能量路由器是能源互联网架构的核心部件，实现不同特征能源流融合是能量路由器必须具备的功能。借鉴能源互联网的理念、技术、方法和架构，能量路由器效仿信息网络路由器，以实现能量交换像信息分享一样便捷。

能量路由器能实现分布式微网等能量自治单元间的能量分享，集电力电子控制、储能缓存、数据中心智能处理、信息通信等功能于一体，是能源互联网信息能量融合特征的典型体现，是能源互联网的核心装备。

国外对能量路由器的研究已进入应用阶段，而国内对能量路由器的研究仅仅处于起步阶段，其定义尚未明确，但对其功能的研究较多。

有学者分析了能源路由器的关键技术，指出了该领域需要突破的研究方向。也有学者提出多端口能量路由器，使其适用于家庭中，其优势在于能量密度高、转换快、电压等级多。

有学者提出一种能量路由器的拓扑结构，运用多代理系统技术实现能量路由器的自主控制和网络的协调控制。

有学者利用能量路由器实现了线路中潮流的优化分布，并利用智能算法对其主功能和容量进行了优化配置，该线路主要会受到风能影响。

还有学者同样为家庭设计了一种能量路由器的拓扑结构，重点考虑了新能源中光能的运用。

（六）储能技术

储能是建设智能电网与能源互联网的关键技术，在电力系统的各个环节都可以得到利用，可以起到保证电网稳定运行、改善电能质量、提高新能源利用率等重要作用，具有重要的研究意义。

按照存储具体方式可分为机械、电化学、电磁和热力储能 4 大类型。4 种类型中都包含不同的储能元件，单一的技术均存在着一定的缺陷，对不同性能的储能进行有机结合，发展复合储能技术，可发挥各种储能的优点。

目前，蓄电池在储能设备中应用广泛，其能量密度大，但功率密度小，而超级电容功率密度非常高，并且充放电过程具有良好的可逆性，故而常将这 2 种储能元件通过一定的方式连接构成混合储能系统，充分发挥二者优点，以使系统获得更好的性能。复合储能在经济上具有单一储能无法比拟的优势，已成为重要的发展方向。储能在电力系统中可以发挥削峰填谷的作用，在接入电网时需要采用电力电子双向逆变的支持。

（七）变频器

以上方面均为电力电子在电网中的应用装置，从电力系统的整体角度来看，电力电子技术还有许多应用。

变频器（VFD）是应用变频技术与微电子技术，通过改变电机工作电源频率方式来控制交流电动机的电力控制设备。变频器有多种拓扑结构，分类方法也多种多样。受功率器件耐压水平及技术成本的影响，高压变频器不像低压变频器具有成熟一致的拓扑结构，功率器件的耐压问题可用多个器件串联方式来解决，但会给驱动电路带来压力，另外也会导致受压不均等问题。目前，随着高压变频器等装置的广泛应用，在远程运维等领域也出现了智能化需求。

二、智能化基础技术

（一）传感器技术

传感器是将非电信号转换为电信号的装置，是信息系统的源头。不同传感器在装置中起到的作用不同。电力电子装置中常用的有互感器、温度传感器、光纤传感器、无线传感器网络等。

互感器又称仪用变压器，是电流互感器和电压互感器的统称，用于测量或保护系统。温度传感器是指能感受温度并转换成可用输出信号的传感器。

近年来，光纤传感器因具有敏感度高、抗干扰能力强、结构简便、环境适应性强等优点而得到了广泛应用。无线传感器网络是指布置大量低成本、低功耗的传感器节点，节点之间以无线通信方式连接，节点与网络完成感知、数据采集、传输、接受等工作。无线传感器网络是一种全新的信息获取和信息处理模式。

在智能电网发展阶段，电网侧量测传感装置得到广泛应用，未来能源互联网对需求侧低成本的量测传感装置需求迫切。

（二）通信技术

通信技术的发展为电力电子装置智能化建设奠定了基础，装置智能化所主要体现的方面都需要通信技术的支撑，使装置的运作更加高效、经济和安全。

常用的通信传输方式有电力线通信、光纤通信和无线通信等。各种通信方式并存，相互补充。

电力线通信频谱资源有限，信道时变衰减大、噪声干扰严重。而光纤通信是利用光波作为载波，以光纤作为传输媒质的通信方式。

光纤通信的传输频带宽、抗干扰性高、信号衰减小，已成为通信中主要的传输方式。重要的光纤通信网络有光纤以太网、串行异步光纤网等。智能电网时代无线通信得到了广泛应用和飞速发展。

电力电子通信领域用到的无线通信技术主要有微波通信和移动通信。无线通信具有成本低廉、建设周期短、适应性和扩展性好等特点，但存在通信环境和距离受限制等缺点。

随着 5G 等无线移动通信的发展，泛在的通信支撑将以更低的成本、更高的带宽和更好的性能唾手可得，将给大规模智能化系统的实现提供有力的支撑。

（三）分布式计算

随着智能电网与能源互联网的发展，电力电子装置在线监测各种数据的数量呈几何级增长，海量数据需要进行采集、分析和存储，单台计算机的能力明显不足。

分布式计算是指利用网络将多台计算机连接，组成虚拟超级计算机，完成单台计算机所无法解决的海量数据处理问题。典型的分布式计算技术有中间件技术、网格技术、移动 Agent 技术、P2P 技术和 Web Service 技术。通过引入分布式计算技术，可以增强电力电子装置在线监测时计算分析能力，快速提供操作依据，增强系统可靠性。

（四）控制

电力电子装置主电路拓扑和参数确定后，其性能主要由控制器决定。因此提高系统动静态性能及鲁棒性的控制算法研究是其关键技术。

目前，很多控制技术都应用到电力电子控制器的设计中，大致可分为线性控制和非线性控制，线性控制理论把高压开关频率 PWM 调制下的电压源逆变器等效为线性比例环节进行控制器设计，非线性方法则考虑了逆变器的非线性本质进行控制器的设计。

线性控制方法主要有基于经典控制理论的前馈开环控制、反馈控制、复合控制，以及基于现代控制理论的最优控制、状态反馈控制等。非线性控制方法主要有 Lyapunov 直接法、反馈线性化法、鲁棒控制、滑模、模糊等智能控制方法。

（五）数据流技术

电力电子装置一次系统能量流分析方法构成了装置分析的基本框架，装置潮流计算、稳定计算、短路计算均需要能量流。信息流对于二次系统非常重要。一般来说，电力电子装置二次系统是由继电保护、监控、故障录波、保护等多个子系统相互连接而成。通过信息流，可以对系统进行稳态分析、动态分析及对系统的优化控制。

流计算是指一种高效利用并行和定位，使用流计算处理器、流计算编程语言等多种技术手段处理流数据的新型计算模式。

不同于大数据中的面向非实时数据的批处理计算框架（如 Hadoop），流计算面向的数据规模庞大且实时持续不断地到达，数据次序独立且时效性强，同时流数据的价值会随着时间的流逝而降低，要求数据在产生后必须立即对其进行处理。

面对这种“大数据流”，传统的分布式计算模型不再能满足需求，而批处理计算框架在实时性、容错性等方面都有所欠缺。能够实时处理流动数据并做出合适决策的流计算技术应具备实时处理并丢弃、兼容静态数据与流数据、节点拓展、多线程应用等能力。

目前，流计算的模型和框架成为研究的焦点，并已经形成了一系列分布式流计算框架。

（六）数据挖掘

电力电子装置所产生数据具有格式多样化、种类繁多、来源广泛、时变、不完整、含噪声等特点，而近年来在国内外受到极大重视的数据挖掘技术就是从海量复杂数据中，提取隐含在其中但有效的信息的过程。

数据挖掘在电力系统中的应用主要集中在以下 5 个方面，分别为电力系统安全稳定性分析、负荷预测模型构建、故障诊断、仿真模型性能评估、用户行为分析和异常监测等。

根据目标模式的不同，数据挖掘任务主要可以分为概念 / 类描述、频繁模式挖掘、分类与预测、聚类分析、离群点分析和演变分析等。

国际权威的学术组织 IEEE 国际数据挖掘会议（the IEEE International Conference on Data Mining，ICDM）2006 年 12 月评选出了数据挖掘领域的十大经典算法，分别为 C4. 5、k-Means、SVM、Apriori、EM、Pagerank、Adaboost、kNN、Naive Bayes 和 CART。

而随着机器学习、深度学习等人工智能算法的性能提升，以及大规模计算能力的提高，大数据分析和数据挖掘将成为智能化的核心。

（七）物联网技术

电力电子装置运行状态、电气量、故障诊断等信息的网络化共享是实现智能电网与能源互联网中各装置之间的信息交互、调度优化的必然要求。物联网利用智能传感器、射频识别 RFID 技术、无线传感网络、GPS 等技术实现物体之间的信息交互，作为“智能信息感知末梢”，将推动电力电子装置智能化的发展。物联网技术已在电网初步应用，但尚未在电网设施运行安全监控等方面得到应用。

有学者提出以物联网技术为基础的智能监控体系，为实现电力电子装置的智能监测与控制提供了理论指导和技术支撑。

也有学者提出电力物联网的概念，认为应用该技术可提高系统安全稳定性，提高电力设备状态评估和智能诊断水平，并可满足可持续发展要求。

三、电力电子装置智能化研究方向

（一）智能监控

变电站智能监控系统的发展要早于各电力电子装置监控系统的发展，因而电力电子装置智能监控可以借鉴变电站。

变电站监控系统的发展经历了3个阶段，早期传统的监控系统配备值班人员；第二阶段是利用远动装置来采集各装置电压电流等实时数据；而第三阶段是伴随通信技术和计算机技术等发展起来的，用分层分布式机构取代了传统的集中模式，即变电站监控系统。已有的研究中，针对电力电子装置监控系统的研究较少，忽略了对其性能稳定性的考虑。

电力电子装置智能化监控系统的设计要点主要包括以下7个方面，实时数据采集与处理、在线监视、运行控制、历史数据记录与查询、状态评估、与上级调度通信、曲线报表打印等功能。

有学者提出了基于分层分布式体系结构的SVC监控系统，将监控系统分为上中下三层。其中，上层由后台工作站组成，中层由就地工作站、监控单元和调节单元组成，底层由水冷系统监控等组成。

有学者结合500kV东莞变电站200MV·A链式STATCOM工程应用实践，将其监控系统分为5个相对独立的单元，分别为基于CAN总线的主控单元、可编程控制器PLC水冷控制单元、脉冲触发单元、二次继保单元和就地控制单元；监控系统分为5层，分别为远程控制、就地控制、上层控制、中层控制和下层控制。这种分层控制模式可供同类大功率电力电子装置工程化应用借鉴。

有学者在以.NET为体系架构的基础上，对锂电池储能监控系统进行了设计，该系统主要由信息采集系统和各级服务器监控系统2个部分组成。该系统通过了实践验证，在一定程度上满足了用户的要求。

也有学者提出一种模块化、智能化的MW级钠硫电池储能监控系统，研究并设计其总体架构、逻辑架构和功能模块，以及安全防护方案，在此基础上开展软硬件平台设计。

（二）故障诊断

电力电子装置中，故障诊断的目的是快速定位故障位置、缩短故障处理时间，以提高故障处理的效率。智能监控系统及数据库在电力电子装置中的应用为其故障诊断提供了数据基础，使自动故障分析有可能实现。故障诊断面临的问题在于故障征兆与真实故障之间关系复杂，需反复探索，所涉及故障诊断方法众多。

对于电力电子装置的故障诊断，目前仅仅针对其中某一设备的方法，大型电力电子装置中均含有变压器，随着计算机、信息技术及人工智能的发展，采用油中溶解气体分析（DGA）与粗糙集技术、人工神经网络，以及支持向量机（SVM）等方法可以对变压器故障进行有效诊断，为电力变压器故障诊断技术的发展提供了新思路。

有学者为了提高故障诊断的准确率，提出了一种多分类最小二乘支持向量（LSSVM）和改进粒子群优化（PSO）相结合的电力变压器故障诊断方法，可以准确、有效地对变压器进行故障诊断。

电力电子装置中，高压断路器是其必不可少的设备，目前对其诊断方法主要有模糊理论、专家系统、BP神经网络、概率神经网络等。

电力电子装置中对逆变电路的诊断方法主要分为电流检测方法和电压检测方法，增加电压或电流传感器的方法均不能检测出故障位置，其他电流检测方法如对比直流侧电流或分析其波形频谱、电流矢量轨迹诊断法、电流瞬时功率法、三相平均电流帕克变换法等，以上方法可以判断功率器件故障位置，但缺点在于诊断过程中需要采集电流并分析，时间长。

有学者针对APF中IGBT容易损坏的特点，提出一种低成本的基于硬件电路的开路故障诊断与容错控制方案。

有学者针对电池储能系统换流桥器件IGBT发生故障时，会导致电压电流的畸变，影响电能质量，严重时会对储能系统的安全运行造成威胁这一问题，提出了一种开路故障诊断方法。

（三）状态评估

电力电子装置的安全运行是十分重要的，所有设备均无故障才能保证整个系统的安全运行。设备有无故障与安全运行需要通过检修的方式，对于高压、大容量的电力电子装置来说，其设备数量庞大造成检修工作量也非常大，以往所提倡的故障检修和定期检修限制了系统自动化程度的发展。采用科学的状态检修模式才可适应其发展要求，状态检修在降低系统运维成本、缩短停电时间、延长设备寿命等方面表现出极大的优势。状态检修第一步便是对装置进行状态评估。

电力电子装置中需要进行评估的设备一般有变压器、电抗器、电流电压互感器、断路器、真空接触器、负荷开关、功率单元（IGBT）、空冷或水冷系统、线路等。为分析电力电子装置系统是否安全运行，则需要考虑每个设备的多种因素，绝大多数设备都可以从预防性试验、运行数据、历史数据等几个方面来综合分析自身运行安全状态。

变压器的状态评估工作已经引起了学者的广泛重视，有学者综合考虑了其模型中存在的不确定性问题，建立了多层次的状态评估模型。

有学者为提高这一类设备状态评估的准确性，对220kV高压等级油浸式变压器进行了状态评估。

有学者针对高压断路器提出了两级模糊评估模型，也有学者讨论了电容器工作中的缺陷，并利用红外技术解决运行中的问题。还有学者针对绝缘栅双极型晶体管的在线评估，提出一种监控压降变化的有效方法。

以上均是对电力电子装置中的某一设备进行评估，对于整个装置来说，需要从宏观上对其安全运行状态进行整体评估。

评估指标体系是整个状态评估工作的重点内容，有不同学者分别将智能电网评估体系划分为不同的2个层次。也有学者建立了变电站状态检修决策模型，根据所提出设备状态转移的马尔科夫过程求解设备状态概率。还有学者建立了电力设备安全状态模糊综合评估模型，构建了较为完整的电力设备安全状态评估体系，并提出了3层架构的评估系统设计方案。

（四）预测与预警

随着电力电子装置的规模越来越大，智能化程度越来越高，运行方式越来越复杂，装置的安全稳定控制运行难度也比以往复杂琐碎，这就需要一个对装置设计具有自动监控、自动预测与报警的平台。自动的预警报警系统可以帮助维修人员在第一时间发现故障。系统设计的目标是利用目前先进的软硬件和通信技术共同完成一套预警和报警系统。

对电力电子装置的预测与预警还没有开展大规模研究，目前的研究集中于电力系统和变电站，对电力电子装置预测与预警可以起到借鉴作用。有学者为合理应对电力系统大规模停电事故，研究了电网灾变预测预警系统的功能和架构，并进行了仿真验证。有学者指出，研究在线预警系统对于风电并网的电力系统的安全稳定具有重大意义，完成了预警系统的研制，并通过实际运行证明了该系统的功能。也有学者给出了电力设备载流故障预测的各种实现方法。

（五）可视化技术

随着电力电子装置不断往高压、大容量方向的发展，数据激增，运行更趋于极限。原有监控系统中的数据显示方式已不能满足实际要求。装置运行时，大量复杂的信息需要采用有效、直观的方式，以告警、图形、分析结果等形式提供给管理人员，方便管理人员采取有效措施，为装置监控、分析、安全等提供有力保证。这就要用到可视化技术，可视化技术是指利用计算机图形学和图像处理技术，将数据转换成图形或图像显示出来，并进行交互处理的理论、方法和技术。可视化技术主要关注的数据类型包括电器元件信息、电气量信息、预测预警信息等。

有学者提出，对变压器作可视化诊断后，可以迅速、准确地掌握变压器绝缘故障全面的故障信息，具有很强的实用价值。有学者指出对变电站继电保护故障，利用可视化技术，可以对内部工作及潜在问题进行分析。还有学者对电网的实时监控可视化技术进行研究分析，提出一套较为完整的解决方案，并在实际系统中实现了稳定利用。

四、电力电子装置智能化应用

（一）设备运维

传统运维方案为保证装置状态良好，会对其中设备采取定检、全检等几种运维模式，在设备数量大量增加、设备电压等级升高、新技术大量引入的情况下，有限时间内完成大量的运维检修任务会有巨大困难，也会带来许多问题，如维修不足、维修过剩、提前维修、维修滞后等。

智能电网与能源互联网的发展，对电力电子装置的管理、运行、维护、检修人员也提出了更高的要求，传统的运维模式已经不能适应智能电网与能源互联网运维需求。为适应智能电网与能源互联网的发展，智能化的运维模式需要得到快速应用。智能电力电子装置的设备自检和通信能力都比传统装置要强，可提供详细全面的状态信息，使得运维人员能够更准确地掌握装置运行情况。

随着精细化管理要求的不断提升，有学者指出实现电力设备运维的可视化技术可以提高电网信息运维人员对信息设备的管控能力。有学者提出了智能运维系统的整体系统架构和功能部署方案，有效解决了目前智能变电站二次设备在实际运维过程中出现的一系列问题。有学者提出了一种综合考虑基于风险的检修和基于全寿命周期成本的电网主设备运行维护策略辅助决策方法，采用定量的方法评估设备运行风险，并在深圳供电局各变电站的变压器上得到了实际应用。以上方法均为电力电子装置智能化的运维提供了借鉴。

（二）储能能量管理

储能能量管理分为 2 个研究内容，一是储能装置本身的能量管理，二是微电网监控和能量管理。目前适用于分布式发电系统及微电网中的储能方式主要为蓄电池储能，主要原因为其能量密度高、技术成熟，但其缺点为功率密度低、使用寿命短。超级电容与蓄电池具有较强的互补性，其功率密度大，工作寿命长，但是能量密度较低，不适用于大规模的电力储能。

如果将二者结合起来，组成混合储能系统，充分发挥各自的优点，则可以扬长避短，既可以实现高功率密度的要求，也可以实现高能量密度的要求，同时可以减少蓄电池的额定容量并延长其寿命，这也成为目前储能研究的热点。

对储能系统能量管理国外研究起步较早，有学者对于混合储能系统的能量管理进行研究，并提出一种基于多项式控制方式来控制储能单元的充放电。有学者采用模糊控制的方式对混合储能系统的功率进行分配。有学者采用滑模控制，进行蓄电池和超级电容之间的功率分配。有学者提出了基于多模式模糊控制的能量管理方法，将工作状态分为多种模式切换工作。有学者则将蓄电池作为主要储能元件，超级电容仅起到补充辅助作用。

国内学者在国外研究基础上也取得了一定的成就。有学者提出了一种动态能量优化（DEOEP）算法；有学者提出了基于平滑控制的混合储能系统的能量管理方法；有学者为满足对微电网进行监控和能量管理的需要，借鉴智能变电站分层体系结构，提出多层微电网监控与能量管理一体化系统。

（三）网络化电能质量治理

目前，针对电能质量问题的治理，技术上主要包括各种电能质量治理装置的介入，并建立电能质量监测体系，完善用户电能质量投诉流程管理等。这些手段仅仅取得了一定程度的应用，由于目前电力电子装置智能化的普及水平不足，中低压侧还主要依靠人工监测、定期巡视和用户投诉等途径来掌握电能质量情况，因此无法保证对电能质量存在问题掌控与处理的正确性与及时性。

电能质量监测与治理是一个系统性工程，网络化的电能质量监测系统已经成为电能质量监测系统的主流趋势，而网络化的电能质量治理还未得到应用。已建设的各监测装置多处于孤立运行状态，缺乏统一平台对已有监测采集系统中电能质量相关数据统一分析，制订优化的协同处理策略，无法达到对区域配电网电能质量网络化监控与决策治理的目的。

互联网通信技术的发展为网络化的电能质量治理提供了可能。网络化的电能质量治理装置可由多个电力电子装置和其通信系统组成，位于电网同一或不同线路上，各电力电子装置通过通信系统与后台计算中心相连，用于采集其所位于的电网线路的实时信息后通过互联网上传，并接收后台计算中心的指令，输出补偿电流或电压进行补偿；后台计算中心用于计算补偿总量及每一电力电子装置的补偿分量，且将每一补偿分量均转换成具有一定下发顺序的指令，并待所有指令转换完毕后，将指令分别下发给相应补偿单元中的电力电子装置。这种方式能够实现多个电力电子装置动态协调输出，提高电能质量治理效果，并可采用相同的低容量电力电子装置，从而节约运行成本和维护成本。

（四）风光互补监控

可再生能源的合理开发与利用是当今世界的热点话题，目前绝大多数发达国家都将发电形式从火力发电向可再生能源发电转变。

风光互补发电机由风力发电机、太阳能光伏板、风光互补控制器和逆变器等许多部分组成，在各部分之间都存在大量的数据传输，系统并网时必须保证其电能质量，为了便于工作人员能够实时监测和控制风光互补发电系统的运行状况，需要对其进行实时监测，并针对实时监测的数据，评估风光互补发电系统接入电网后对电网电能质量的影响，观察电能质量指标是否存在超出规定限值的情况。有学者开发了风光互补智能控制系统；也有学者考虑了风电场、光伏电站出力的随机性，并且设计二者出力的相关性，提出应用Couple理论建立风电场、光伏电站出力联合概率分布模型的方法。同时对风光互补发电系统进行了可靠性评估。

（五）需求侧管理

电力需求侧管理（PDSM）是为合理利用资源，提高用电效率和减少环境污染而进行的用电管理活动。需求侧管理是智能电网与能源互联网重要的组成部分之一。传统的PDSM还处于政策性管理阶段，智能化的电力电子装置中先进的监控、计算、通信和控制手段对于需求侧管理技术的推进起到了促进作用。与传统的PDSM相比，智能电网与能源互联网下的PDSM可具有更强的能力，高水平的监控、智能控制及通信技术，可实现终端用户的及时响应，并且支持分布式能源自由接入。

（六）家庭能源管理

居民侧用电量占全社会的36.3%，但存在用电效率低、浪费严重的情况。为提高这一用电效率，避免环境资源浪费，国外在20世纪已开展了家庭能源管理系统（HEMS）的研究。该项领域利用传感器与无线传感器网络，采集与传输室内温湿度、空气质量、人员活动数量和用电设备等信息，将数据综合处理后，对用电设备进行控制，满足用户舒适度的同时实现节能减排。

家庭能源管理系统是智能电网与能源互联网在居民侧的延伸，在这样的大环境下，家庭能源管理也有了新的需求，如考虑大量用户协同工作、能量流的双向流动、支持需求响应在居民侧的实施、支持新能源接入电网等。对电力电子装置智能化的研究有助于家庭能源管理系统的健康发展。

（七）智能充电系统

如何高效、快速、无损地对蓄电池进行科学充电，一直是蓄电池界关心的问题。充电技术从传统的恒流充电、恒压充电、恒压限流充电，发展到了现在的智能充电。目前国内对大容量智能充电技术的研究还处于初始阶段，电动汽车智能充电桩不仅能够解决电动汽车需要随时随地充电的问题，还能够对其电池进行维护，并且具有人性化的人机交互界面和完善的通信能力。有学者将电力电子技术、智能监控技术、物联网，以及通信中CAN总线技术应用到电动汽车智能充电桩的设计与研究中，保证了电动汽车的续航能力与运行安全。有学者在风光互补发电的基础上，通过总线与监控等技术实现了风光互补发电向电动汽车充电的智能控制。

第二节　电力电子装置自动化控制的应用发展

一、具体应用发展

（一）模糊变结构控制的应用

模糊控制是20世纪60年代发展起来的一种高级控制策略和新颖技术。

模糊控制技术在基于模糊数学理论的基础上，通过模拟人的近似推理和综合决策过程，按照模糊控制规则实施控制，而且此过程不需要考虑其数学模型与系统的矛盾问题。它在算法的稳定性和适应性上得到很大程度的提高，成为智能控制技术的重要组成部分，一般的控制理论很难做到这一点。

模糊控制有一个重要特点，就是它也存在“抖振”现象。这种“抖振”现象却成为解决电力电子变结构系统的“抖振”现象的一个意外契机，实现了两者的结合，从而使复杂的问题得到有效解决。

传统的边界层法在解决这种“抖振”现象问题时存在很大的缺陷和不足。但利用模糊控制理论将传统边界层模糊化可实现切换曲面的无抖振切换。通过设计模糊规则来降低抖振，可以在一定程度上降低模糊控制的“抖振”现象，模糊控制柔化了控制信号，可实现不连续控制信号的连续化，可减轻和避免我们电力电子变结构控制应用中的“抖振”现象。

（二）神经网络控制的应用

神经网络在电力电子中的应用主要涉及控制和故障诊断两方面。随着现代电力电子产业的快速发展，其涉及的范围也越来越广泛。如今，人们对于电力电子的控制精度，以及稳定性等提出了更高的要求，越来越多的控制要求具备智能化和强适应能力的特征。

而神经网络控制技术在电力电子中的应用恰好能够达到这样的控制要求，它使得电力电子控制电路具备了很强的复杂环境的适应能力和多目标控制的自学习能力。

理论上来说，其可以设计出一个与系统数学模型无关的，自学习、自适应的，鲁棒性好、动态响应快的智能控制系统。神经网络的这些特性为解决现代电力电子装置控制上的种种难题提供了一条很好的解决途径。

在传统的电网电子故障诊断时，人们主要依靠实践过程中积累的丰富的经验和对电力电子设备的感知能力，其俗称为“专家经验”。神经网络具有非常强的自学习和自适应能力，以及非线性映射特征，所以如果我们利用神经网络的自学习能力来不断获得这种“专家经验”，使得我们的故障诊断系统能够根据历史保存的故障时段波形与故障的原因之间的关联映射，通过神经网络的自学习后保存在其结构和权中。

通过丰富的样本训练，最终能够实现神经网络故障诊断系统对电力系统或者设备的在线自诊断功能。实践证明，利用神经网络智能化系统的故障诊断系统在变压器的故障诊断、三相整理电路等电力电子电路中得到了很好的实践证明和广泛应用，极大地提高了系统的运行效率。

（三）预测控制系统的应用

预测控制系统在电力电子中的优势在于，它是一种致力于更长的时间跨度甚至无穷时间的最优化控制。它将控制过程分解为若干个更短时间跨度或者有限时间跨度的最优化问题，并在一定程度上仍然追求最优解。因此，相较于传统的控制技术中以时间序列分析和统计学两种基本形式来说，其优势在于具有更高的精度和鲁棒性。

例如，在电网中电力系统的运行过程，由于供配电用电安全的需要，如何根据具体的实时用电状态来及时调整发电和向线路各用户配电的问题，是一项非常复杂而又重要的工作。

过去国内采用的大多是传统的预测方法，这些方法的预测精度已经远远不能满足我们实际系统的发展要求，尤其是特殊情况下的用电高峰期，由于不具备适应性要求，将直接影响到整个电网系统的稳定性，以及用电的电能质量和安全。

预测控制策越最大的优势就是在于很强的自适应预测能力，它能较好地处理系统中可能存在的干扰、噪声等不确定问题，也增强了系统的鲁棒性。

二、大功率整流电源智能 CAD 系统

由于整流电源的运行条件不同，其设计也呈现出多样化的特点。传统的 CAD 软件虽然可以替代一些结构设计工作，但对于整个系统的分析计算、参数优化、控制仿真、模拟等关键指标的计算和分析却无能为力。因此，为了更好地应对整流电源设计领域的挑战，计算机智能设计方法（ICAD）的出现为设计方法的变革提供了机遇。

虽然 ICAD 已经广泛运用于机械、电子、建筑等领域中，但在整流电源设计领域中应用并不是广泛。因此，本书提出了应用 ICAD 方法处理参数计算、性能分析、设计评价等智能设计任务的方案，并开发出了具有一定智能的实用系统。

这是一个基于中文 Windows 平台的智能 CAD 系统，采用面向对象的程序设计方法，利用 VB、Visual C++ 编程实现。应用程序界面采用资源管理树型界面，方便操作，简单易用。

（一）大功率整流电源设计流程

大功率整流电源通常电流高达数十千安培，为高能耗设备，一般均要求电源效率高、电流纹波小、运行可靠。

首先输入设计要求的原始数据，如负载参数、电网指标参数、工作环境条件、冷却方式、结构尺寸限制、进出线位置、可靠性要求等；然后根据这些条件进行主整流方案设计，包括整流结构的选择、整流机组配置方案的确定、稳流控制系统方案的确定、主元件选择、冷却方式的选用、装置结构的选择等。在此段设计过程中，需要参考大量的设计规程、设计经验，需要做许多分析、判断。上述方案设计采用专家系统技术是非常恰当的。其后再进行电气设计，包括整流电路主参数计算、控制系统设计、保护系统设计等；机械设计包括发热计算、结构设计、冷却系统设计等：系统性能指标分析仿真对整流电源的静、动态特性等进行分析。后三个模块的工作以数值计算为主，所以开发程序采用一般算法语言比较合适。最后阶段是设计结果的输出，包括电路原理图、装置结构图、设计计算书、设备明细表、系统报价、性能曲线等的输出。

（二）智能设计系统的结构

整流电源智能 CAD 系统的设计体现了系统集成思想。利用 Windows 进程间通信（IPC）功能，将专家系统与机械 CAD、电子 CAD、CAE 及其他系统和技术文档有机地结合在一起。系统结构如图 9-1 所示。

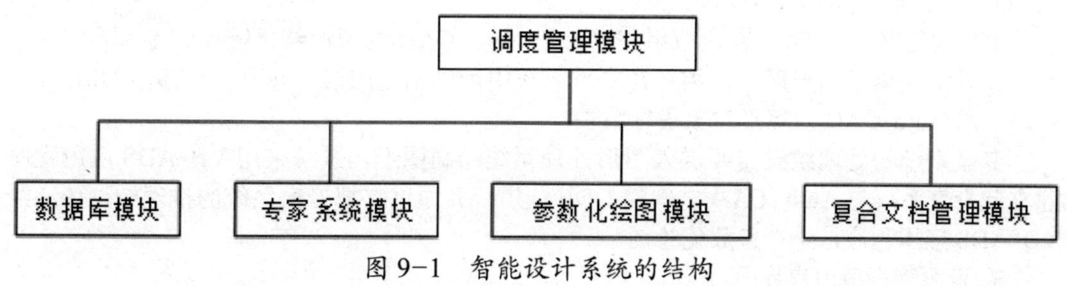

图 9-1　智能设计系统的结构

其中调度模块负责设计进程及用户界面的管理，并协调专家系统模块、数据库模块、

参数化绘图模块、复合文档管理 4 个模块的动作。

专家系统模块负责处理电源方案设计。

数据库模块采用 Microsoft Access 设计，它符合 SQL 标准。由条件数据库、目标数据库、元件材料库和典型设计库组成。条件数据库包括对整流电源的设计要求；目标数据库存放由专家系统推理或参数计算程序求得的结果；元件材料库存放设计所需各种元器件及材料性能参数、价格等数据；典型设计库存放设计工程师常用的典型设计。以上数据库均可方便地维护。

参数化绘图模块编程采用 VB, 把专家系统推理或计算的结论动态传递给 VB-ADS 应用程序的外部定义函数，实现参数化绘图。采用 VB 开发 Auto CAD 参数化绘图模块，它的速度优于 Au-to LISP, 开发效率优于 C++。

复合文档管理模块用于集中管理 CAD 设计过程中不同格式的数据文件，通过 OLE 应用程序，可方便地在同一集成环境下查询、浏览甚至编辑不同格式的数据文件。

（三）主要技术实现

1. 专家系统的实现

系统采用面向对象的技术实现知识的表示，将多种单一知识表达方法（规则、框架和过程）组成一种统一的知识表达模型。它以对象为中心，将对象的属性、动态行为特征和处理等有关知识封装在表达对象的结构中。具体实现采用框架结构来建立统一的知识表达模型，其基本结构由关系槽、属性槽、方法槽与规则槽组成。关系槽表达对象之间的静态关系；属性槽表达设计对象数据的静态属性；方法槽用来存放对象的方法；规则槽用来存放产生式规则集。

大功率整流电源的设计工作按分层模块化的设计思想从上到下进行分解，建立框架类树，主要应用输入参数框架类、主整流方案框架类、冷却系统框架类、保护系统框架类、控制系统框架类。由这些框架类生成初始事实文件，经过系统推理后得到与初始事实相应的设计结果。

系统的知识库是由一系列框架类构成的树形链的结构，采用树形推理链的控制策略来设计推理机。正向推理机由树形推理链来进行推理。设计型专家系统的知识库、规则中嵌套着计算和过程，因此在推理过程中不仅要考虑单一的陈述性语句匹配，还要完成计算、赋值等过程。这种能处理多种知识的推理机，提高了推理的灵活性。

2. 专家系统和绘图系统的链接

将专家系统与绘图系统进行链接，是为了克服传统专家系统缺乏图形表示的缺点，并满足将设计结果用图形表示的需求。系统选用支持对象链接与嵌入 (OLE)、动态数据交换 (DDE) 功能的 Auto CAD 作为图形支持。

系统建立了一个 OLE 客户应用程序，把 Auto CAD 的图形结果链接到专家系统中，为专家系统提供了图形库，使用户在专家系统中可以浏览图形，并且可以激活 OLE 服务程序，用 Auto CAD 对图形对象进行编辑。

专家系统的处理结果需要送入图形处理系统绘制图形，系统采用 VB-ADS 应用程序建立起专家系统与 Auto CAD 之间的 DDE 通道，并通过它把专家系统的推理结论传递给 VB-ADS 应用程序，进行参数化绘图。

3. 资源管理型用户界面

整流电源的设计流程表现为树形结构，在根层为项目集，子层依次为子系统层、子系统各模块层。系统采用资源管理器型界面正好符合其设计特点。利用 VB5. 0 提供的 Tree View 控件、List View 控件和 Image List 控件完成。Tree View 控件的节点集 (Nodes) 表现结构的层次性，List View 控件表现数据细节，Image List 控件与 Tree View 控件和 List View 控件结合使用，为其提供图形资源，从而节省了系统资源。

（四）设计实例

应用开发的 CAD 系统设计年产 5 万吨铝电解工程整流机组，基础原始数据及要求如表 9-1 所示。

9-1　基础原始数据及要求

负载参数	额定直流电压 /V	额定直流电流 /A		过载倍数
	590	4×（2×31500）		1
电网参数	电网电压 (kv) 110	电压波动（%） 5	频率（Hz） 50	相数 3
工作条件	环境温度 (℃) 5-45	环境湿度 (%) ≤ 80	海拔高度 (m) 2000	振动冲击 无
工艺条件	系统额定直流电流 (A) 3×(2×31500)		系统额定直流电 (V) 590	
整流要求	整流器件 二极管	均流系数 0.86	脉波数 48	短路阻抗 10
其他条件	冷却方式 纯水循环	交流进线 下	直流出线 上	

系统的主整流方案为：采用三相桥式同相逆并联整流结构，系统由 4 个整流机组组成，每机组有两台整流柜，组成 4×2×6 脉波。两台整流柜配备一台整流变压器。整流柜由 12 个桥臂构成，每臂并联 7 只 ZPX3000A/2400V 整流元件。每台整流柜由 84 只整流元件及 84 只快速熔断器组成。主要性能指标为：额定输出整流电压 590V, 额定输出整流电流 4×(2×31　500) A, 过载能力 150%　1min, 机组输出脉波数 12, 系统输出脉波数 48，装置额定功率损耗 89. 92kW/ 每柜，整流效率为 99. 51%，电流储备系数为 3. 44，电压储备系数为 3. 7，稳流精度为 1%，冷却方式采用纯水强迫循环冷却，柜体结构形式为 GGD 型冷弯型钢。上述设计结果达到了要求的性能指标。

三、未来应用展望

随着电力电子在高技术产业，特别是在新能源和电力节能领域的广泛应用，人们都迫切需要高质量可控的电能。智能化的电力电子装置已经成为实现各种能源高效率、高质量的电能转换和节能的重要途径。其电力电子装置的功能从以往的单一化向未来的集成化和多元化方向发展，它也成为未来能源互联网、智能电网技术的关键因素。

（一）智能电力监控

随着社会的经济和科技繁荣和发展，在国家电网系统中，全国范围的居民用电、各地重点工程项目、大型公共设施、新能源汽车充电站等急剧增加。人们对包括供配电系统在内的各电力系统的可靠性、安全性、稳定性、兼容性及故障预警和诊断提出了更高的要求。

随着电力电子设备的更新和智能化发展，电力监控系统的范围更广、方式也更加多元，已经逐渐从对供配电系统的实施监控，扩展到对新能源发电、新能源汽车充电站等不同空间甚至不同设备系统的智能化监控领域。

智能化的电力监护系统可以给电网、企业，以及一些单独电力设备提供“监控一体化”的整体解决方案，实时历史数据库建立、工业自动化组态软件、电力自动化软件、“软”控制策略、通信网关服务器、Web 门户工具等。

它的最大优势在于可实现系统的人机交互界面、用户管理、数据采集处理、事件记录查询和故障报警等功能。这些功能的实现和完善将极大地提高对被监控系统的信息化数据采集、监控和控制，有利于系统的稳定运行、精度控制和故障诊断，以及系统的巡查和维护，让我们的电力系统更加安全高效。

（二）智能充电系统

随着电能汽车、电能自行车，以及各种电力电子产品的不断丰富和广泛使用，如何实现这些电能设备快速高效的充电成为人们亟待解决的问题。针对传统的充电方法普遍存在的充电时间长、充电方法过于单一、影响电池使用寿命等问题，充电系统的智能化发展成为电力电子能源设备的迫切需求。

传统的充电方法主要是恒流充电和恒压充电。这两种基本的充电方法，一方面控制电路简单，充电功率一般比较小，实现起来比较容易；另一方面充电速度非常缓慢，充电方法过于单一，控制的稳定性较差，以致影响蓄电池本身的使用寿命。

新发展的智能充电监控系统，实现了高效、快速、无损地对蓄电池进行科学充电。其根据铅酸蓄电池储电池的特性，提出了分阶段充电模式，使充电电流极大地接近储电池的可接受充电的高效率电流曲线，并采用智能化的控制方法来实现储电池的充放电控制。

目前，国内针对大容量智能充电技术的研究还处于起步阶段，但也取得了一定的成果，以智能化充电桩和小容量无线充电模式都是有代表性的先进案例。电动汽车智能充电桩不仅能够实现电动汽车的快速高效充电，同时也能实现对充电电池的评估甚至维护，并且具有人性化的人机交互界面和完善的通信能力，实现了人性化的用户体验。

（三）家庭能源管理

家庭能源管理系统是智能电网在居民侧的一个新的延伸体，近年来，随着智能家居的出现，使其逐渐成为智能电网领域的一个研究热点。家庭能源管理系统通过各种传感器采集室内环境变化、人员活动状况和设备工作状态信息，然后利用这些采集信息的分析结果，对用电设备作出对应的调度和控制，在满足用户舒适度的前提下减少电能的消耗，提高用电效率。

现实中居民侧用电量占据了电网用电的一个重要部分，它占全社会用电总量的 36. 3% 以上，但一直存在用电效率低、浪费严重的现象。为改善这一难题、提高居民用电效率、避免资源浪费，一些西方国家在 20 世纪 70 年代已尝试开展了家庭能源管理系统（HEMS）的研究。

家庭能源管理系统是一个实时的与外界能量和信息的交换过程，由家庭智能控制和家庭能源管理两个部分组成。通过智能化电器、智能电表和各种先进传感器的应用，实现信息的采集和挖掘；通过预算控制和智能化控制策略，实现能耗的最低化的高效节能用电。

一般家庭能源管理系统可分为用户设置模块、信息采集模块、数据分析模块、优化调度模块、设备监控模块，它最终实现在智能电网环境下，居民用户所有的用电负载、储能系统等设备与家庭环境内的用电网络构成一个线上实时监测控制的家庭区域微电网。家庭能源管理系统为节能减排、提高用电效率及智能电网环境下的居民侧需求响应实施、分布式电源和电动汽车接入网络提供了支持，也为未来智能城市电网的发展提供了广阔的前景。

第三节　电力电子智能化研究发展方向

已有的电力电子装置的研制重点在于其基本功能的实现与性能的提高，很少考虑其智能化和对上层支撑。智能电网与能源互联网系统大环境对电力电子装置的智能化提出了高要求，对这一问题的研究具有重要的现实意义。而电力电子装置本身一般已经有相应的装置级控制系统、上位机监控系统甚至互联网数据接入系统，这些都为电力电子装置的智能化研究提供了基础。未来电力电子智能化研究可以考虑以下方向。

1. 大多智能化的技术或手段，已在变电站或电力系统中得以实现，对于电力电子装置智能化是一个很好的借鉴。

智能传感装置工作中容易受到电磁干扰甚至损坏，提高此类装置的抗干扰能力及精度是一项重要工作；智能化技术的深度使用，必须有相应的管理制度与评估标准；智能监控系统应根据装置特性，多考虑分层分布式的体系结构；对智能装置的能量流与信息流分别进行分析，以保证装置稳定与运行优化；应用最新的大数据存储、分析和深度学习方法，结合电力电子装置的特点，有助于从数据分析层面解决其所面临的问题，从海量数据中提炼更多有价值的信息，但在实时性、数据一致性和安全性等方面仍面临挑战。

2. 已有的电力电子装置侧重于对其拓扑结构的研究，对其性能的控制则多数还停留在理论阶段，已在实际装置中应用的控制方法仍以传统方法居多，研究先进的控制算法，有利于充分发挥装置的性能，在保证装置安全稳定的前提下，提高电能质量和经济性能。

电力电子装置是庞大的信息数据系统，具有很强的非线性与不确定性，其鲁棒性控制与多种运行方式如何并存与协调是关键技术问题。

3. 已有的故障诊断与状态评估方法，仅限于电力电子装置中某一单一设备，如变压器、断路器等，没有考虑各器件之间的联系，缺乏所有设备系统评估与诊断方法，因而电力电子装置智能化研究中可以考虑健全整个装置的故障诊断与状态评估体系。

对于超大容量、高压的电力电子装置而言，因其组成复杂，状态评估时面临诸多困难和挑战，不仅要考虑装置性能变化，还要考虑运行环境的变化。每个装置构成特点迥异，评价标准无法统一，需要监测的信息量也非常庞大，正确、有效地评估其安全状态是状态检修成功的关键，对系统运行的安全性与稳定性具有至关重要的作用。

同时，评估指标的选取应遵守状态评估科学性、全面性等原则，可考虑对装置进行分级评估，避免资源浪费。

4. 发展网络化智能应用于智能电网和能源互联网，如网络化的电能质量治理，是电能质量治理技术中电力电子装置智能化的重要发展方向。首先要建立完善的电能质量评估方法与等级划分体系，并基于供用电接口的经济性分析，分别建立内部技术等级评估体系与用户经济性评估体系，建立与健全相关运行政策、法规，实现智能电网与能源互联网的“优质经济”。

5. 通过物联网技术，可实现电力电子装置信息安全共享，提高预测预警水平，尤其是在未来能源互联网延伸到需求侧，实现源网荷协同等场景。其中，电力电子装置信息模型、网络架构、感知体系、通信模型与接口规范、网络与信息安全、设备间的信息共享与交互策略等问题都是需要深入研究的。

第十章　电气自动化技术实践应用

第一节　工业领域实践应用

随着电子信息技术和互联网智能技术的发展，工业电气自动化技术在20世纪中叶初步应用于社会生产管理中。经过半个多纪的发展，工业电气自动化技术已经日趋成熟，并逐渐应用于社会生产和生活的各个方面，它对于电子信息时代的发展具有至关重要的意义。进入信息化时代以来，人们的生产和生活观念也在不断变化，对工业电气行业的发展提出了更高的要求。因此，工业电气自动化系统必须不断地进行改革，否则将难以跟上时代的步伐。随着电气自动化技术水平的不断提高，电气自动化技术在工业电气系统中的发展中已成为必然的趋势，具有跨时代的研究价值。它对于社会经济的发展有着十分重要的推动意义，可以进一步推动国家的繁荣昌盛。

一、电气自动化技术在工业领域的应用概述

（一）工业电气自动化的特点

在机械电气自动化控制工业应用方面，电气自动化技术的特点在于它可以提高各个领域的生产效率和质量，并且可以借助先进技术改善工业生产环境。工业企业引入电气自动化工程符合行业发展规律，是时代发展的必然选择。

随着信息科技的发展，电气自动化技术更加完善。经过长期的发展，电子技术、计算机技术和电气自动化工程之间的联系愈发紧密，并为工业生产带来了新的活力。自电力产品问世以来，电气自动化概念备受关注，并在科技发展中逐步实现。继电器、接触器等装置设备均可对电气自动化产生有效控制，在特定装置设备操作下实现了电气自动化。现代控制理论的出现和完善进一步促进了电气自动化工程的发展。在计算机技术推动下，自动化控制效果得到有效提升。在各类先进技术的融合使用下，大量电气自动化技术不断涌现，使电气自动化工程实现了大幅度的提升。

在当前时代背景下，工业生产和电气自动化工程的联系更加紧密。为适应工业生产的规模，电气自动化工程的应用效果需要借助信息科技进一步提升，并在工业各领域中切实发挥出其作用。工业生产和电气自动化工程具有广泛性、高效性和科技发展性的特点。其中，广泛性指电气自动化工程可以广泛应用于工业各领域，通过提升生产效率和质量来带动整个行业的发展。随着工业生产活动的规模进一步扩大，电气自动化工程的应用也变得越来越必要，因为它可以降低劳动力消耗，控制人力成本，促进工业各领域生产活动的高效发展。工业生产对电气自动化的大规模应用是其广泛性特征的体现。

电气自动化工程的高效性特点相当显著，而且在科学技术的应用下，可以进一步提升其应用效果，对提高工业生产力具有积极作用，同时还可以提高工业产品的科技含量和应用价值。科技发展性指的是电气自动化工程随着我国科技的进步而发展，并且两者之间存

在着紧密的联系。电气自动化工程在技术更新中彰显出一定的延续性，科学技术的进步可以提升电气自动化工程在工业生产中的效果，使其更好地发挥作用。

（二）电气自动化技术在工业领域应用的意义与前景

电气自动化技术在工业电气领域的应用，其意义在于对市场经济的推动作用和生产效率的提升效果两方面。在市场经济的推动作用方面，工业电气自动化技术的应用可以最大化各类电气设备的使用价值，有效强化工业电气市场各个部门之间的衔接，保证工业电气管理系统的制度性发展，实现工业电气系统的稳定快速发展，切实提升工业电气市场的经济效益，促进整体市场经济效益的提升。在生产效率的提升效果方面，电气自动化技术的应用可以提升工业电气自动化管理监督的监控力度，进行市场资源配置的合理优化和工业成本的有效控制，同时给生产管理人员提供更加精确的决策制定依据，在降低工业生产人工成本的同时，提升工业生产效率，促使工业系统的长期良性循环发展。

通过工业电气自动化的发展，可以有效地节约在现代工业、农业及国防领域的资源，降低成本费用，从而取得更好的经济和社会效益。随着我国工业自动化水平的提高，我们可以实现自主研发，缩短与世界各国之间的距离，从而推动国民经济的发展。我国的工业电气自动化企业应完善机制和体制，确立技术创新为主导地位，通过不断地提高创新能力，努力研发更好的电气自动化产品和控制系统。通过加强我国电气自动化的标准化和规范化生产，以科学发展观为指导思想，以人为本，学习先进的技术和经验，充分发挥人的积极性，从而加快企业转变经济增长方式，使我国的工业电气自动化技术和水平得到发展和提高。

为了实现工业电气自动化生产的规模化和规范化，应当不断规范我国电气传动自动化技术领域的相关标准，并进一步完善相关体制、机制和环境政策，为企业自主研发电气自动化系统和产品提供发展空间，通过不断地提高我国工业电气自动化技术的创新能力，推动工业电气自动化生产企业经济增长方式的改变和工业电气自动化技术科学发展的新局面。同时，应进一步促进工业电气自动化技术与其他领域的融合，加强跨行业、跨领域的合作，将工业电气自动化技术应用于更多的领域，为推动我国经济高质量发展提供更多的支撑和保障。

在工业电气自动化技术发展的过程中，还需要重视对相关人才的培养和引进。针对工业电气自动化技术不断变化的需求，需要加强教育培训，培养更多具有工业电气自动化技术专业知识和实践经验的人才。同时，应加强人才引进，吸引国内外优秀的工业电气自动化技术人才，为我国工业电气自动化技术的发展注入新的动力和活力。

总之，工业电气自动化技术在工业电气领域的应用对于我国经济的发展和转型具有重要的意义。通过加强技术创新、标准化和规范化生产、人才培养和引进等方面的努力，可以进一步提升工业电气自动化技术的应用水平和发展水平，为我国经济高质量发展注入新的动力，实现经济社会可持续发展的目标。

二、电气自动化技术在工业领域的具体应用——以制造业为例

电气自动化技术在工业领域有着广泛应用，此处我们重点就制造业中的电气自动化技术实践应用展开分析。

随着科技的不断发展，制造业领域也在不断地进行着技术创新和更新换代。电气自动化技术在制造业中的应用也随之不断拓展和深化。此处将从自动化生产线、智能制造、柔

性生产等方面，详细介绍电气自动化技术在制造业中的实践应用。

（一）自动化生产线

1. 自动化生产线概述

自动化生产线是利用计算机控制和机械装置实现全自动化生产的一种方式。自动化生产线的出现大大提高了生产效率和产品质量，降低了劳动力成本，缩短了生产周期，从而在竞争激烈的市场环境中具有重要的竞争优势。

（1）自动化生产线的基本概念

自动化生产线是由多个工作单元和自动传送装置组成的生产系统。其工作流程包括物料的进料、加工、检测、装配、出料等环节。每个工作单元可以完成不同的生产任务，并通过传送装置将物料传递到下一个工作单元，从而实现生产流程的自动化。

自动化生产线通常由三个主要部分组成，即机械部分、电气控制部分和信息处理部分。机械部分主要由各种设备和机械装置组成，用于完成物料的加工、转运、装配等工作；电气控制部分负责控制机械部分的运行，保证各个工作单元协调配合；信息处理部分则通过计算机控制系统，实现对整个自动化生产线的监控、管理和优化。

（2）自动化生产线的主要特点

①高效性

自动化生产线可以实现无人值守的全自动化生产，大大提高生产效率和生产质量。

②灵活性

自动化生产线可以根据生产任务的不同，灵活调整生产流程，适应不同的生产需求。

③稳定性

自动化生产线的生产过程完全由计算机控制，可以保证生产过程的稳定性和可靠性。

④可扩展性

自动化生产线可以通过增加工作单元和传送装置等方式，扩大生产规模，满足市场需求。

⑤节能环保

自动化生产线可以优化生产过程，降低能源消耗和排放，减少对环境的污染。

（3）自动化生产线的应用领域

①汽车制造业

自动化生产线在汽车制造业中得到广泛应用，可以实现汽车的全自动化生产，从而提高生产效率和质量。

②电子制造业

自动化生产线在电子制造业中也得到广泛应用，可以实现电子产品的高效生产和精准装配。

③食品加工业

自动化生产线可以在食品加工业中实现高效、标准化的生产流程，从而提高生产效率和食品质量。例如，利用自动化生产线生产面包、饼干、巧克力等食品，可以保证产品质量的一致性和卫生安全性。

④医药制造业

自动化生产线在医药制造业中也得到广泛应用，可以实现药品的高效生产和标准化生产流程，从而确保药品质量和安全性。

⑤化工制造业

自动化生产线在化工制造业中也有广泛应用，可以实现化工产品的高效生产和标准化生产流程，从而提高化工产品的质量和安全性。

2. 自动化生产线中电气自动化技术的应用

在生产线自动化控制中，电气自动化技术具有广泛的应用，可以大幅度提高生产效率、降低生产成本、提升产品质量和稳定性。以下是电气自动化技术在生产线自动化控制中的主要应用。

（1）自动化装配线控制

自动化装配线是一种高度自动化的生产线，可以实现自动化装配、检测、打包和运输等多个环节。通过电气自动化技术，可以实现自动化的控制和监测，提高生产效率和生产线稳定性。例如，通过 PLC 控制器和传感器，可以实现装配线上物料的自动分配和定位，从而实现自动化的物料搬运和装配操作。

① PLC 控制

PLC 是一种特殊的计算机，主要用于控制和监测机器和工艺过程。在自动化装配线中，PLC 主要负责对各个工作单元的控制和协调。通过编写 PLC 程序，可以实现对装配线的全面控制和监测。例如，PLC 可以控制机械臂的动作，控制传送带的运行速度，以及对检测数据进行采集和分析等。

②传感器应用

传感器是电气自动化技术中重要的组成部分，主要用于检测物体的位置、速度、温度等参数，并将数据反馈给 PLC 进行处理。在自动化装配线中，传感器可以用于检测物料的位置和运动状态，以及对装配品质量进行检测和控制。例如，光电传感器可以检测传送带上的物料位置，温度传感器可以检测机械臂的温度，压力传感器可以检测气动装置的压力等。

③伺服控制技术

伺服控制技术是一种高精度的运动控制技术，可以实现对电机运动的精确控制。在自动化装配线中，伺服控制技术可以用于控制机械臂的运动，精确地定位和抓取物料。例如，通过伺服电机控制机械臂的位置和角度，可以实现对物料的精确定位和抓取，从而提高装配线的效率和生产质量。

④人机界面控制

人机界面是一种可以实现人机交互的控制方式，可以通过触摸屏、键盘、鼠标等设备，将操作者的指令传达给 PLC，从而实现对装配线的控制和监测。例如，通过人机界面，操作者可以设置装配线的运行参数，监测装配线的状态，以及对异常情况进行处理等。

（2）机器人自动化控制

机器人自动化控制是指利用电气自动化技术对机器人进行控制和监控，从而实现机器人的自动化操作和控制。例如，在汽车生产线上，机器人可以负责车身焊接、车身涂装、零部件组装等工作，通过 PLC 控制器和传感器，可以实现机器人的自动化控制和监测，从而提高生产效率和产品质量。

机器人自动化控制通常由三个主要部分组成，即机械部分、电气控制部分和信息处理部分。机械部分主要由机器人本体和执行器等设备组成，用于完成物料的加工、转运、装配等工作；电气控制部分负责控制机器人的运行，保证机器人的稳定运行；信息处理部分则通过计算机控制系统，实现对机器人的监控、管理和优化。

① PLC 控制

在机器人自动化控制中，PLC 主要负责对机器人的控制和协调。通过编写 PLC 程序，可以实现对机器人的全面控制和监测。例如，PLC 可以控制机器人的运动轨迹，控制机器人的动作，以及对机器人的工作状态进行监测等。

②传感器应用

在机器人自动化控制中，传感器可以用于检测机器人本体的位置和运动状态，以及对工件的质量进行检测和控制。例如，光电传感器可以检测机器人本体的位置；力传感器可以检测机器人对工件施加的力大小；温度传感器可以检测机器人本体的温度等。

③伺服控制技术

在机器人自动化控制中，伺服控制技术可以用于控制机器人的运动，精确地定位和抓取工件。例如，通过伺服电机控制机器人的位置和角度，可以实现对工件的精确定位和抓取，从而提高机器人的生产效率和精度。

④人机界面控制

通过人机界面，操作者可以设置机器人的运行参数，监测机器人的状态，以及对异常情况进行处理等。

（3）运动控制系统

运动控制系统是生产线自动化控制中的关键技术之一。通过电气自动化技术，可以实现各种运动控制系统的自动化控制和监测。例如，在食品生产线上，通过 PLC 控制器和伺服电机，可以实现食品包装机的自动化控制和监测，从而提高生产效率和产品质量。

运动控制系统通常由三个主要部分组成，即机械部分、电气控制部分和信息处理部分。机械部分主要由电机、传动机构、运动部件等设备组成，用于完成物料的加工、转运、装配等工作；电气控制部分负责控制电机的运行，保证电机的稳定运行；信息处理部分则通过计算机控制系统，实现对机械运动的监控、管理和优化。

① PLC 控制

在运动控制系统中，PLC 主要负责对运动控制系统的控制和协调。通过编写 PLC 程序，可以实现对运动控制系统的全面控制和监测。例如，PLC 可以控制电机的运动轨迹，控制运动部件的动作，以及对运动状态进行监测等。

②伺服驱动器应用

在运动控制系统中，伺服驱动器可以用于控制电机的运动，精确地定位和抓取物料。例如，通过伺服驱动器控制电机的位置和角度，可以实现对物料的精确定位和抓取，从而提高设备的生产效率和精度。

③编码器应用

编码器是一种用于测量转子转动角度的传感器，主要用于实现对电机运动状态的监测和控制。在运动控制系统中，编码器可以用于对电机的位置、速度和加速度等参数进行实时监测和反馈，从而保证电机的运动精度和稳定性。例如，通过编码器测量电机转子的角度和速度，可以实现对电机的精确控制和位置反馈。

④运动控制算法

运动控制算法是一种通过计算机控制系统实现对运动控制的精确控制和优化的方法。在运动控制系统中，运动控制算法可以用于实现对电机运动轨迹的规划和优化，保证设备的生产效率和精度。例如，通过运动控制算法，可以实现对电机运动的速度和加速度的控制和优化，从而实现设备的高效运转和生产效率的提高。

（4）过程控制系统

过程控制系统是生产线自动化控制中的关键技术之一。通过电气自动化技术，可以实现各种过程控制系统的自动化控制和监测。例如，在化工生产线上，通过 DCS 控制器和传感器，可以实现化工生产过程的自动化控制和监测，从而提高生产效率和产品质量。

① PLC 控制

在过程控制系统中，PLC 主要负责对工艺过程的控制和协调。通过编写 PLC 程序，可以实现对工艺过程的全面控制和监测。例如，PLC 可以控制阀门的开闭程度，控制泵的流量和速度，以及对工艺参数进行监测等。

② DCS 控制

在过程控制系统中，DCS 可以通过现场总线技术实现对多个 PLC 的控制和协调，从而实现对工艺过程的精确控制和调节。例如，通过 DCS 控制系统，可以实现对多个反应釜的温度、压力、液位等参数的实时监测和控制。

③传感器应用

在过程控制系统中，传感器可以用于检测工艺参数，例如温度、压力、液位等参数，从而实现对工艺过程的精确控制和监测。例如，在化工工艺中，通过检测反应釜内的温度和压力等参数，可以实现对反应过程的精确控制和监测，从而保证产品的质量和一致性。

④执行器应用

在过程控制系统中，执行器可以通过 PLC 或 DCS 控制，实现对工艺参数的精确控制和调节。例如，在化工工艺中，通过控制阀门的开闭程度和泵的流量和速度，可以实现对反应釜内的温度和压力等参数的控制和调节。

⑤人机界面应用

在过程控制系统中，人机界面可以通过计算机软件、触摸屏等设备实现，方便操作人员实时监测工艺参数并进行调节。例如，在化工工艺中，通过人机界面可以实时监测反应釜内的温度、压力、液位等参数，并进行调节，从而保证产品的质量和一致性。

（5）数据采集和分析

在生产线自动化控制中，数据采集和分析是非常重要的环节。数据采集是指通过传感器、测量设备等设备对现场数据进行采集和监测，数据分析是指对采集的数据进行处理和分析，提取有效信息和知识。通过电气自动化技术，可以实现各种数据采集和分析系统的自动化控制和监测。

①传感器应用

在数据采集和分析中，传感器可以用于检测各种参数，如温度、压力、液位、电流等，从而实现对生产过程的全面监测和优化。

②计算机控制系统应用

计算机控制系统是电气自动化技术中的核心部分，主要用于实现对生产过程的全面监测和优化。在数据采集和分析中，计算机控制系统可以通过传感器等设备采集现场数据，并进行处理和分析，提取有效信息和知识，从而优化生产过程，提高生产效率和产品质量。

③人机界面应用

在数据采集和分析中，人机界面可以通过计算机软件、触摸屏等设备实现，方便操作人员实时监测生产过程中的参数和状态，并进行调节和优化。

（二）智能制造

1. 智能制造概述

（1）智能制造的概念

智能制造是一种基于信息技术和先进制造技术的新型制造方式，是数字化、网络化、智能化和可持续化的制造模式。智能制造通过数字化、网络化、智能化技术的应用，实现对整个制造过程的全面控制和优化，从而提高生产效率、降低成本、提高产品质量和创新能力。

（2）智能制造的特点

①数字化

智能制造通过数字化技术实现对生产过程中的数据和信息的全面采集、处理、分析和共享，从而实现对生产过程的精细化管理和优化。

②网络化

智能制造通过网络化技术实现对生产过程中的各种资源、设备和人员的全面连接和协同，从而实现对生产过程的全面控制和调度。

③智能化

智能制造通过智能化技术实现对生产过程中的各种资源、设备和人员的全面智能化管理和调度，从而提高生产效率和产品质量。

④可持续化

智能制造通过可持续化技术实现对生产过程中的能源消耗、排放等环境问题的全面监测和控制，从而实现对环境的可持续保护和管理。

（3）智能制造的应用案例

智能制造已经广泛应用于各个领域，以下是智能制造的部分典型应用案例。

①智能工厂

智能工厂是指通过数字化、网络化、智能化技术，实现对生产过程的全面控制和优化，提高生产效率、降低成本、提高产品质量和创新能力。智能工厂可以实现高度自动化的生产，实时监控和调整生产过程，减少生产过程中的浪费和错误。

②智能物流

智能物流是指通过物联网、云计算等技术，实现对物流过程的全面监测和控制，提高物流效率和服务质量。智能物流可以实现智能调度、智能配送、智能仓储等功能，减少物流成本，提高物流效率。

③智能制造设备

智能制造设备是指采用数字化、网络化、智能化技术的新型制造设备，能够实现对生产过程的全面监测和控制。智能制造设备可以通过传感器、计算机控制系统等设备，实现对生产过程的全面自动化控制和优化。

④智能产品

智能产品是指采用数字化、网络化、智能化技术的新型产品，能够实现对用户需求的全面响应和服务。智能产品可以通过传感器、智能控制系统等设备，实现对产品的全面监测和控制，提高产品的性能、可靠性和用户体验。

⑤智能制造服务

智能制造服务是指通过互联网、云计算等技术，为制造业提供全面的服务支持，包括智能设计、智能制造、智能质量等服务。智能制造服务可以实现对制造业的全面升级和转型，提高企业的核心竞争力和市场份额。

随着智能制造技术的不断发展和成熟，其应用范围将越来越广泛，为制造业的转型升级和可持续发展提供了新的机遇。

2. 智能制造中电气自动化技术的应用

（1）自适应控制

电气自动化技术可以实现生产设备的自适应控制。通过对设备的运行状态进行监测和分析，自动调整设备的参数和运行方式，以适应不同的生产需求和环境变化。同时，自适应控制也可以提高设备的稳定性和可靠性，降低故障率和维修成本。

（2）智能诊断与预测

电气自动化技术可以实现对设备运行状态的智能诊断和预测。通过对设备的传感器数据进行分析，可以识别出设备可能存在的问题，提前进行维修和保养，避免设备停机和生产延误。

（3）产品质量控制

电气自动化技术可以实现对产品质量的实时监测和控制。通过对生产过程中的各个环节进行控制和优化，可以提高产品的一致性和稳定性，确保产品质量达到标准要求。

（4）能源管理

电气自动化技术可以实现对能源的智能管理和控制。通过对能源的监测和分析，可以实现能源的节约和优化，降低生产成本和环境污染。

（三）柔性生产

1. 柔性生产概述

（1）柔性生产概念

柔性生产是指在生产过程中能够快速地适应市场需求、生产组织结构变化以及加工工艺改变的一种制造模式。柔性生产可以快速地进行生产调整，提高生产效率和生产灵活性，缩短生产周期，降低生产成本。同时，柔性生产还可以更好地适应市场需求，提高产品竞争力。

柔性生产可以通过减少中间环节、优化生产过程、缩短生产周期等方式来提高生产效率。柔性生产还可以通过技术创新、协同设计等方式来降低生产成本。柔性生产还可以通过快速反应市场需求、提高产品质量等方式来提高产品竞争力。

（2）柔性生产特点

①生产流程具有灵活性和可调性

柔性生产可以通过快速地调整生产流程和生产设备来满足市场需求和产品变化。

②生产规模可以随时调整

柔性生产可以根据市场需求和产品变化随时调整生产规模，提高生产效率。

③生产资源可以实现共享

柔性生产可以通过共享生产资源来提高资源利用率，降低生产成本。

④产品品种可以快速切换

柔性生产可以通过快速地调整生产设备和生产流程来实现产品品种的快速切换。

⑤生产流程自动化程度高

柔性生产采用先进的自动化技术来提高生产效率和生产质量。

2. 柔性生产中中电气自动化技术的应用

（1）自动化的生产设备控制

在柔性生产中，生产设备需要灵活地应对不同的生产任务和工艺要求。电气自动技术可以通过自动化的设备控制系统，实现生产设备的灵活控制。例如，使用 PLC 等控制器实现设备的自动调节和优化，使得设备能够根据生产任务的变化实时调整参数，以保持生产过程的高效稳定。

（2）数据采集和分析

柔性生产需要实时采集和分析生产过程中的数据，以便于实时调整生产计划和设备参数。电气自动技术可以通过数据采集和分析系统，实现对生产过程的实时监测和数据分析。例如，使用传感器采集设备的运行数据，并通过数据分析软件进行实时监控和数据分析，以识别生产过程中的问题并及时解决。

（3）自动化的品质控制

柔性生产需要实现高质量的产品生产，电气自动技术可以通过智能化的品质控制系统，实现对生产过程中的品质控制。例如，使用视觉检测系统对产品进行检测和分类，实现产品的自动分类和质量控制。

（4）自动化的物流控制

柔性生产需要实现灵活高效的物流控制，电气自动技术可以通过自动化的物流控制系统，实现对生产过程中的物流过程的自动化控制。例如，使用自动化的输送机和 AGV 等自动化物流设备，实现对物流过程的自动化控制和优化，以提高物流过程的效率和准确性。

第二节　电力系统领域实践应用

随着社会的发展和人口的不断增长，电力的需求量也越来越大，因此电力系统在现代社会中扮演着至关重要的角色。为了保证电力系统的安全、稳定和高效运行，电气自动化技术得到了广泛应用。本文将从电力系统的基本结构、电气自动化技术的概念、电气自动化技术在电力系统中的应用等方面展开详细的探讨。

一、电力系统的基本结构

电力系统是由发电、输电、配电三个部分组成的。发电部分是指电力发电站，输电部分是指将电力从发电站输送到用电地点的输电网，配电部分是指将输送到用电地点的电力分配到每个用户的配电网。整个电力系统包括了发电、输电、配电三个环节。其中，电力发电站通过发电机将机械能转化成电能，输电线路将发电站产生的电力输送到用电地点，配电线路将输送到用电地点的电力分配到每个用户。电力系统是一个高度复杂的系统，各个部分的相互作用决定了电力系统的稳定性和可靠性。

二、电气自动化技术在电力系统中的应用

（一）发电环节

发电环节是电力系统的第一道工序，主要负责将化石燃料、水力、核能等能源转化为电能。在发电环节中，电气自动化技术可以帮助管理者实现对发电机组的控制和管理，以确保发电的安全、高效、可靠。

1. 发电机组自动控制系统

发电机组自动控制系统是发电环节的关键部分，它是由PLC、DCS等电气自动化设备构成的。这个系统可以实现对发电机组的自动控制，如启停发电机组、调整发电机组的输出功率等。通过自动控制系统，可以实现发电机组的远程控制和监测，从而减少了人为操作的错误和安全隐患，提高了发电效率。

2. 汽轮机控制系统

汽轮机控制系统是电气自动化技术在发电环节的另一个重要应用。它主要实现对汽轮机的控制和监测。汽轮机控制系统能够实现汽轮机的自动启停控制、转速的自动控制、调节汽轮机进出汽阀的开度、监测汽轮机的振动、温度等参数，从而提高了汽轮机的效率和稳定性。

3. 电力系统监控与数据采集系统

电力系统监控与数据采集系统主要用于对发电机组、汽轮机、锅炉等设备的运行状态进行实时监控，并采集相应的数据。电力系统监控与数据采集系统能够实现对电力系统的全面监测和数据分析，帮助运营人员快速发现和解决问题。

4. 人机界面系统

人机界面系统主要用于人机交互，包括显示、报警、操作和控制等功能。人机界面系统能够为运营人员提供直观的监控和操作界面，使运营人员能够更加方便地进行操作和控制。

5. 发电机组维护管理系统

发电机组维护管理系统主要用于对发电机组的维护和管理。通过对发电机组的实时监测和数据分析，可以实现对发电机组的精准维护，延长发电机组的使用寿命。此外，还可以通过对发电机组的运行状态进行实时监测和预测，及时发现潜在故障，避免设备故障导致的事故发生。

6. 发电机组在线诊断系统

发电机组在线诊断系统是电气自动化技术在发电环节的另一个应用。它通过对发电机组的振动、温度、电压等参数的实时监测和分析，可以提前发现设备的潜在故障，并进行预警和诊断。这样可以避免故障的突然发生，降低设备维修成本，提高电力系统的可靠性和安全性。

7. 发电厂节能控制系统

发电厂节能控制系统是电气自动化技术在发电环节的另一个应用。它主要用于优化电力系统的运行方式，实现节能减排的目的。发电厂节能控制系统可以通过对电力系统的运行数据进行分析和优化，使发电厂能够更加有效地利用能源资源，减少电力系统的能耗和排放量。

8. 发电厂信息化管理系统

发电厂信息化管理系统是电气自动化技术在发电环节的另一个应用。它主要用于对发

电厂的运营管理进行信息化处理，包括设备档案管理、生产计划管理、物资管理等。发电厂信息化管理系统能够提高发电厂的管理效率和准确性，为发电厂的科学化管理提供支持。

（二）输电环节

输电环节是将发电的电能输送到各个用户的环节。在输电环节中，电气自动化技术可以帮助管理者实现对输电线路的控制和管理，以确保输电的安全、高效、可靠。

1. 远程监控与控制系统

远程监控与控制系统是电气自动化技术在输电环节的核心应用之一。它主要用于对输电线路和变电站的远程监控和控制，包括设备的实时状态、运行参数和告警信息等。远程监控与控制系统可以通过网络通信技术，将电力系统的运行状态传输到监控中心，实现远程监控和控制，提高了电力系统的安全性和可靠性。

2. 自动故障检测与诊断系统

自动故障检测与诊断系统是电气自动化技术在输电环节的另一个重要应用。它主要用于对输电线路和变电站的故障进行实时检测和诊断。自动故障检测与诊断系统可以通过对电流、电压、温度等参数的监测和分析，及时发现故障并进行诊断，快速准确地定位故障点，提高了电力系统的可靠性和安全性。

3. 自动安全保护系统

自动安全保护系统是电气自动化技术在输电环节的另一个重要应用。它主要用于对输电线路和变电站的安全进行保护，包括过流保护、过载保护、短路保护等。自动安全保护系统可以通过设定保护参数和控制策略，实现对输电线路和变电站的自动保护，避免设备过载、短路等故障的发生，保障了电力系统的安全稳定运行。

4. 智能电网系统

智能电网系统是电气自动化技术在输电环节的另一个应用。它主要用于对电力系统进行智能化升级，包括自动化控制、可靠性保障、能源管理等方面。智能电网系统可以通过实时监测和控制，提高电力系统的效率、安全性和可靠性，实现对电力负荷、发电量和能源的智能管理，促进电力系统的可持续发展。

（三）配电环节

配电环节是指在电力系统中将输电电力转换为适合用户使用的低压电能，并将其分配到用户的电气设备中的过程。在配电环节中，电气自动化技术主要用于对配电系统的自动监测、控制和管理，包括配电自动化系统、智能电能表管理系统、配电保护系统、配电负荷管理系统和配电信息化管理系统等。这些技术可以提高配电系统的可靠性和安全性，为电力系统的科学化管理提供支持。

1. 配电自动化系统

配电自动化系统是电气自动化技术在配电环节的核心应用之一。它主要用于对低压配电网和配电室的自动监测、控制和管理。配电自动化系统可以通过对电能质量、电能计量、电量控制等参数的监测和控制，提高电力系统的可靠性和安全性。

2. 智能电能表管理系统

智能电能表管理系统是电气自动化技术在配电环节的另一个重要应用。它主要用于对电能计量的自动管理，包括电能计量、数据采集和传输等。智能电能表管理系统可以通过自动化技术，提高电能计量的准确性和可靠性，为配电系统的管理提供数据支持。

3. 配电保护系统

配电保护系统是电气自动化技术在配电环节的另一个重要应用。它主要用于对低压配电网的保护，包括过载保护、短路保护等。配电保护系统可以通过自动化技术，实现对低压配电网的自动保护，避免设备过载、短路等故障的发生，提高了配电系统的可靠性和安全性。

4. 配电负荷管理系统

配电负荷管理系统是电气自动化技术在配电环节的另一个应用。它主要用于对配电负荷的实时监测和管理，包括负荷预测、负荷分配、负荷控制等。配电负荷管理系统可以通过自动化技术，实现对配电负荷的自动化管理，提高了电力系统的效率和可靠性。

5. 配电信息化管理系统

配电信息化管理系统是电气自动化技术在配电环节的另一个应用。它主要用于对配电系统的运营管理进行信息化处理，包括设备档案管理、生产计划管理、物资管理等。配电信息化管理系统可以提高配电系统的管理效率和准确性，为配电系统的科学化管理提供支持。

第三节　建筑领域实践应用

将科学技术和电气自动化技术应用于建筑领域，大大提高了城市建筑的性能和品质。实际上，在城市建筑中使用电气自动化技术既可以提升人们的生活品质，提升建筑的性能，还可以提升电气自动化技术的水平。但是，就目前而言，我国城市建筑应用电气自动化技术时存在一些问题，可能会影响建筑的性能和品质，导致建筑出现安全隐患，威胁住户的人身安全和财产安全。基于此，本书对电气自动化技术在建筑领域应用加以分析与研究，以期提升建筑自控系统的水准。

一、电气自动化技术在建筑领域的应用介绍

以往的建筑自控系统主要是建筑中暖通空调的自控体系，电气自动化技术在最近几年才被逐渐应用于建筑自控系统中，成为该系统中必不可少的一环。由于目前我国社会经济发展迅速，人们的生活质量得到了显著提升，人们越发期望现代建筑具备更合理的性能和质量，建筑自控系统应运而生。

楼宇自动控制系统是自动管理建筑设备的一种控制系统，建筑设备是指能够为建筑活动提供服务或者为人们提供一些基本生存条件所必须用到的设备。随着人们生活水平的不断提高，人们对建筑设备的需求也越来越迫切，如家中通常都会应用的空调设备和照明设备，以及变配电设备等，人们希望通过一定的科学技术和手段来实现设备的自动化控制。而楼宇自动控制系统不仅可以满足人们对建筑设备的自动化需求，还能够节省大量的能源资源，以及人力、物力，使建筑设备更加安全、稳定地运行。

二、电气自动化技术在建筑领域应用的优势

（一）提升建筑自动控制系统的安全性及可靠性

传统的建筑电气系统在运行时，因周围环境的变化或人员操作失误等原因，可能出现

运行故障及功能损坏的情况，使得建筑电气系统的应用出现安全隐患，进而影响建筑工程的整体运行。而现代建筑中建筑电气自动化控制系统的应用能够有效地降低这一情况造成的影响，工作人员可以通过建筑自动控制系统，对设备的运行进行检测，或者通过系统反馈的数据，明确地了解电气设备的使用状态，进而提前预防可能会出现的安全隐患，从而提升建筑自动控制系统的安全性及可靠性。

（二）增强各系统间的联动性

在实际建筑工程中，建筑自动化控制系统因其具备的网络化及智能化的优势，可以有效地将建筑中应用的各项系统进行有机结合，使各项系统间形成统一的管理模式，增强各项系统间的联动性，提升建筑整体的安全性。

（三）提升系统的管理效率

随着建筑行业的日益发展，建筑施工的内部结构日益复杂，这导致建筑内部结构出现安全隐患的概率大大增加。传统的建筑电气系统因其自身的原因无法对建筑进行全面监管，无法保障建筑整体的安全性。而电气自动化技术在现代建筑领域的应用将有效地改善这一现象，人们可以通过建筑自动化控制系统的监控功能，全方位实时监管建筑，并利用系统反馈监控数据的功能，实现对建筑内部结构的有效管理，进而提升系统的管理效率。

三、电气自动化技术在建筑领域的应用

（一）电气接地保护技术中的应用

电气接地技术是电气自动化技术在建筑领域中应用的一个主要项目，其实施方式主要有防雷接地、直流接地、屏蔽接地和静电接地。其中，屏蔽接地和静电接地是指利用电气设备远离辐射放射区或静电，进而保障电气设备的安全；直流接地主要利用绝缘铜芯实现绝缘保护，这一技术一般应用在建筑的计算机控制和连接数字电视等电子设施上；防雷接地的目的是在雷电天气时防止雷电对电气设备的损害。

下面，我们以电气接地体系和电气保护体系为切入点，主要介绍电气自动化技术在电气接地保护中的应用。

1. 电气接地体系

接地体系决定着供电体系的安全性和稳定性，是建筑供配电设计的主要环节。特别是最近几年，合理的接地体系设计促进了大批量智能建筑的产生。

为了确保供电设备的稳定性和安全性，建筑自控系统需要采用合适的电气接地技术。其中，TN-S体系和TN-CS体系是现阶段可以有效应用于建筑自控系统的主要的接地体系。

（1）TN-S 体系

TNS 体系是 PE 线加三相四线构成的接地体系，主要用于建筑中设置了个独立的变配电所时其中的进线。TN-S 体系的具体特征是，确保接地线的 PE 线与 N 线只在变压器中性点进行接线，在其他时候这两线不会一起完成电气连接。由于 TNS 体系的基准点位拥有可靠性和安全性的特点，如果没有特别要求，建筑自控系统通常会采用 TN-S 体系作为接地体系。

N 线是带电的，而 PE 线是不带电的。N 线带电的主要原因在于，智能建筑中单相用电设备比较多，单相负荷占据的比例大，而三相负荷不稳定。与此同时，因经常使用荧光

灯照明，荧光灯形成的三次谐波产生在N线上，加大了N线的电流量，在这种状况下如果在设备表层上连接N线，会增加火灾或电击事故发生的概率；如果在设备外层上连接PE线，就会导致整个设备都通电，扩大电击事故发生的范围；如果在设备外壳上同时连接PE线和N线，会导致事故发生的概率增大，事故的严重性增加；如果在设备表层上同时连接直流接地线、N线、PE线的话，不仅会产生上述事故，还会导致设备被干扰而无法有效地开展工作。

由此可见，目前建筑物中使用的建筑自控系统必须建造相关的安全设施，如防雷接地、直流接地、防静电接地、安全保护接地等接地体系。

此外，设计智能建筑的过程中，因为建筑自控系统中存在大量易受电磁波干扰的电子仪器，所以建筑自控系统不仅需要设置建筑的屏蔽接地体系和防静电接地体系，还需要设置防静电的计算机房、火灾报警监控、程控交换机房和消防监控室。

（2）TN–C–S体系

TN–C–S体系主要包括TNS体系和TNC体系，两者的分界点是PE线和N线的连接处。TN–C–S体系主要在建筑的供电向区域变电的环境下使用，电力进户前使用TNC体系，电力进户后使用TNS体系，也就是将进户处作为重复接地位置。因为TN–C–S体系运用了与TNS体系相同的技术，所以TN–C–S体系也可以用于智能建筑的接地体系中。

需要注意的是，如果在建筑自控系统中应用TN–C–S体系，在接地引线的过程中，需要将接地体系的一部分引出，并选取正确的接地电阻值。这样可以使电子设备之间拥有标准的电位基准点，以确保建筑自控系统应用的安全性。

2. 电气保护体系

（1）交流工作接地体系

工作接地主要是指N线或中性点接地。在变压器运行过程中，N线必须采用绝缘的铜芯线。在电力系统配电时要用到等电位接线端子，等电位接线端子既不可以与其他接地体系（如屏蔽接地体系、直流接地体系等）混合接地，也不可以外露，不能与PE线相连接。一般来说，等电位接线端子通常位于箱柜中。

在高压体系中使用中性点接地方式，不仅可以使继电保护准确动作，还可以清除单相电弧接地电压，使交流工作接地体系正常运转。在低压体系中使用中性点接地方式，不仅可以方便运用单相电源，还可以避免零序电压偏移的问题，维持三相电压的均衡。

（2）安全保护接地体系

安全保护接地体系是指接地体系与电气设备中不带电的金属有效的连接。也就是说，在建筑物中，可以采用PE线对用电设备和周围的金属部分进行连接，但是不能连接N线与PE线。

实际生活中，需要开展安全保护接地方式的设备较多，如弱电设备、非带电导电的设备与部分、强电设备等。当设备表层没有开展安全保护接地或绝缘部分损坏时，设备就会带电，一旦人体接触这种设备的表层，就会发生被电击的状况，造成生命危险。为了避免这一现象的发生，建筑自控系统中必须配置安全保护接地体系。

研究表明，在并联电路中，通过支路的电阻和电流值的大小成反比，即接点电阻越大，通过人体的电流越小。一般情况下，人体自身的电阻比接地电阻大数百倍，因此通过人体的电流比通过接地体系的电流小数百倍，当接地电流十分细微时，通过人体的电流几乎为零。基于这一原理，当建筑自控系统中配置安全保护接地体系后，设备外壳对地面的电压较低，因为接地电阻小，导致接地电流通过时形成的压降小，所以当人在地面上接触设备外壳时，通过人体的电压十分少，不会对人体构成危害。

综上所述，在建筑自控系统中配置安全保护接地体系，既可以保护普通建筑中的设备和人身安全，也可以确保智能建筑中电气系统的安全性。

（3）屏蔽接地体系与防静电接地体系

人们在干燥整洁的房间中移动设备、走动的过程中，因摩擦作用会形成大量的静电。例如，人们在湿度 10% ～ 20% 的环境中走动，会产生 35 万伏的静电，若是缺乏良好的防静电接地体系，静电不仅会干扰电子设备，还会导致电子设备的芯片损坏。

为了避免建筑设施中存在电磁干扰，需要在建筑自控系统中配置屏蔽接地体系与防静电接地体系。防静电接地体系是指利用地面与导静电体，使容易产生静电的物体（非绝缘体）或者本身带有静电的物体之间形成电气回路的接地体系。

在具体的接地过程中，可以通过连接 PE 线与屏蔽管路的两端实现对导线的屏蔽接地，连接 PE 线与设备表层来实现室内屏蔽。配置防静电接地体系时，需要在干燥整洁的环境中进行，设备表层和室内设施需要与 PE 线进行有效的连接。建筑自控系统中接地体系的电阻越小越有利于接地设备的使用。因此，防静电接地体系的电阻应该≤ 100Ω；单独的交流工作接地体系的电阻应该≤ 40Ω；单独的直流工作接地体系的电阻应该≤ 4Ω；防雷保护接地体系的电阻应该≤ 10Ω；安全保护接地体系的电阻应该≤ 40Ω。

（4）直流接地体系

建筑自控系统中，不仅包括自动化设备和通信设备，还包括计算机。当这些电子设备产生放大信号、逻辑动作、输入信息、输出信息、转换能量、输送信息等行为时，都是通过微电位和微电流快速进行的，而电子设备的工作需要借助互联网开展。因此，建筑自控系统中必须拥有稳定的基准电位和供电电源，以提升电子设备的稳定性和准确性。

需要注意的是，设置直流接地体系时，引线可以利用绝缘的铜芯线，电线的一端与电子设备的直流接地体系连接，另一端直接连接基准电位。但是，这个引线绝对不能与 N 线和 PE 线相连接。

（5）防雷接地体系

建筑自控系统中，存在大批量的布线体系和电子设备，如火灾报警及消防联动控制体系、闭路电视体系、通信自动化系统、办公自动化系统、楼宇自动化系统、保安监控系统的布线系统等。这些布线体系和电子设备需要具备较高的防干扰条件，如果遭遇雷击，不论是反击、直击还是串击，都会严重干扰甚至破坏电子设备。因此，建筑自控系统中必须以防雷接地体系作为基础，构建健全、严谨的防雷架构，以此保护电子设备。常见的防雷接地体系装置构成图与装置平面图分别如图 10-1 和图 10-2 所示。

普通情况下，智能化楼宇属于一级负荷，设计保护举措时应该按照一级防雷建筑的等级构建。为了建设具备多层屏蔽功能的笼形防雷系统，需要使用 25×4（mm）的镀锌扁钢在屋顶构建 10×10（m）的网格形成避雷带，应用针带构成接闪器，网格需要与建筑的柱头钢筋形成电气连接，与屋面的金属部分形成电气连接，连接引下线时利用楼层钢筋、柱头中钢筋、圈梁钢筋与防雷体系相连，接地体系连接柱头钢筋，防雷体系与外墙面的金属部分进行有效连接。这样做既可以避免建筑外部的电磁干扰，也可以防止雷击对楼内设备造成破坏。

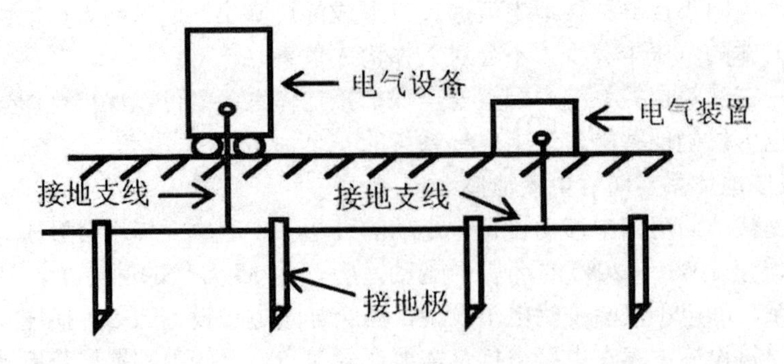

图 10-1 防雷接地体系装置构成图

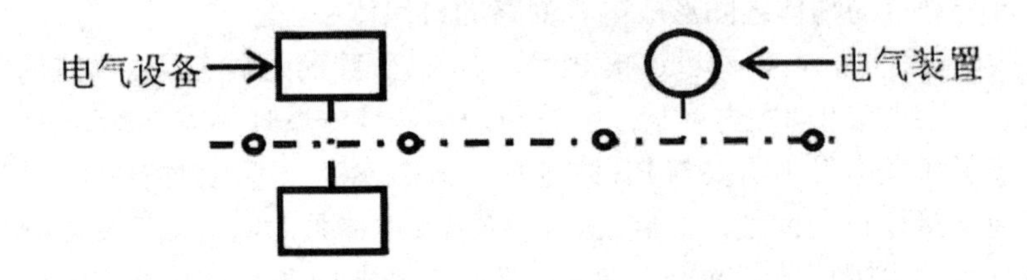

图 10-2 防雷接地体系装置平面图

电源是电气设备正常运转的前提保障，而电气接地技术是为了保障电路系统正常运行而存在的。在现代建筑中，电气自动化技术的应用可以保障电气接地正常平稳供电的情况下，有效地防止因触电而造成的人员伤亡及财产损失，为住户营造了一个相对安全的用电环境。

（二）门禁系统中的应用

门禁系统是指利用智能化控制技术与监管技术，实时监控建筑物的特定范围，是一种新型的安全管理系统。为了向使用者供应安全的使用环境，门禁系统可以通过建筑设置的电控锁、控制器、卡机等设施，科学、合理地监管安全控制中心、出入口、电梯设施等位置。具体而言，电气自动化技术在门禁系统中有着如下应用。

1. 门禁控制系统

门禁控制系统是电气自动化技术在门禁系统中的核心应用之一。它主要用于对门禁系统的控制和管理，包括门禁卡管理、门禁开关控制、门禁记录管理等功能。门禁控制系统可以通过自动化技术，提高门禁系统的安全性和可靠性，实现对门禁系统的自动化控制和管理。

2. 门禁监控系统

门禁监控系统是电气自动化技术在门禁系统中的另一个重要应用。它主要用于对门禁系统的实时监控和管理，包括监测门禁设备的状态、报警信息、进出人员等信息。门禁监控系统可以通过自动化技术，提高门禁系统的安全性和可靠性，帮助管理员及时发现和处理门禁系统中的异常情况。

3. 门禁数据分析系统

门禁数据分析系统是电气自动化技术在门禁系统中的另一个应用。它主要用于对门禁系统的数据进行分析和处理，包括门禁使用率、进出人员记录、门禁区域使用情况等数据。门禁数据分析系统可以通过自动化技术，提高门禁系统的管理效率和准确性，为门禁系统的运营管理提供数据支持。

4. 人机界面系统

人机界面系统是电气自动化技术在门禁系统中的另一个应用。它主要用于实现人机交互，包括显示、报警、操作和控制等功能。人机界面系统可以为管理员提供直观的监控和操作界面，使管理员能够更加方便地进行操作和控制。

总之，电气自动化技术在门禁系统中的应用非常广泛，它可以提高门禁系统的安全性和管理效率，帮助管理员实现对门禁系统的自动化控制和管理。

（三）建筑电气监控功能中的应用

在现代建筑中，监控设备的应用是保障建筑整体安全的基础，人们通过监控设备来监控建筑的内部及周围，以此保障建筑内部及周围的安全。电气自动化技术在建筑电气监控功能中的应用可以在有效地节省人力资源的同时，大幅提升监控的作用范围及准确性，进而提升建筑的安全性。

具体而言，电气自动化技术在建筑电气监控系统中有着如下应用。

1. 照明控制系统

照明控制系统是建筑电气监控中的一个重要应用。它主要通过传感器等设备，对建筑内的照明设备进行自动控制和调节。照明控制系统可以根据建筑内的光照情况和使用需求，自动开启或关闭照明设备，或根据不同的时间段和场景，自动调节照明亮度和颜色，提高了建筑内的照明效率和舒适性。

2. 空调控制系统

空调控制系统是建筑电气监控中的另一个重要应用。它主要通过传感器等设备，对建筑内的空调设备进行自动控制和调节。空调控制系统可以根据建筑内的温度、湿度和空气质量等参数，自动调节空调设备的运行状态和温度，提高了建筑内的舒适性和节能效果。

3. 电力监测系统

电力监测系统主要通过传感器等设备，对建筑内的电力设备进行实时监测和分析。电力监测系统可以对建筑内的用电情况进行分析和评估，为节能和安全管理提供数据支持。

4. 安全监控系统

安全监控系统主要用于对建筑内的安全进行监控和管理，包括视频监控、门禁控制、报警监测等功能。安全监控系统可以通过自动化技术，提高建筑内的安全性和管理效率，帮助管理员及时发现和处理异常情况。

5. 建筑能源管理系统

建筑能源管理系统主要用于对建筑内的能源进行管理和优化，包括能源消耗分析、能源计量管理、能源负荷预测等功能。建筑能源管理系统可以通过自动化技术，提高建筑内的能源利用效率，降低能源消耗，促进建筑的可持续发展。

总之，电气自动化技术在建筑电气监控中的应用非常广泛，可以提高建筑的能效和安全性，实现对建筑内设备和能源的自动化控制和管理。

（四）电气保护系统中的应用

在现代建筑领域，电气保护系统经常被应用于电气接地功能之中，这样既可以确保建筑电气保护系统发生故障时及时采取保护举措，还可以促进建筑电气保护系统的正常运作，保护用户的用电安全。为了在日常生活中保护使用者的财产安全和人身安全，电气保护系统可以在发生连电或触电的状况时，自动发挥自身具备的断电功能。

具体而言，电气自动化技术在电气保护系统中有着如下应用。

1. 地面故障监测系统

地面故障监测系统是建筑电气保护中的一个重要应用。它主要用于监测地面故障，如接地故障、漏电故障等，可以自动发现和定位故障点，避免了安全事故的发生。

2. 过电压保护系统

过电压保护系统是建筑电气保护中的另一个重要应用。它主要用于保护建筑内的电气设备免受过电压的影响。当系统中出现过电压时，过电压保护系统可以自动切断电源，以保护设备的安全性。

3. 电力安全监测系统

电力安全监测系统主要用于监测电气设备的安全运行状况，包括电气设备的电压、电流、温度等参数。当设备出现异常时，电力安全监测系统可以自动发出警报，提醒管理人员及时进行处理。

4. 线路故障保护系统

线路故障保护系统主要用于保护建筑内的电力线路免受短路等故障的影响。当电力线路出现短路故障时，线路故障保护系统可以自动切断电源，以保护设备和人员的安全性。

5. 智能供电管理系统

智能供电管理系统主要用于对建筑内的用电情况进行分析和管理，包括用电负荷、电费计量、电能质量等参数。智能供电管理系统可以通过自动化技术，实现对建筑内用电情况的自动化控制和管理，提高建筑的能效和节能效果。

总之，电气自动化技术在建筑电气保护中的应用非常广泛，可以提高建筑的安全性和可靠性，实现对建筑内设备和能源的自动化控制和管理，避免电气事故的发生。

第四节　其他领域实践应用

一、电气自动化技术在汽车驾驶领域的应用

电气自动化技术在汽车驾驶领域的应用非常广泛，可以提高汽车驾驶的安全性、便捷性和舒适性。以下是电气自动化技术在汽车驾驶领域的主要应用。

（一）自动驾驶系统

自动驾驶系统是电气自动化技术在汽车驾驶领域的核心应用之一。它主要通过传感器、相机和雷达等设备，对车辆周围的环境和道路情况进行实时监测和分析，实现车辆的自动驾驶。自动驾驶系统可以提高驾驶的安全性和便捷性，减少驾驶员的疲劳和压力。

（二）智能驾驶辅助系统

智能驾驶辅助系统是电气自动化技术在汽车驾驶领域的另一个重要应用。它主要通过相机、雷达和传感器等设备，对车辆周围的环境进行实时监测和分析，提供驾驶员的实时反馈和辅助，包括自适应巡航控制、盲点监测、车道偏移预警等功能。智能驾驶辅助系统可以提高驾驶的安全性和舒适性，减少驾驶员的负担和风险。

（三）智能交通控制系统

智能交通控制系统主要用于实现车辆和交通设施之间的智能交互和联动控制，包括车辆导航、交通流量控制、红绿灯控制等功能。智能交通控制系统可以提高交通的效率和安全性，缓解拥堵和交通压力。

总之，电气自动化技术在汽车驾驶领域的应用非常广泛，可以提高汽车驾驶的安全性、便捷性和舒适性，帮助驾驶员更好地控制车辆和应对复杂的交通环境。

二、电气自动化技术在航空航天领域的应用

电气自动化技术在航空航天领域的应用非常广泛，可以提高航空航天系统的安全性、可靠性和性能。以下是电气自动化技术在航空航天领域的主要应用。

（一）飞行控制系统

飞行控制系统是电气自动化技术在航空航天领域的核心应用之一。它主要用于控制飞机或卫星的运行状态和方向，包括飞行高度、速度、方向和姿态等参数。飞行控制系统可以通过自动化技术，提高飞行的安全性和性能，减少飞行员的负担和风险。

（二）电力系统控制

电力系统控制是电气自动化技术在航空航天领域的另一个重要应用。它主要用于控制航空器和卫星的电力系统，包括电源控制、电池管理、电力传输等功能。电力系统控制可以通过自动化技术，提高航空器和卫星的能效和可靠性，保证航空器和卫星的长期运行。

（三）数据控制和传输

数据控制和传输主要用于控制和传输航空器和卫星的各种数据和信息，包括飞行数据、通信数据、遥测数据等。数据控制和传输可以通过自动化技术，提高数据传输的可靠性和安全性，确保航空器和卫星的数据和信息传输的准确性和完整性。

（四）无人机和卫星导航系统

无人机和卫星导航系统主要用于实现无人机和卫星的自主导航和定位，包括卫星定位、惯性导航、视觉导航等技术。无人机和卫星导航系统可以通过自动化技术，提高导航的精度和可靠性，提高无人机和卫星的运行效率和安全性。

总之，电气自动化技术在航空航天领域的应用非常广泛，可以提高航空航天系统的安全性、可靠性和性能，实现对航空器和卫星的自动化控制和管理，促进航空航天技术的发展和进步。

三、电气自动化技术在生活领域的应用

电气自动化技术在生活领域的应用非常广泛，可以提高生活的舒适性、便捷性和智能化程度。以下是电气自动化技术在生活领域的主要应用。

（一）智能家居系统

智能家居系统是电气自动化技术在生活领域的核心应用之一。它主要用于控制家居设备和家电的运行和管理，包括智能照明、智能门锁、智能家电、智能安防等功能。智能家居系统可以通过自动化技术，实现对家居设备和家电的智能控制和管理，提高家庭的舒适

性和安全性。

（二）智能健康监测系统

智能健康监测系统是电气自动化技术在生活领域的另一个重要应用。它主要用于监测个人健康状态，包括心率、血压、血氧、体温等参数。智能健康监测系统可以通过传感器和智能设备，实时监测和分析个人健康数据，并提供预警和提示。

（三）智能娱乐系统

智能娱乐系统主要用于提供智能化的娱乐和休闲服务，包括智能音响、智能影音、智能游戏等功能。智能娱乐系统可以通过自动化技术，实现对娱乐设备和内容的智能化管理和控制，提高生活的便捷性和乐趣性。

（四）智能交通系统

智能交通系统主要用于实现智能化的交通管理和服务，包括智能公交、智能停车、智能导航等功能。智能交通系统可以通过自动化技术，实现对交通设施和服务的智能控制和管理，提高交通的效率和安全性。

总之，电气自动化技术在生活领域的应用非常广泛，可以提高生活的舒适性、便捷性和智能化程度，帮助人们更好地掌控生活的各个方面。

参考文献

[1] 周江宏，刘宝军，陈伟滨 . 电气工程与机械安全技术研究 [M]. 北京：文化发展出版社，2021.
[2] 何良宇 . 建筑电气工程与电力系统及自动化技术研究 [M]. 文化发展出版社，2020.
[3] 贺佑国，刘国林 . 我国煤矿智能化现状及发展方向 [M]. 北京：应急管理出版社，2020.
[4] 霍丙杰 . 煤矿智能化开采技术 [M]. 北京：应急管理出版社，2020.
[5] 董青青，李快社 . 煤矿机械设备电气技术 [M]. 北京：应急管理出版社，2020.
[6] 乔琳 . 人工智能在电气自动化行业中的应用 [M]. 中国原子能出版社，2019.
[7] 祁林，司文杰 . 智能建筑中的电气与控制系统设计研究 [M]. 长春：吉林大学出版社，2019.
[8] 沈姝君，孟伟 . 机电设备电气自动化控制系统分析 [M]. 杭州：浙江大学出版社，2018.
[9] 王雪梅 . 电气自动化控制系统及设计 [M]. 长春：东北师范大学出版社，2017.
[10] 张菁编 . 电气工程基础 [M]. 西安：西安电子科技大学出版社，2017.
[11] 王太续 . 煤矿井下电气作业安全培训教材 [M]. 徐州：中国矿业大学出版社，2016.
[12] 张景库 . 电气自动化技术与实训理论部分 [M]. 北京：煤炭工业出版社，2015.
[13] 闫爱青 . 电气控制系统故障分析 [M]. 北京：中国水利水电出版社，2014.
[14] 华满香，刘小春，唐亚平，等 . 电气自动化技术 [M]. 长沙：湖南大学出版社，2012.
[15] 白生威 . 煤矿电气控制系统运行与维护 [M]. 北京：煤炭工业出版社，2011.